Motor Fan
Special Edition
illustrated
CONTENTS

자동차의 성격을 규정하는 것은 **변속기이다.**

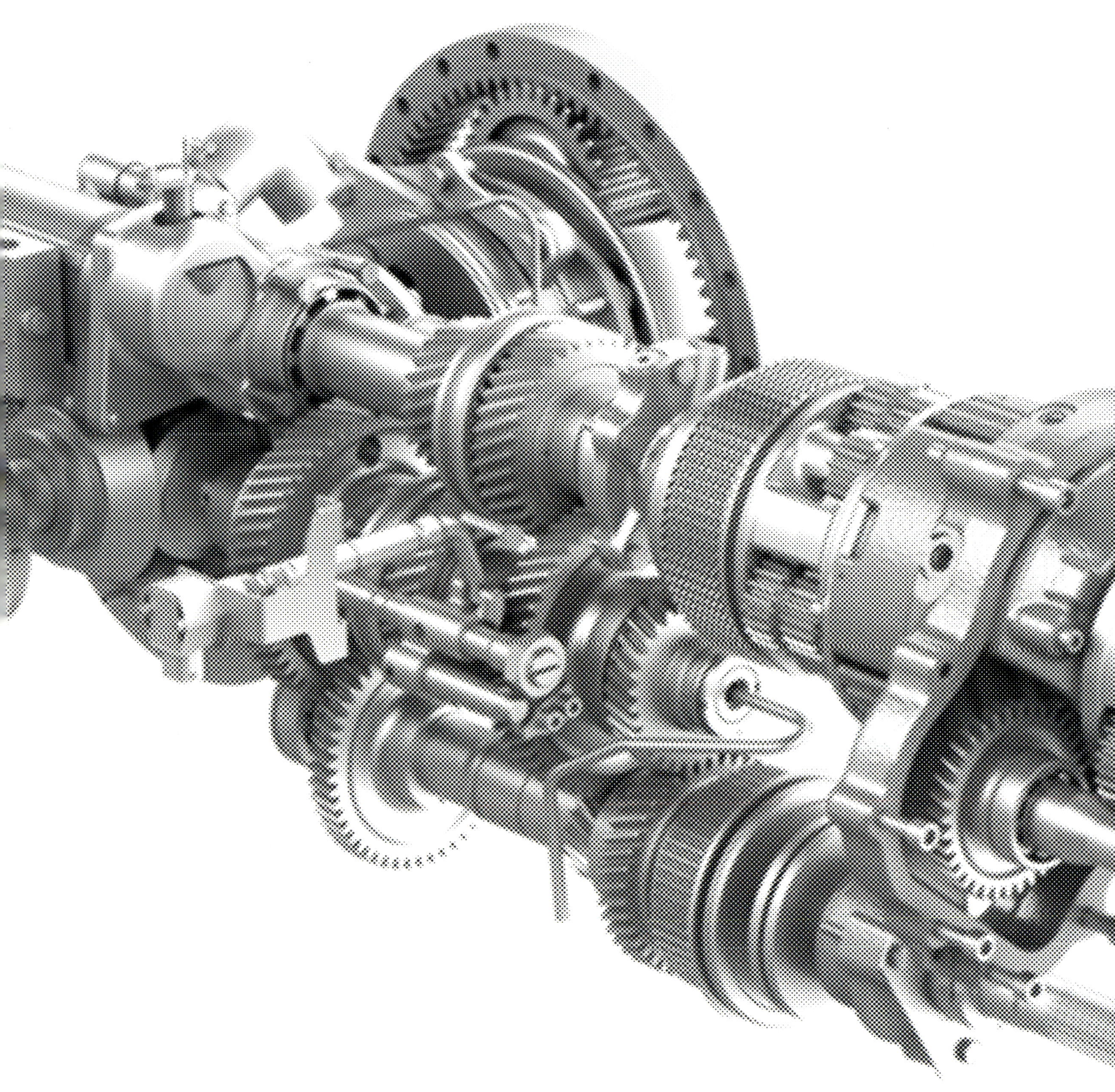

일반적으로 자동차에서 변속기는 눈에 띄는 존재가 아니다.

변속기를 걱정하면서 자동차를 말할 정도라면 말하기 좋아하는 사람이거나 전문가일 것이다.
보통 사람이라면 자동차가 어떤 변속기를 장착하는지, 그리고 변속기 구조가 어떤지 등을 쉽게 이해하기 어렵다.

그럼에도 불구하고 어떤 변속기를 장착하고 있든지 간에
자동차를 운전했을 때의 인상은 누구라도 갖게 된다.

가속감이 뛰어나다든가, 엔진과 조화를 이룬다든가, 운전 느낌이 부드럽다든가,
뭔가 굼뜨다든가, 주행감이 거칠다든가, 이 자동차는 이상하게 조용하다는 등등.

이런 감상들은 거의 변속기에 의해 느끼게 된다. 일반적으로는 눈에 잘 안 띄지만 자동차의 연출에는 빼놓을 없는 장치.

오히려 엔진을 능가하는, 주연급이 변속기이다.

이 글에서는 전 세계의 변속기 정보를 모아 해설을 덧붙였다.
운전을 하면서 느끼는 감동이 이 글을 통해서 좀 더 분명해진다면 더 이상 바랄 것이 없겠다.

중국

샹하이 교통해운집단(1,340) Ⓐ Ⓒ Ⓜ Ⓓ **Ⓟ**
샨시 법사특자동차운전집단(1,700) Ⓐ Ⓒ **Ⓜ** Ⓓ Ⓟ

자동차를 처음 구입하는 사람은 변속기에 대한 기호는 생각하지 않고 브랜드와 가격으로 선택한다. 유럽차량의 2페달 계통 차량들은 유단AT가 주류로서, DCT장착 차량은 VW이 판매하는 정도이다. 현재는 VW 골프도 아이신 AW의 6단AT를 탑재한 차량이 약 40%이다. 일본 업체들은 CVT 차량을 판매한다. 중국 업체의 MT에는 일본 제품을 복제한 것이 많아 유단AT도 일본기업에서 조달하는 경우가 적다. 일부 중국 업체는 CVT와 DCT에도 주목하고 있어서 앞으로도 다양한 변속기가 공존하는 시장이 될 것이다.

유럽

GETRAG (4,320) Ⓐ Ⓒ **Ⓜ** **Ⓓ** Ⓟ
Oerlikon Graziano S.p.A. (80) Ⓐ Ⓒ **Ⓜ** Ⓓ Ⓟ
Robert Bosch GmbH (62,100) Ⓐ **Ⓒ** Ⓜ Ⓓ **Ⓟ**
Schaeffler AG (15,120) Ⓐ Ⓒ Ⓜ Ⓓ **Ⓟ**
ZF Friedrichshafen AG (42,690※) **Ⓐ** Ⓒ **Ⓜ** **Ⓓ** Ⓟ
※ 매수한 TWR의 매출액 포함

유단(Step)AT 초창기에는 ZF와 보르그 워너가 지배했었지만 현재는 일본 업체가 상당한 AT 점유율을 차지하고 있다. MT는 자동차 업체가 직접 만드는 경우가 많고, 이 생산설비를 유용할 수 있는 DCT(Dual Clutch Transmission)와 AMT(Automated Manual Transmission)도 대개는 직접 만든다. 액추에이터나 클러치는 외부에서 구입해 자사제품의 MT에 장착하는 방식으로 제조한다. CVT와 스트롱HEV(하이브리드 자동차)와 같이 일본에서는 주류를 차지하는 제품들이 세계시장에서는 소수파에 지나지 않으며, 현재도 약 반 정도는 MT가 차지한다. 소배기량 차량에서는 AMT가 증가하고 있다.

한국

현대다이모스(2,180) Ⓐ Ⓒ **Ⓜ** Ⓓ Ⓟ
현대파워텍(3,270) **Ⓐ** **Ⓒ** Ⓜ Ⓓ Ⓟ
현대WIA(7,090) **Ⓐ** Ⓒ **Ⓜ** Ⓓ Ⓟ

자동차 산업의 바탕은 일본계 기업들로서, 현대는 미쓰비시 자동차와 제휴했었고 현대에 흡수된 기아는 마쯔다와, GM에 흡수된 대우는 닛산·혼다·마쯔다와 각각 제휴했었다. 97년의 통화위기를 계기로 업계 재편이 이루어지면서 현대그룹과 삼성그룹이 남고 쌍용(다임러와 제휴)은 파산 후에 중국자본으로 넘어갔다. 현대그룹의 변속기는 그룹 내 3회사가 담당. 다른 업체는 각기 본사에서 변속기를 조달받고 있다.

전 세계 약 400여개 회사는 그룹으로 변화

중견 이상의 주요 기업들을 세어보면 MT 관련기업이 약 400개, AT 또는 CVT(Continuously Variable Transmission) 관련기업이 약 100개이다. 이 가운데 중복되는 곳을 빼면 주요 변속기 관련 업체는 약 400개이다.

본문 : 마키노 시게오   그림 : 다임러 / 볼보 / MFi

MT(Manual Transmission)가 거의 모든 자동차 변속기에 사용되던 시절에는 자동차 업체가 자체적으로 설계하고, 기어 등과 같은 부품까지 자체적으로 제작하는 경우가 많았다. 변속기 전문업체로는 지금까지 활동 중인 영국의 휴랜드(Hewland) 같이 변속기를 포뮬러 카 전용으로 제조하고 있는 업체 외에도, 미국 보르그 워너(Borg Warner)와의 제휴로 탄생한 아이신 AW가 대대적으로 유단AT 사업을 확대한 이래 독일 게트락(Getrag) 및 ZF도 판매확대에 나섰다. 그런 한편으로 현재도 변속기는 「기본적으로 자체 제작」방침을 고수하고 있는 자동차 업체가 적지 않다.

위 그림은 변속기의 주요 해외판매 업체를 지역별로 나타낸 것이다. 유럽에 마그네티 마렐리(이탈리아)가 포함되지 않은 것은 이 회사가 피아트 그룹의 완전 자회사이고, 그런 의미에서 피아트의 자체 제작부서라고 할 수 있기 때문이다. 한국의 현대그룹 3회사도 마찬가지이기는 하지만 변속기 해외판매 측면에서 일본 기업의 라이벌이 될 가능성이 있다고 판단해 나열한 것이다. DCT를 대대적으로 생산하는 VW(폭스바겐)은 클러치 장치를 독일의 셰플러에서 구입한 다음 자사에서 개발한 MT에 장착해 양산하는 형태로서, 이것도 자체 제작이기는 하지만 생산량은 대형 변속기 업체와 비슷하다고 할 수 있다.

현재 승용차용 유단AT는 아이신 AW(Aisin Warner)와 독일 ZF가 세계를 양분하고 있다. 예전에 ZF는 유럽 자동차 업체에 4단AT를 폭넓게 공급하기도 했지만, 아이신 AW 제품의 신세대 6단을 VW, PSA(푸조·시트로엥), 오펠, 볼보 등이 연달아서 사용함으로서 규모축소라는 쓴 맛을 보았다. FF용 9단은 그에 대한 복수이자 반격이었다. 그런 한편으로 FR용 유단AT는 ZF제품의 8HP 천하가 되면서 아이신 제품의 해외판매가 소량으로 감소하였다.

CVT는 쟈트코(Jatco)의 점유율이 가장 높다. 쟈트코는 닛산과 스즈키에 공급하고 있다. 원래 CVT는 네델란드의 반도른(Vandoorne)에서 고안했지만 이것을 후지중공업이 도입해 근대화하면서 일본에서 기술개발이 시토크컨버터 방식 유단AT의 고향인 미국에서 예전에는 빅 3(GM/포드/크라이슬러)가 각기 변속기를 자체 제작했다. 현재는 상용차용 변속기가 전문인 앨리슨은 GM용을 맡고 있고, 미쓰비시자동차와 제휴 후의 크라이슬러는 파워트레인 일부를 미쓰비시에 의존했다. 현재는 북미에서 일본 업체의 차량공장이 연간 400만대 규모로 생산을 하고 있기 때문에 일본계 변속기 업체가 진출해 있으면서 판로를 확대하고 있다. 독일 ZF도 공장을 갖고 있다.

괄호 안은 매출액(억 엔).
2013년도 1년 동안의 매출실적.
각 회사의 결산발표를 토대로 1억 엔 대는 사사오입.

생산품목

A 유단AT C CVT
M MT／AMT D DCT
P 부품출하

변속기 완성품을 출하하는 업체는「어떤 부품이라도 출하 가능」이라고 생각해 부품 칸을 빈 칸으로 처리했다. P만 표시된 업체는 완성품으로서의 변속기를 출하하지는 않지만, 완성품을 조립할 만한 실력이 있다고 필자가 판단한 업체이다.

환율비율
1달러：115엔 / 1캐나다달러：93엔 / 1유로：135엔 /
1위안：160엔 / 1엔：10원

예전의 유단AT대국이 지금은 CVT대국으로 바뀌어 전 세계적으로도 유독 CVT가 많다. 중형 FF차량은 유단AT와 CVT가 공존하며, FF차량은 유단AT가 주류. 또 하나의 유행인 풀 HEV(하이브리드 자동차)도 구동력 혼합과 속도를 임의로 다룬다는 점에서는 CVT이다. 변속기 공급은 도요타 계열의 아이신 그룹과 닛산 계열의 쟈트코가 크며 혼다와 마쯔다, 스바루는 외부에서 부품을 구입해 자체 제작하는 것이 주류이다.

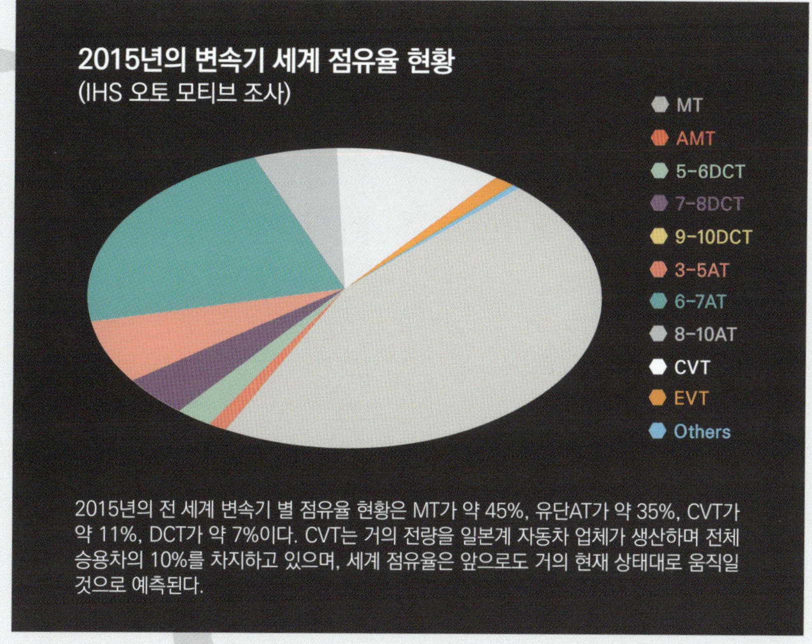

2015년의 전 세계 변속기 별 점유율 현황은 MT가 약 45%, 유단AT가 약 35%, CVT가 약 11%, DCT가 약 7%이다. CVT는 거의 전량을 일본계 자동차 업체가 생산하며 전체 승용차의 10%를 차지하고 있으며, 세계 점유율은 앞으로도 거의 현재 상태대로 움직일 것으로 예측된다.

작되었다. 그렇기는 하지만 고유압 제어방식 메커니즘인 현행 CVT를 사용한 역사는 20년 정도로서, 변속용 벨트는 독일 보쉬 그리고 체인은 독일 셰플러 제품으로 부분적으로는 유럽 기업도 기술을 확보하고 있다. 아이신 AW는 도요타와 다이하츠 납품용 CVT를 제조하고 있지만 출하대수에서 차지하는 CVT 비율은 아직 낮은 편이다.

차세대 변속기를 어떻게 선택하느냐 하는 점은 자동차 업체나 지역에 따라 차이가 있다. 일본은 CVT와 유단AT 외에 EVT(HEV계통)도 선택할 가능성이 있지만, 현시점에서 DCT와 AMT가 주류후보는 아니다. 유럽에서는 VW의 존재감이 크기 때문에 DCT가 주류일 것으로 생각하기 쉽지만 현재 상태에서는 아직 유단AT에서 바뀌었다고 할 정도는 아니고, 양적으로 주력은 여전히 MT이다. 북미는 유단AT가 압도적으로 많아 VW의 북미모델 골프는 과반수가 아이신 AW제품의 6단AT를 장착하고 있고, DCT는 40% 정도이다. 미국도 또한 DCT에 대해서는 소극적이다.

개발도상국가에서는 MT가 압도적으로 주류를 차지하고 있다. 인도나 동남아시아도 2페달 계통은 유단AT가 주류이다. 이제 개발도상국가라고 부를 수 없는 중국은 세계에서 변속기 종류가 가장 다채로운 시장이다. 2페달 계통은 일본 쪽이 CVT이고 유럽 쪽은 유단AT로서, 중국의 자동차 업체는 외국에서 구입하는 유단AT를 주력으로 하고 있다. 다만 개발(위탁이 많지만) 측면에서는 CVT와 DCT로 가시권에 있는 한편으로, 일본의 변속기 업체와 접촉도 많아졌다. 판매처로서의 중국은 일본 변속기 업체에 있어서도 기대할 수 있는 시장이다.

현재 전 세계에서 변속기 관련 부품을 제조하고 있는 기업은 대략적으로도 5000개가 넘는다. 그 가운데 주요 기업만 추려도 500개 이상이다. 이 업체들은 자체적으로 변속기를 만드는 자동차 업체에 부품도 납품하고 있다. 반면에 이들 가운데 변속기를 완성품으로 출하하는 기업으로 좁히면 그 수가 매우 적다. 자동차 업체가 자체적으로 만드는 것을 제외하고는 위 그림에서 기술한 기업들이 전 세계의 변속기 시장을 좌지우지하고 있다.

탑재위치와 탑재방향에서 고찰한 변속기

가로배치 FF 구조는 동력장치 전체를 양쪽 앞바퀴 안쪽에 배치해야 하기 때문에 전폭 방향으로 제한이 많다. 근래의 실린더 기통수를 줄이는 경향은 변속기에 있어서 복음과 같다. 반면에 세로배치 FF차량은 길이방향으로는 비교적 제약이 적지만 몸통둘레 크기는 줄여야 할 것이다.

변속기의 기능과 역할
그 기본을 고찰하다

입력 축, 밸브 보디, 상대변속비 등등.
이 글에서는 다양하고 복잡한 변속기의 전문용어가 뒤섞여 있다.
정밀한 기술의 집합체인 변속기이기는 하지만, 여기서는 한 번 그 기본을 살펴보기로 하겠다.

본문 : MFi   사진 : 스바루 / GM / BMW / ZF / MFi

변속기는 엔진과 불가분의 관계에 있다. 그것을 상징하는 것이 동력장치(Powertrain)의 배치이다.

1960년 무렵까지 자동차의 변속기&엔진은 FR 배치가 대다수였다. FR에서는 앞뒤를 이어주는 추진축을 배치하기 위해서는 변속기의 출력 축이 길이방향으로 놓여야 하기 때문에 필연적으로 엔진도 길이방향 배치가 된다. 당시의 이런 상식을 깨부순 것이 단테 지아코사가 생각해낸 지아코사 방식으로서, 엔진과 변속기를 일렬로 해서 엔진룸에 가로로 배치하는 것이다. 같은 시기에 CV조인트가 발전하게 되면서 FF의 씨앗이 된다. 그리고 1974년에 VW 골프가 등장해 뛰어난 공간적 효율을 선보이면서 소형차의 동력장치는 FF가 상식으로 자

리 잡아 나간다. 하지만 FF 구조는 차체 폭이라는 물리적 제약이 있긴 하지만 엔진을 무한정 작게만 할 수는 없다. 이 여파가 변속기까지 미친다. FR용 MT가 2축 방식인데 반해 FF용이 3축 구성으로 된 것은 이런 이유 때문이다.

변속기는 변속장치에 앞서 필수적인 기구를 필요로 한다. 내연기관은 정지상태에서 갑자기 토크를 발생시킬 수 없기 때문에 최소한의 공전(=아이들링)을 하고나서, 정지해 있는 바퀴를 움직이기 위해 회전속도자이를 흡수하면서 출발에 필요한 토크를 조정하는 장치인 발진장치(starting device)가 필수적으로 있어야 한다.

가장 원초적인 것인 마찰 클러치이다. 동력의 전달과

슬립을 제어하는데 있어서 확실하고 간편한 구조이기 때문에 현재도 주역을 맡고 있다. 일반적인 것은 마주한 마찰판 1쌍을 노출시켜 사용하는 건식단판(乾式單板)이다. 이에 반해 마찰판을 여러 개 사용하고 오일에 적셔 사용하는 습식다판(濕式多板)은 지름을 작게 할 수 있고 온도변화에 강한 장점 때문에, 이륜차나 DCT에서는 오히려 이 방식이 표준적이다.

클러치가 마찰을 이용한다면, 점성을 가진 유체의 특성을 이용하는 유체 커플링에 토크증폭 장치를 장착해 사용하는 것이 토크 컨버터(Torque Convertor)이다. 마찰 클러치는 연결/차단에 세세한 제어를 필요로하지만, 토크 컨버터는 운전자가 엔진의 토크제어에 집중할 수

발진장치

변속기의 기능은 크게 발진기능과 변속기능으로 나누어진다. 엔진은 기본적으로
힘이 약하기 때문에 몇 톤이나 나가는 무게의 자동차를 움직이려면 상식적인 회
전속도에서는 충분한 토크를 얻을 수 없다. 저회전속도에서 토크를 급격하게 기
어 트레인에 전달하면 엔진이 멈춰버리기 때문에, 회전속도차이를 허용하면서
차량을 서서히 움직이게 해주는 발진 장치가 필요하다. 일반적인 자동차에서는
아래의 3종류가 주류를 이룬다.

변속을 위한 요인

엔진은 토크를 얻기 위한 회전속도영역이 좁아 연속적으로 최적의 토크를 이용
하기 위해서는 변속기를 필요로 한다. 일반적으로 정속 주행을 하기 위해서는 토
크가 큰 차량인 경우 변속비만 넓어도 별 문제는 없지만, 엔진회전속도를 억제시
키고 싶으면 변속단수를 늘릴 필요가 있다. 물론 토크가 약한 자동차도 마찬가지
이다. 현재는 유효한 변속비를 얻기 위한 수단으로 아래 4종류가 주류를 이루고
있다.

마주한 날개바퀴를 이용해 점성
액체를 매개로 동력을 전달하는
유체 커플링. 토크 증폭기능을 갖
춘 토크 컨버터가 주류이다. 일종
의 변속기이다.

자동차용 발진장치로는 마찰 클러치
가 가장 기본이다. 마찰판을 클러치
판에 미끄러지게 하면서 밀착시켜 나
가는 방법이다.

신세대 출발장치인 전기모터. 특히 구동
용으로 이용하는 모터는 회전시작부터
큰 토크를 발휘하기 때문에 발진장치로
쓸모가 있다.

기어 세트를 상황에 따라 전환
해 이용하는 상시 맞물림 방식.
이른바 수동변속기 그룹이다.

유성기어 세트는 선 기어, 플래
니트 기어, 링 기어 각각을 움직
이거나 멈추게 하면 정회전 2단
또는 역회전 1단을 얻을 수 있다.

엔진 토크를 전기 모터의 힘과
통합해 늘리거나 줄이는 전기식
CVT. THS-Ⅱ로 대표되는 하이브
리드 자동차에 이용되는 방식이다.

벨트, 체인이 풀리를 감는 지름
을 변경함으로서 기어비를 연속
적으로 변화시키는 장치. 기어
를 이용하지 않는 변속기이다.

있어서 편안한 운전에는 최적이라고 평가 받는다. 그리
고 유성기어 변속장치와의 조합은 AT의 표준이 되었다.

전기모터는 정지상태에서 바로 토크를 생성할 수 있기
때문에 이것을 구동력으로만 사용하는 것이 아니라 발진
장치로 사용하는 경우도 있었다. 간략한 HEV(마일드 하
이브리드)와의 양립방식이라고 할 수 있을 것이다.

핵심인 변속장치는 크게 나누어 4가지 종류가 있다.
먼저 DCT를 포함한 MT가 채택하는 상시 맞물림 기어
의 평행배치. 전달효율이 가장 뛰어나고 숙성된 장치이
지만 변속을 하려면 동력을 단속해야 하기 때문에 시간
지연(time lag)이 있다. 이것을 해소하기 위해 DCT가
탄생했다.

대부분의 토크 컨버터 AT는 유성기어의 수와 3체결
요소를 조합한 방식이다. 변속충격이 적고 다단화도 비
교적 쉽다. 다만 평기어보다 효율이 떨어지고 구조가 복
잡해서 무게가 많이 나가기 십상이다.

무단변속을 하는 CVT는 엔진 효율이 높은 회전영역
과 속도를 정확하게 맞출 수 있기 때문에 기능적인 측면
으로서의 변속기로는 이상적인 메커니즘이다. 그러나 벨
트 장력을 유지하기 위한 유압과 기계마찰에 따른 손실
이 적지 않고, 변속감각에 위화감을 느끼는 운전자가 많
은 것 또한 사실이다. 현재 상태에서는 수용 토크를 크게
할 수 없다는 불리한 점도 있다.

마지막으로는 소위 말하는 전기식 CVT. 대략적으로만

설명하면 모터가 변속 기능을 대신하고, 엔진출력을 조
정하기 위한 변속장치가 필요 없는 방식이다. 모터는 앞
서 언급한 바와 같이 발진장치로도 기능하고 토크 제어
도 쉽다. 다만 고속회전에는 맞지 않기 때문에, 이 점을
엔진으로 보완하게 되는 HEV의 장점을 최대한으로 살
린 방법이다. 다만 이것을 변속기라고 부르는 것은 기존
개념에서는 어려울지도 모른다.

극단적으로 말하자면 변속기는 필요한 토크를 적절하
게 출력하기 위한 수단에 불과하지만, 이것을 실현하기
위해 이렇게 다양한 기술과 기술자들의 지혜가 들어가
있는 것이다.

100km/h로 주행할 때
엔진회전속도는 어느 정도일까

7, 8, 9 그리고 10…. 변속기의 다단화가 멈출 줄을 모른다. 총변속비 폭은 계획했던 대로 늘어나고 있다.
하지만 100km/h로 제한되어 있는 일본의 도로상황에서 가장 높은 기어로 달릴 기회는 별로 없다.
그렇다면 과연 각각의 숫자가 어느 정도인지 계산으로만 산출해 보도록 하겠다.

본문 : MFi   그림 : 크라이슬러 / 랜드로버 / 아이신AW / 다임러 / GM

9 th gear / 1289 rpm

LANDROVER

RANGEROVER EVOQUE
레인지로버 이보크

타이어 사이즈 : 235/55R19
9단 기어비 : 0.48
종감속 기어비 : 3.75

등장했을 당시에는 아이신 AW의 6단AT를 장착했던 레인지로버 이보크는 2014년 후반기 모델 이후로 ZF 9HP를 장착. 프리랜더의 플랫폼을 이용하는 만큼 당연히 동력장치는 가로배치 구조이다. 새롭게 등장한 디스커버리 스포츠도 9HP를 탑재하고 있다.

9 th gear / 1313 rpm

JEEP

CHEROKEE
지프 체로키

타이어 사이즈 : 225/65R17
9단 기어비 : 0.48
종감속 기어비 : 3.734

ZF 9HP를 처음 탑재한 지프 체로키. 알파로메오 줄리에타, 닷지 다트와 공통 플랫폼을 이용하는 SUV이다. V6와 직렬 4기통 2가지 엔진과 FF, 4WD 구동방식이 있지만 9HP 변속비는 공통이다. 다양한 타이어 사이즈가 있지만 가장 회전속도가 낮은 것은 FF의 17인치 사양이다.

9 th gear / 1091 rpm

MERCEDES-BENZ

E350 BlueTEC
메르세데스 벤츠
E350 블루텍

타이어 사이즈 : 225/55R16
9단 기어비 : 0.6
종감속 기어비 : 2.24

다임러의 9G-트로닉(TRONIC)은 가로배치 9단으로는 최초로서, 먼저 메르세데스 벤츠의 E350 블루텍에 탑재되어 등장. 기존의 7G-트로닉+는 순차적으로 이 9G로 대체될 것이다. AMG가 탑재하는 스피드 시프트 MCT(토크 컨버터 대신에 습식다판 클러치를 장착)사양이 9G-트로닉으로도 등장할지 기대가 된다.

8 th gear / 2217 rpm

VOLVO

S60
볼보 S60

타이어 사이즈 : 215/50R17
8단 기어비 : 0.673
종감속 기어비 : 1.015

파워트레인에 게트락의 DCT와 아이신의 6단AT를 구분해서 사용했던 볼보는 새로운 엔진들의 등장에 맞춰 아이신 AW의 8단AT를 선택. S60, V60, XC60의 T5 모델에 탑재하고 있다. 가로배치 구조의 경우 장치의 전폭은 무엇보다도 우선시되는 문제이다. 아이신 AW는 기존의 6AT와 거의 같은 크기 상태에서 8단으로 바뀌었다.

유단AT의 다단화 흐름이 멈출 줄을 모른다. 아이신 AW의 8단이 등장했을 당시는 FR용이라고 해서 고성능 차량을 지향하는 측면이 적지 않았다. 쟈트코는 굳이 7단을 선택했고 ZF가 8HP를 등장시켜 추격하기 시작했다. 매우 한정된 고가 차량용 장치로만 여겨졌지만 BMW가 8HP를 대량으로 채택. 1시리즈부터 7시리즈까지 전체 차종을 대상으로 8단AT를 탑재하게 되었다. 이를 전후해 폭스바겐 그룹, 재규어·랜드로버, 크라이슬러 등도 8HP를 채택. 결코 고급차량이나 고가의 차량만을 위한 장치라고 할 수 없는 상황을 맞고 있다. 거기에 다임러가 9단AT를 발표하면서 메르세데스 벤츠 E클래스에 처음으로 탑재해 왔다.

얼마동안 FF용은 아이신 AW의 6단을 중점적으로 사용하게 되면서 다단화가 진행되지 않았지만 ZF가 4HP(4단) 이후 진출을 결정하면서 9단을 개발하였다. 북미에서 생산하기로 결정되면서, 대체 어떤 업체와 브랜드에 탑재할 것인지 화재를 모은 끝에(변속기는 기본적으로 현지생산이기 때문에) 크라이슬러가 가장 먼저 탑재하게 된다. 그 후 랜드로버, 혼다 등이 이어서 탑재한다. 아이신 AW도 8단을 시장에 투입. 6단 시절부터 많은 브랜드에 사용되었던 실적이 있듯이, 신속하게 볼보가 게트락의 DCT·파워 시프트에서 갈아타면서 신형 T5 엔진과 조합해 데뷔시킨다. DCT로 화제를 옮기자면, 폭스바겐은 DSG(Direct Shift Gearbox)를 10단 짜리로 만들어 데뷔시킬 계획이었지만, 17년에 들어와서 최종적으로 중단을 발표한다.

세로배치, 가로배치를 불문하고 이미 6단이라는 숫

8 / 1219 rpm

CHEVROLET

CORVETTE
쉐보레 콜벳

타이어 사이즈 : 285/35R19
8단 기어비 : 0.65
종감속 기어비 : 2.41

신형이 등장하면서 7단MT가 화제 중의 하나였던 콜벳은 AT도 새로 설계해 8단 사양
으로 시장에 투입했다. 판매비율도 AT가 다수를 차지하고 있다. 큰 토크를 발휘하는
V8엔진 덕분에 저회전속도로 달려도 아주 부드럽다.

8 / 1519 rpm

LEXUS

LS
렉서스LS

타이어 사이즈 : 245/45R19
8단 기어비 : 0.685
종감속 기어비 : 2.937

세로배치, 가로배치를 불문하고 세계 최초로 8단 변속기를 만든 것은 아이신 AW였다.
탑재한 차량은 렉서스LS. 셀시오 시절부터 계속되고 있는 정숙성&부드러움을 유지시
키는 매우 중요한 변속기이다.

8 / 1527 rpm

BMW

523d
BMW 523d

타이어 사이즈 : 225/55R17
8단 기어비 : 0.667
종감속 기어비 : 2.929

ZF 발전의 큰 원동력이었던 8HP. BMW는 거의 모든 차종에 이 변속기를 장착하기
로 결정한 상태이다. 엔진의 모듈화를 포함해 동력장치에 대한 과감한 쇄신이 최근의
BMW가 보여주는 새로운 트렌드이다.

8 / 1702 rpm

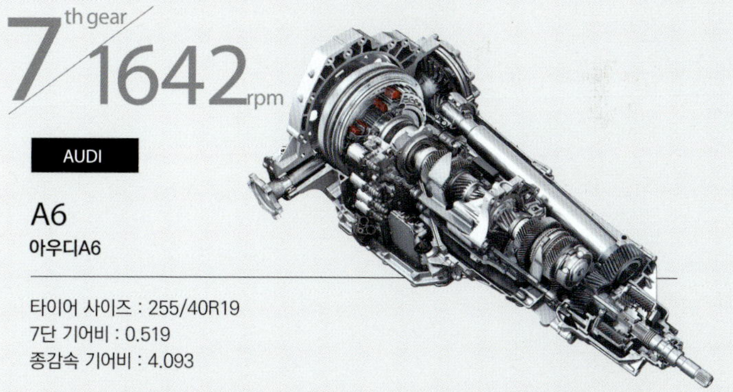

HYUNDAI

GENESIS
현대 제네시스

타이어 사이즈 : 245/45R18
8단 기어비 : 0.556
종감속 기어비 : 3.909

현대 제니시스의 선대 차종은 ZF의 6HP를 장착했지만 모델 체인지를 거치면서 현대
파워텍 회사가 개발한 8단AT로 바꾸었다. 최고급차량인 에쿠스와 함께 2차종에만 적
용되는 프리미엄 변속기이다.

7 / 1873 rpm

VOLKSWAGEN

GOLF
폭스바겐 골프

타이어 사이즈 : 225/45R17
7단 기어비 : 0.653
종감속 기어비 : 3.428

폭스바겐 DSG에서는 유일하게 건식 클러치 사양인 DQ200은 효율을 추구한 소형
변속기. 일본시장에 들어오는 1.2TSI와 1.4TSI 2종의 파워트레인 중에서 계산 상
1.4TSI가 가장 회전속도가 낮다.

7 / 1642 rpm

AUDI

A6
아우디A6

타이어 사이즈 : 255/40R19
7단 기어비 : 0.519
종감속 기어비 : 4.093

DSG를 세로 형태로 응용한 아우디 S트로닉. 기어비에 비교적 종류가 많고, 위 수치는
일본시장에서도 구입할 수 있는 3.0TFSI 콰트로의 계산값이다. 독일 본국의 2.0TFSI
사양은 기어비를 더 낮춰 저회전속도를 주행을 가능하게 한다.

자는 완전히 일반적인 변속기라는 인상을 주었다. 몇
년 전까지는 「8단도 필요 없다, 6단으로 충분하다」는
식의 논조가 팽배했지만 역시나 경쟁회사가 다단화 상
품을 내놓자 상품 경쟁력에 대한 문제 때문에 엎치락
뒤치락 하게 된다. 이렇게 해서 다단화는 끊임없이 진
행된다.

하지만 원래의 목적은 총변속비 폭의 확대이고, 다
단화는 이를 위한 수단이다. 200km/h 부근의 초고속
영역으로 순항할 때 어떻게 엔진회전속도를 억제할 것

인가. 그래서 근래의 다단 변속기는 감속비가 1 이하
인 단수가 많다. 이것은 다시 말하면 적어도 법규상으
로는 100km/h가 법정최고속도인 일본에서 불필요하
게 넓기만 한 것인지 모른다는 것이다. 실제로 9단AT
를 탑재한 자동차를 운전해 봐도 수동으로 고단에 넣
지 않는 한 9단으로 주행하는 경우는 거의 없다.

그래서 다단 변속기를 장착한 차량이 100km/h로
주행할 때 최고 단수에서 엔진회전속도가 어느 정도인
지 계산해 보았다. 이 수치는 어디까지나 이론상의 수

치이다. 실제에 있어서는 주행저항을 비롯해 다양한
변수가 있기 때문에 엔진회전속도가 제시한 것보다 높
지만 대략적으로는 파악할 수 있을 것이다. 옛날의 공
회전속도 정도의 회전속도로 달리는 자동차도 있으며,
총 변속기 폭의 확대가 충분히 반영되고 있다.

2020년의 변속기는

어떤 모습일까

일본에서는 CVT와 HEV(하이브리드 자동차)가 시장의 반 이상을
차지하고 있다. 그러나 일본을 제외한 나라에서는 사정이 전혀 다르다.
세계적으로 보면 변속기 상황이 제각각이다.
「5년 후에도 이런 경향은 변함이 없을 것」이라는 예측이 의외로 많다.

본문 : 마키노 시게오

본지는 자동차 업체나 시장조사 업체, 엔지니어링 회사 등의 취재를 통해 「2020년의 변속기 상황」을 살펴보았다. 실제로 세세한 예측 데이터를 제시해 준 곳도 있었고, 자동차 업체 쪽도 가까운 미래의 변속기 흐름에 대해 다양한 방법으로 예측하고 있다는 것을 알 수 있었다. 지역별 변속기 동향은 그대로 자사제품의 판매로 직결되기 때문이다.

2014년 실적을 보면 전 세계의 소형차(중량급 상용차는 제외하고 픽업트럭은 포함)에서 차지하는 MT비율은 약 45%로서 최대 점유율이다. 유단AT는 약 35%로 2위. CVT는 약 11%, DCT는 약 6%이다. 수량으로 보면 MT가 대략 4000만대, 유단AT가 약 3100만대, CVT가 930만대, DCT가 530만대이다. 이 점유율은 5년 후에도 「크게 변함이 없을 것」이라는 견해가 많다. 세계시장에서 보면 DCT와 CVT는 점유율이 거의 늘어나지 않고, AT의 다단화 진행 상태와 싱글 클러치 AMT의 개량 상태에 따라서는 CVT와 DCT 점유율이 반대로 「잠식될」 가능성도 있다.

2020년에 최대 규모로 예상되는 자동차 시장은 중국이다. 이미 현재도 미국을 제치고 최대이지만 2015년에는 연간 2500만대를 넘어 2020년에는 3100만대에 이를 것으로 예측된다. 이 가운데 외국산 자동차 업체의 점유율은 70% 정도로 예상되며, 내용적으로는 「일본 업체들은 CVT와 유단AT, 유럽세는 대형 쪽이 유단AT이고 소형은 DCT/AMT, 미국세는 유단AT」로 예상된다. 2020년의 세계자동차 시장은 1억대 돌파가 예상되는데

30%를 중국이 차지한다는 사실은, 중국에서 「어떤 변속기가 팔리느냐」에 따라 변속기 점유율을 크게 좌우한다는 뜻이기도 하다. 또한 중국시장에서 30%에 해당하는 1000만대는 중국자본 업체 제품으로 예상되는데, 이 중에서 어떤 방식의 변속기를 사용하느냐에 따라서도 점유율이 좌우될 것이다.

중국자본 업체의 하나인 디이치처자동차(第一汽車)는 09년에 아이신 AW 제품의 6단AT를 도입했다. 현재 아이신 AW의 매출 중 3분의 1이 중국이다. 아이신 AI 제품의 5단AT도 중국으로 출하되고 있지만 다른 MT와 마찬가지로 현지에서 복제되어 중국 업체에 널리 사용되고 있다. 얼마 전까지는 미쓰비시의 4G계열 엔진과 「인벡스 II」유단AT를 조합해 사용했지만 기존의 변속기를 그대로 도입하는 사례가 중국에서는 많다. 중국 업체가 자체적으로 개발할 때는 해외의 엔지니어링 회사나 서플라이어에게 협력을 요구하는 경우가 많아 그만큼 변속기 업체에 주목이 쏠리고 있다.

인도, 동남아시아, 남미 등과 같은 개발도상국들은 앞으로도 성장가능성이 큰 자동차시장으로 주목되는데 이들 지역은 당분간 MT가 중심일 것으로 예상된다. 중국은 이제 개발도상국이 아니라 유럽과 미국, 일본과 궤를 같이하는 최신기술이 요구된다. 달리 말하면 수요증가가 예상되는 나라의 변속기 투입은 신구 양면작전이 필요하며, 보기에 따라서는 「MT 바탕의 DCT는 양쪽에 대응가능」하기 때문에 DCT의 미래에 기대를 걸고 있는 세력도 있다. 무엇보다 변속기와 쌍을 이루는 엔진 동향도 변속

기 선택에 영향을 미치기 때문에, 다운사이징 과급기 엔진의 보급정도가 예상을 밑돌 때는 「NA(무과급)엔진과 궁합이 잘 맞는 CVT가 의외로 팔릴지도 모른다」는 견해도 있다.

북미에서도 다운사이징 과급엔진 차량이 판매되고 있지만 기대한 만큼은 판매되지 않고 있다. 포드 포커스 2.0ℓ NA가 가장 잘 팔린다. 현재처럼 원유가 계속 저가를 유지한다면 미국시장은 확실하게 「V6 NA엔진이 중심」이 될 것으로 예상된다. 그럴 경우 조합이 예상되는 변속기는 유단AT일 것이다. 또한 VW이 10단DCT 시판을 예고하기는 했지만(편집자 주 : 17년에 VW은 10단 DCT의 개발중단을 발표), DCT나 AT 모두 「2020년 단계에서 두 자리 단수의 변속기는 극히 일부에 지나지 않을 것」이라고 각 자동차 업체들은 보고 있다. 「10단이 필요한 것은 WLTC라고 하는 새로운 연비모드를 검토하는 유럽분」이라는 이유에서이다.

그런데 연비규제가 날로 심해지는 유럽에서 전동 슈퍼차저나 48V 전원에 따른 에너지 회생 마일드HEV 같은 대체 사양이 만들어지려고 한다. 지금까지는 없던 흐름으로서, 어쩌면 이런 것들이 변속기 세력분포에 영향을 미칠지도 모른다. 2020년을 맞으면서 유럽, 미국, 일본, 중국에서 연비규제가 강화되고 인도와 아세안도 이를 쫓아갈 가능성이 높다. 이런 규제동향도 변속기 점유율에 영향을 미칠 것이다.

1 ▸ 아이콘에 대해

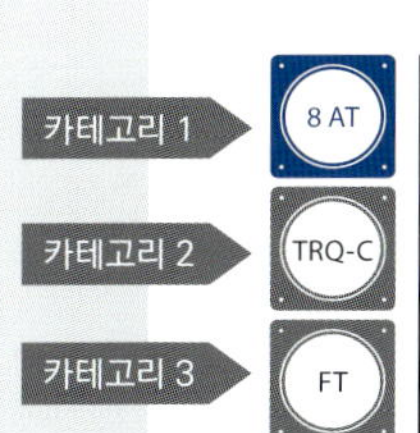

카테고리 1 : 변속기 종류

MT : 매뉴얼 트랜스미션
AMT : 오토메이티드 매뉴얼 트랜스미션
DCT : 듀얼 클러치 트랜스미션
AT : 오토매틱 트랜스미션
(이상에 대해서는 스탬프가 찍혀 있기 때문에 숫자와 함께 기재했다)
CVT : 컨티뉴어스 베리어블 트랜스미션
EVT : 일렉트리컬 베리어블 트랜스미션

카테고리 2 : 발진장치

D-CLT : 건식클러치
W-CLT : 습식클러치
TRQ-C : 토크 컨버터
E-MTR : 전기모터

카테고리 3 : 탑재위치와 축 방향

FT : 차량실내 전방 + 가로배치
FL : 차량실내 전방 + 세로배치
RT : 차량실내 후방 + 가로배치
RL : 차량실내 후방 + 세로배치

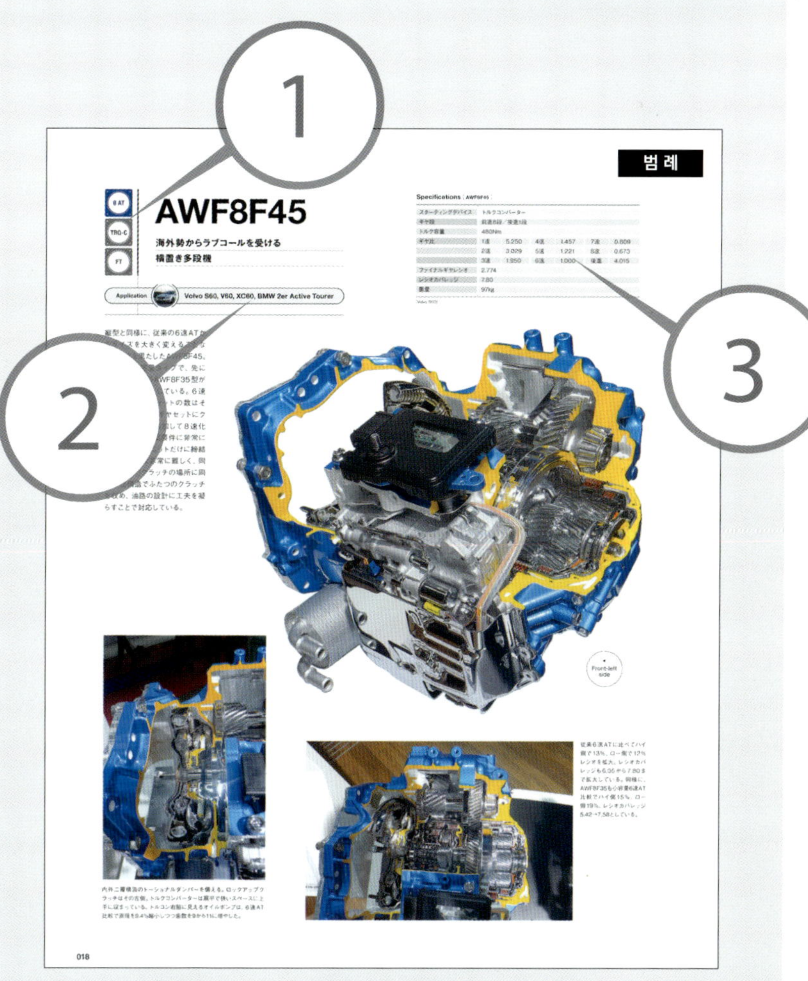

2 ▸ 어플리케이션에 대해

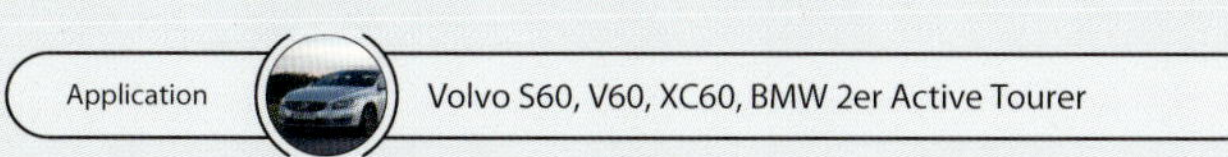

이 변속기를 장착한 차종을 기재했다.
장착한 차종이 다수일 때는 대표적인 것과 새로운 것만 기재했다.

3 ▸ 사양에 대해

서플라이어 또는 업체가 완성차로서 발표한 수치를 기재했다. 종감속 기어비는 차량에 따라 다르기 때문에 구체적인 차량명과 함께 기재. 레시오 커버리지(총변속비 폭)는 표 중에서 가장 낮은 단의 기어비를 가장 높은 단의 기어비로 나누어 산출하고 있다.

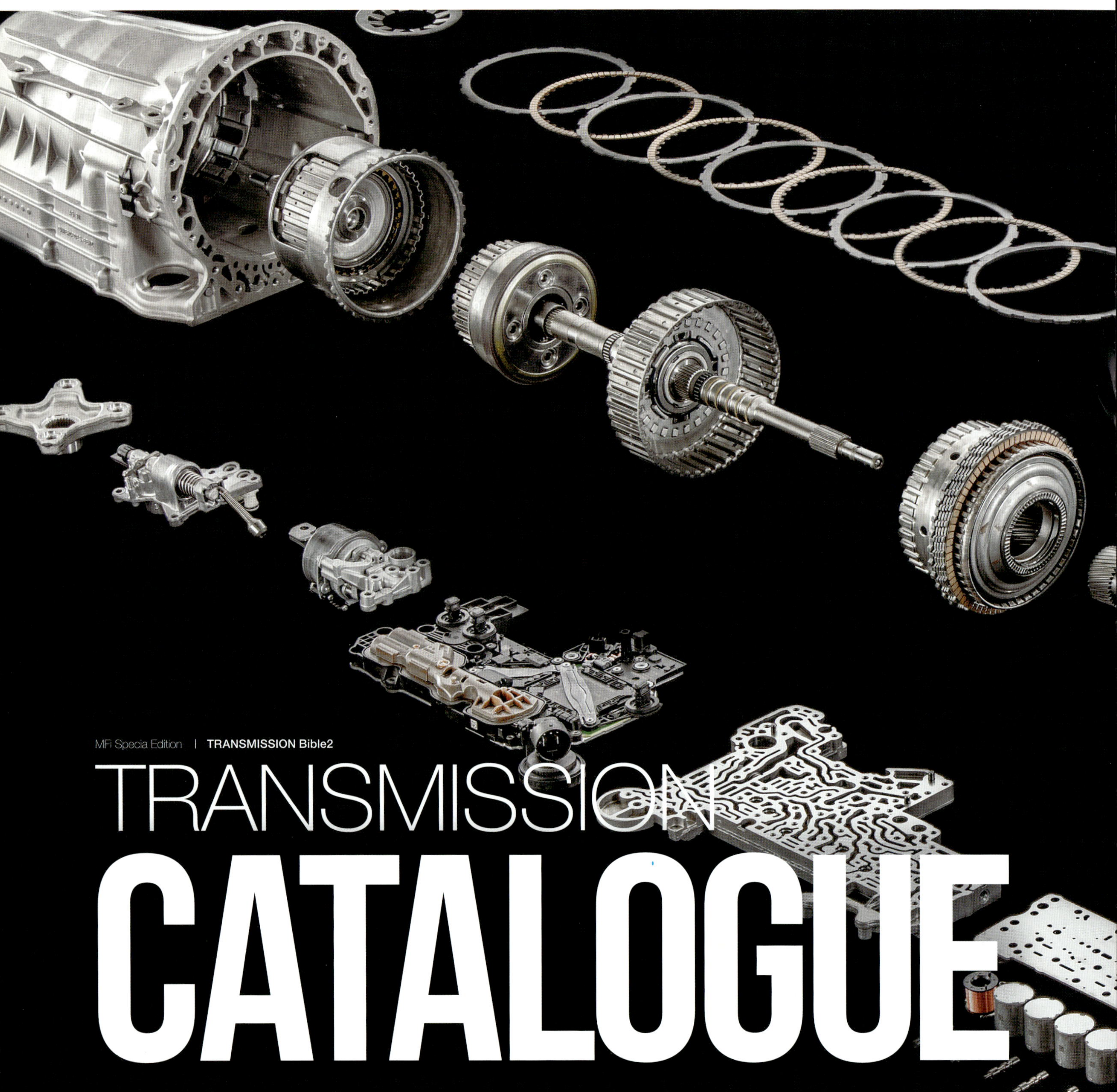

TRANSMISSION
CATALOGUE

[*Contents*]

AISIN AW / AISIN AI / JATCO / ZF / GETRAG / AICHIKIKAI / TREMEC
HONDA / MAZDA / SUBARU / SUZUKI / GM
FORD / DAIMLER / VOLKSWAGEN
FIAT / LAMBORGHINI / PSA / HYUNDAI / KIA 등.

AISIN AW

아이신 AW ｜ 🇯🇵 일본

전 세계 차종에 탑재되고 있는 자동변속기 전문기업

유단AT, CVT 그리고 EVT. 각종 자동변속기를 생산해 전 세계에 판매.

나아가 일본의 기술적 진수를 집약시켜 생산한 뒤에는 다양한 추가모델로 발전시키는 것도 특징이다.

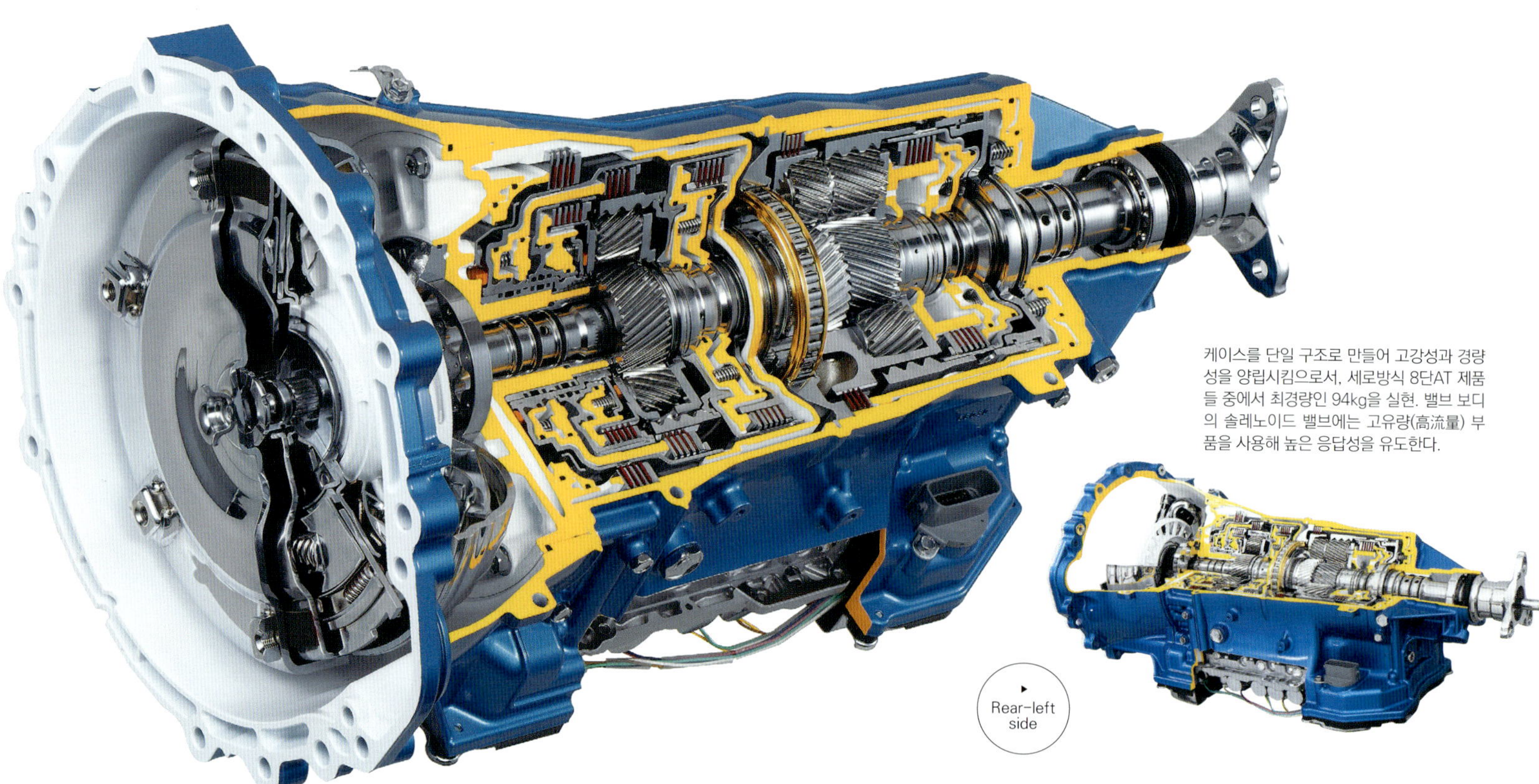

케이스를 단일 구조로 만들어 고강성과 경량성을 양립시킴으로서, 세로방식 8단AT 제품들 중에서 최경량인 94kg을 실현. 밸브 보디의 솔레노이드 밸브에는 고유량(高流量) 부품을 사용해 높은 응답성을 유도한다.

Rear-left side

8 AT

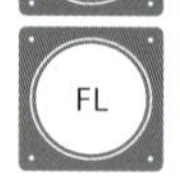

TRQ-C

FL

AWR8L35

각 부분을 최적화한

중형급용 8단AT

Application 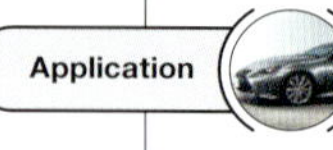 Lexus RC, IS 350, GS 350, Cadillac CTS, Toyota CROWN

아이신 AW의 세로배치 8단 제품들 중에서 가장 작은 변속기이다. D세그먼트 차량에 탑재하기 위한 토크 용량 때문에 각 부분을 최적화. 이에 따라 클러치 배치에 있어서 유성기어와 함께 소형화하는데 성공한다. 물론 고급차량에 어울리는 정숙성에도 심혈을 기울였다. 아이신의 시뮬레이션에 따르면 US 연소 사이클 시험에서 6단AT에 비해 5%의 연비개선 효과가 있다고 한다 (380Nm : 3.5ℓ 가솔린엔진의 경우).

Specifications [AWR8L35]

발진장치	토크 컨버터	
기어 단수	전진8단 / 후진1단	
토크용량	380Nm	
기어비	1단	4.597
	2단	2.724
	3단	1.863
	4단	1.464
	5단	1.231
	6단	1.000
	7단	0.824
	8단	0.685
	후진	4.056
종감속 기어비	3.133	
상대변속비(총 변속비폭)	6.71	
중량	94kg	

(렉서스 RC)

TR-80SD

강력한 토크를 소화하는
소형 변속기

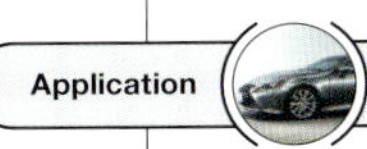

Application Volkswagen TOUAREG, Porsche CAYENNE, PANAMERA

대용량 FR용 8단AT로서, 폭스바겐 그룹의 SUV에 탑재되는 변속기. 토크 컨버터를 보쉬제품의 모터로 바꿔 1모터 방식의 하이브리드 장치로도 사용하고 있다. 전동 오일펌프를 장착하면 스타트&스톱 기능에도 대응한다. 대배기량의 큰 토크를 소화하는 견고성에, 부드럽고 정확한 변속을 실현. 기존의 6단AT와 비교해 기어비를 최적화함으로서 2.1%의 효율을 개선했다 (100Nm@2000rpm).

기존의 대용량 6단AT를 토대로 만들어진 변속기로, 6단AT와 똑같은 크기이면서 8단으로 변신. 800Nm나 되는 큰 토크를 소화하면서도 경량화에 힘써 똑같은 토크 용량비교에서 최대 11%의 경량화에 성공하였다.

Specifications [TR-80SD]

발진장치	토크 컨버터
기어 단수	전진8단 / 후진1단
토크용량	800Nm
기어비 1단	4.845
2단	2.840
3단	1.863
4단	1.436
5단	1.216
6단	1.000
7단	0.815
8단	0.672
후진	3.825
종감속 기어비	3.700
상대변속비(총 변속비폭)	7.21
중량	108kg

(폭스바겐 투아렉)

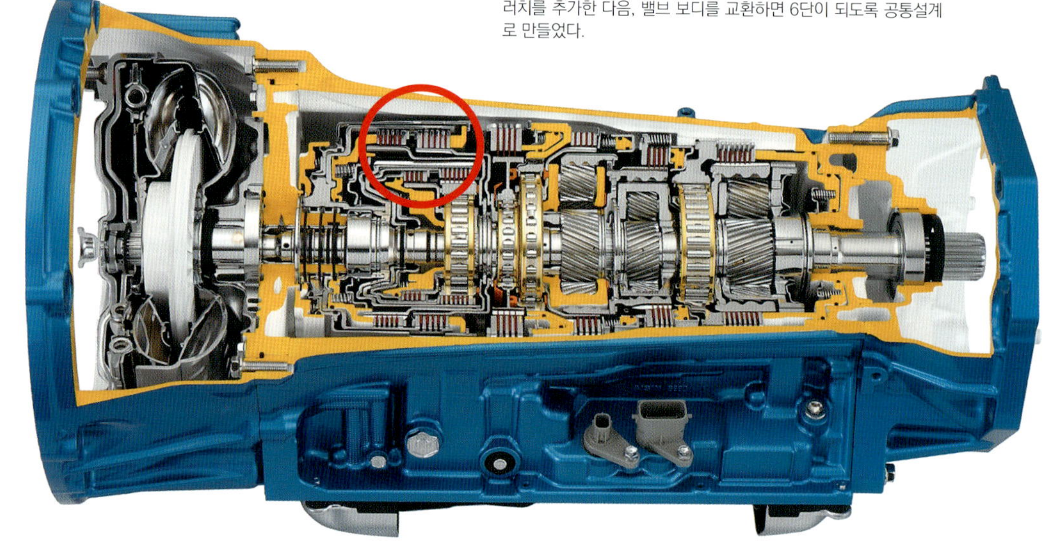

붉은 원으로 표시한 클러치 4개 중에서, 우측상단의 C-3 피스톤이 풀 타입 구조. 이것으로 5단 변속기에 클러치/원웨이(one way) 클러치를 추가한 다음, 밸브 보디를 교환하면 6단이 되도록 공통설계로 만들었다.

Specifications [TB-68LS]

발진장치	토크 컨버터	
기어 단수	전진6단 / 후진1단	
토크용량	650Nm	
기어비	1단	3.333
	2단	1.960
	3단	1.353
	4단	1.000
	5단	0.728
	6단	0.588
	후진	3.061
종감속 기어비	4.300	
상대변속비(총 변속비폭)	5.67	
중량	108.9kg	

(도요타 랜드크루저)

TB-68LS

대형차량에 탑재되는

고용량 6단AT

Application 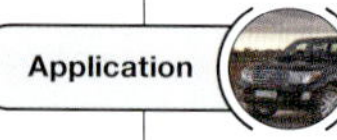 Toyota LANDCRUISER 200, TUNDRA, SEQUOIA

세로방식 5/6단AT 제품들 중 TB시리즈에서 최대용량인 TB-68LS는 2006년 10월에 북미 AWNC 공장에서 생산이 중지된다. 대형트럭에 탑재할 수 있도록 토크 용량을 730Nm까지 끌어올린 변속기이다. TB시리즈는 5단으로 개발이 시작되었지만 중간에 6단도 같이 검토한다. 그러면서 클러치 피스톤을 미는 방식에서 당기는 방식으로 바꾸어 클러치를 다중구조로 변경하여 공통으로 사용한다. 또한 편평한 형태의 토크 컨버터를 이용해 4단AT에서 길이을 바꾸지 않고 5/6단으로 만드는 데 성공.

TB-65SN

도요타 86/스바루 BRZ에 탑재되는
고속 엔진에 대응하는 스포츠 변속기

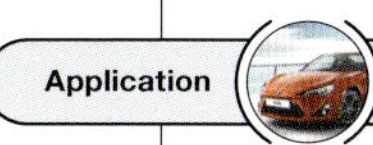

Application	Toyota 86, MARK X, Subaru BRZ, Mazda ROADSTER

앞 페이지에서 언급했듯이 TB시리즈는 5/6단이 공통으로 설계되었다. 이 중에서 6단 소형 변속기가 TB-65SN(6단 중형 변속기는 TB-61SN). 2004년에 도요타 마크 X에 처음 탑재된 이후, 2005년부터 중국 텐진 AW에서 현지생산되고 있다. 동력/연비성능 향상에 따른 고효율과 더불어 경량, 소형화가 개발목표였다. 그 결과 기존 변속기보다 8.0kg, 전장 8.7mm, 몸통둘레 3.7mm가 줄어들어 세계 유수의 소형경량 6단AT로 자리매김하고 있다.

Specifications [TB-65SN]

발진장치	토크 컨버터	
기어 단수	전진6단 / 후진1단	
토크용량	211Nm	
기어비	1단	3.538
	2단	2.060
	3단	1.404
	4단	1.000
	5단	0.713
	6단	0.582
	후진	3.168
종감속 기어비	4.100	
상대변속비(총 변속비폭)	6.08	
중량	75kg	

(도요타 86)

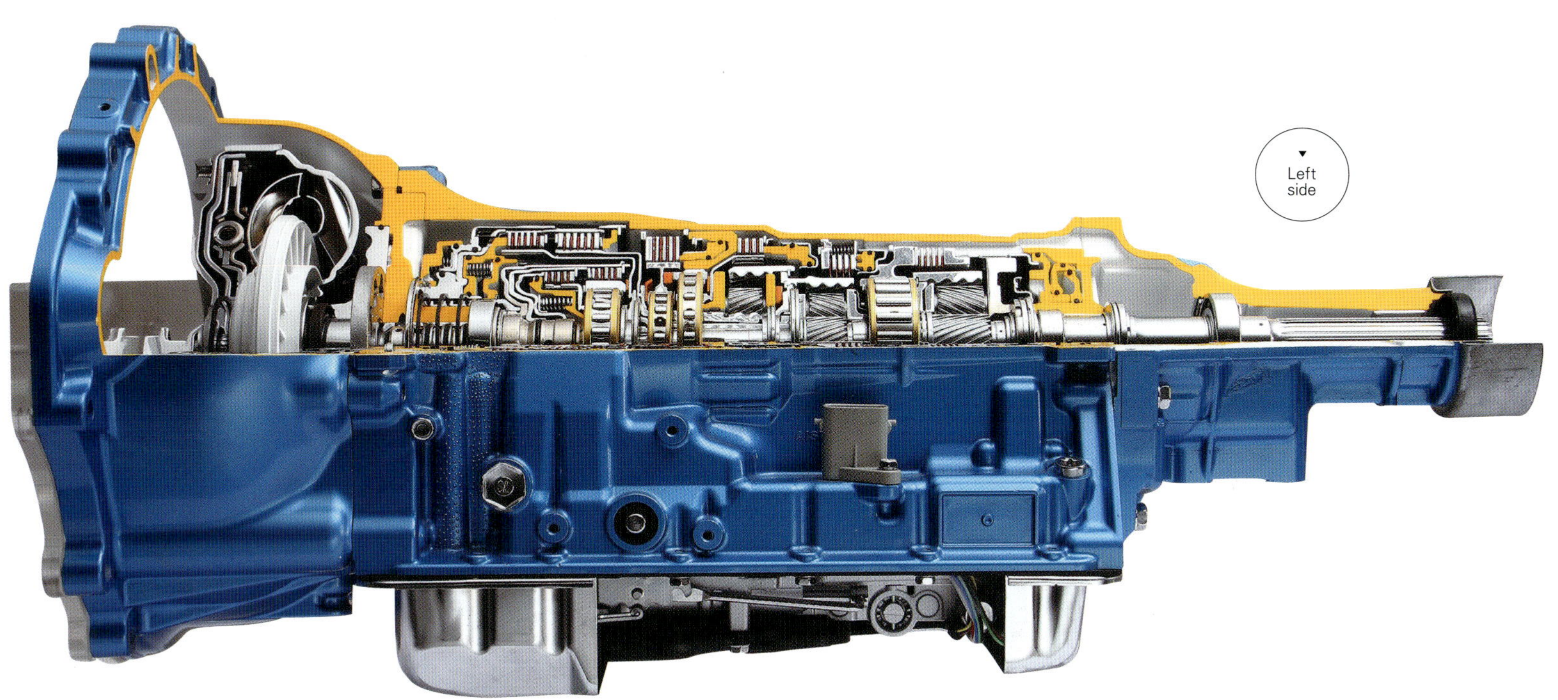

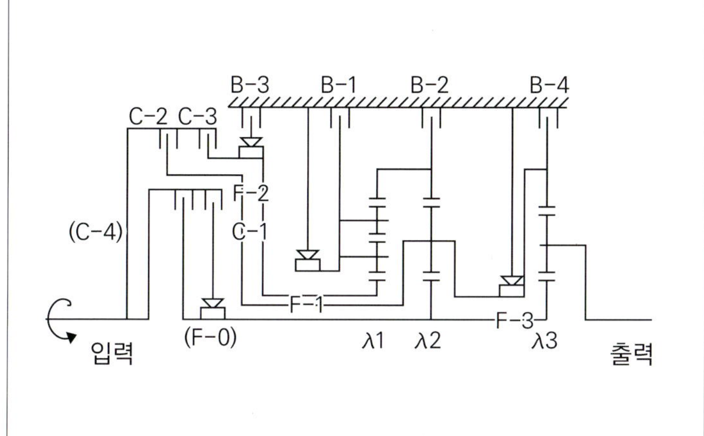

브레이크×4, 클러치×4, 원웨이 클러치×4, 유성기어 세트×3, 기어수는 프런트 S33/Pin19/Pout18/R75(더블 피니언 타입), 미드십 및 리어가 S26. P20/R66. 1단에는 C1C4F3F4, 2단에는 C1C4B3F1F2F4, 3단에는 C1C3C4F1F4, 4단에는 C1C2C4F4, 5단에는 C2C3B1, 6단에는 C2B2, 후진에는 C3B4가 관계한다.

86/BRZ에 장착하기 위해 고응답 변속 설계로 만듦으로서 직접적인 감각을 추구(M단, SPORT 모드). 2→3단으로 상향변속할 때의 소요시간은 0.18초, 3→2단으로 하향변속할 때는 0.34초가 단축되었다. 더불어 상향변속할 때의 연료차단, 기어를 하향변속할 때의 블리핑(blipping) 등, 수평대향 엔진과 협조해 제어한다.

AWF8F45

해외 자동차회사들로부터 호평을 받는
가로배치 다단 변속기

Application  **Volvo S60, V60, XC60, BMW 2er Active Tourer**

Specifications [AWF8F45]

발진장치	토크 컨버터					
기어 단수	전진8단 / 후진1단					
토크용량	480Nm					
기어비	1단	5.250	4단	1.457	7단	0.809
	2단	3.029	5단	1.221	8단	0.673
	3단	1.950	6단	1.000	후진	4.015
종감속 기어비	2.774					
상대변속비(총 변속비폭)	7.80					
중량	97kg					

(볼보 S60)

세로방식과 마찬가지로 기존의 6단 AT와 큰 차이 없이 8단으로 변신한 AWF8F45. 이 변속기는 대용량으로, 이에 앞서 350Nm 사양의 AWF8F35 형식이 등장했다. 6단AT의 유성기어 세트 수는 그대로 하고 앞쪽 기어세트에 클러치만 하나 추가해 8단으로 만들었다. 전폭 요건에 상당히 엄격한 FF용 장치인 만큼 체결부위를 추가하기가 어려웠기 때문에, 기존의 클러치 위치에 동심이경(同心異徑) 구조로 2개의 클러치를 장착하고 유로(油路) 설계를 개선하는 식으로 대응하고 있다.

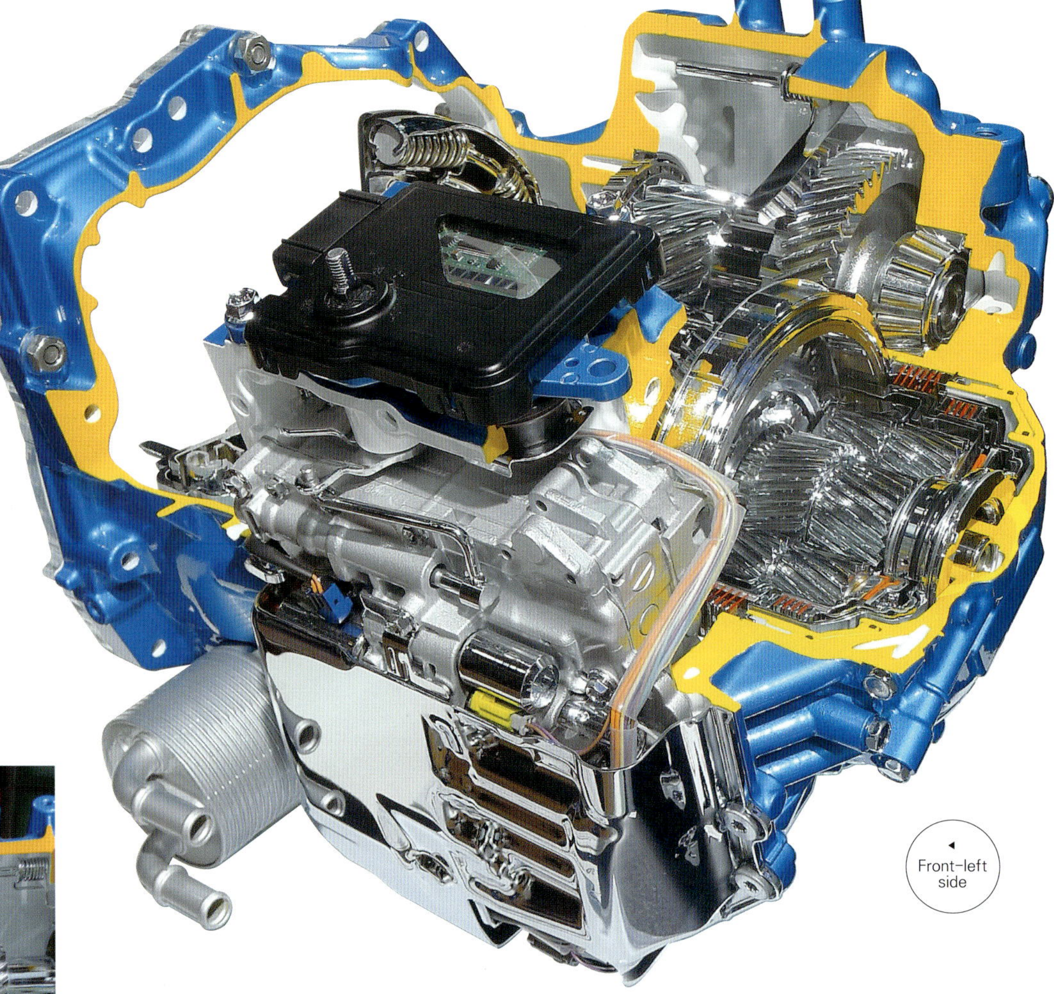

Front-left side

기존의 6단AT와 비교해 고속에서 13%, 저속에서 12% 비율을 확대. 상대변속비(ratio coverage)도 6.05에서 7.80까지 확대되었다. AWF8F35도 소용량 6단AT과 비교해 고속에서 15%, 저속에서 19%, 상대변속비 5.42→7.58로 확대되었다.

안팎으로 2층구조의 토셔널 댐퍼(torsional damper)를 갖추고 있다. 잠금 클러치는 그 좌측. 토크 컨버터 편평하고 좁은 공간에 잘 위치해 있다. 토크 컨버터를 오른쪽으로 끼고 보이는 오일펌프는 6단AT와 비교해 직경이 9.4% 작아졌으면서 잇수는 9개에서 11개로 늘어났다.

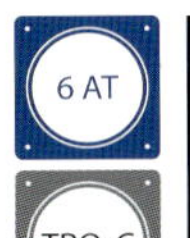

AWF6F25

유럽 업체의 FF차량에 장착되는
6단AT 변속기

FF 변속기로는 여전히 주연급인 AWF6F25. 유럽 업체가 주로 사용하는 변속기로서, 근래에는 BMW i8에 채택되기도 했다. 2002년의 TF-60SN에서 발매된 이후 고용량 형식의 TF-80SC(2004년), 중간용량 형식의 TF-70SC(2009년)가 등장한바 있다. TF-70SC부터는 밸브 보디의 직동식 리니어 솔레노이드 밸브를 사용하는 한편 각 부분을 에너지절약형으로 설계, 디젤엔진 및 과급 다운사이징 터보엔진에 대응할 수 있는 제3세대에 해당한다.

뒤쪽의 유성기어 세트는 롱 피니언을 사용해 피니언 기어와 링 기어를 같이 쓰게 한, 소위 라비뇨(ravigneaux) 배열로 이루어져 있다. 출력 기어 위에 있는 간격이 넓은 기어는 주차 기어.

출력 기어는 전방 유성기어 세트와 후방 유성기어 세트 사이에 설치된다. 토크 컨버터는 잠금 영역을 확대하기 때문에 아주 심하게 비틀린 각도(ultra long travel)의 댐퍼를 장착해 대응하고 있다. 잠금 클러치는 직접적인 감각을 중시해 다판(多板)구조로 만들었다.

Specifications [AWF6F25]

발진장치	토크 컨버터	
기어 단수	전진6단 / 후진1단	
토크용량	300Nm	
기어비	1단	4.459
	2단	2.508
	3단	1.556
	4단	1.142
	5단	0.851
	6단	0.672
	후진	3.185
종감속 기어비	3.683	
상대변속비(총 변속비폭)	6.64	
중량	84kg	

(BMW i8)

6 AT

TRQ-C

FT

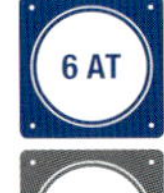

AWF6F45

각 부분을 개량해
고용량에 대응 가능한 6단AT

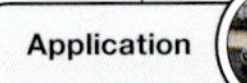

Application Volvo V40 etc.

Specifications [AWF6F45]

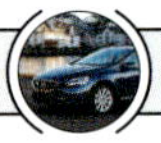

발진장치	토크 컨버터						
기어 단수	전진6단 / 후진1단						
토크용량	480Nm						
기어비	1단	4.148	4단	1.155	6단	0.686
	2단	2.370	5단	0.859	후진	3.394
	3단	1.556				
종감속 기어비	3.08					
상대변속비(총 변속비폭)	6.05					
중량	90kg					

(볼보 V40)

FF 6단AT를 고용량으로 만들기 위해 1999년에 TF-60SN과 동시에 개발이 시작된 TF-80SC. 전장을 줄이기 위해 2번째 브레이크에 밴드 구조를 적용한 것이 특징이다. 다판 클러치 위쪽으로 보이듯이 더블 랩 밴드라는 방식을 이용하고 있다. 이 방식은 큰 토크 유지에 뛰어난 반면, 디스크 구조에 비해 토크용량 변화가 급격하다는 특징이 있어서 브레이크가 열리기 시작하는 변속 때 급격한 변속이 이루어지게 된다. 그래서 어플라이 쪽만 마찰재 두께를 줄이거나, 밴드 드럼 표면의 홈 형상을 개량하기도 하고, 마찰계수 안정화를 위해 밴드 드럼의 표면을 가공하는 등 기존제품에 비해 다판 브레이크에 가까운 감각을 만들어내는데 성공했다. 이 변속기는 TF-80SC를 개선한 장치이다.

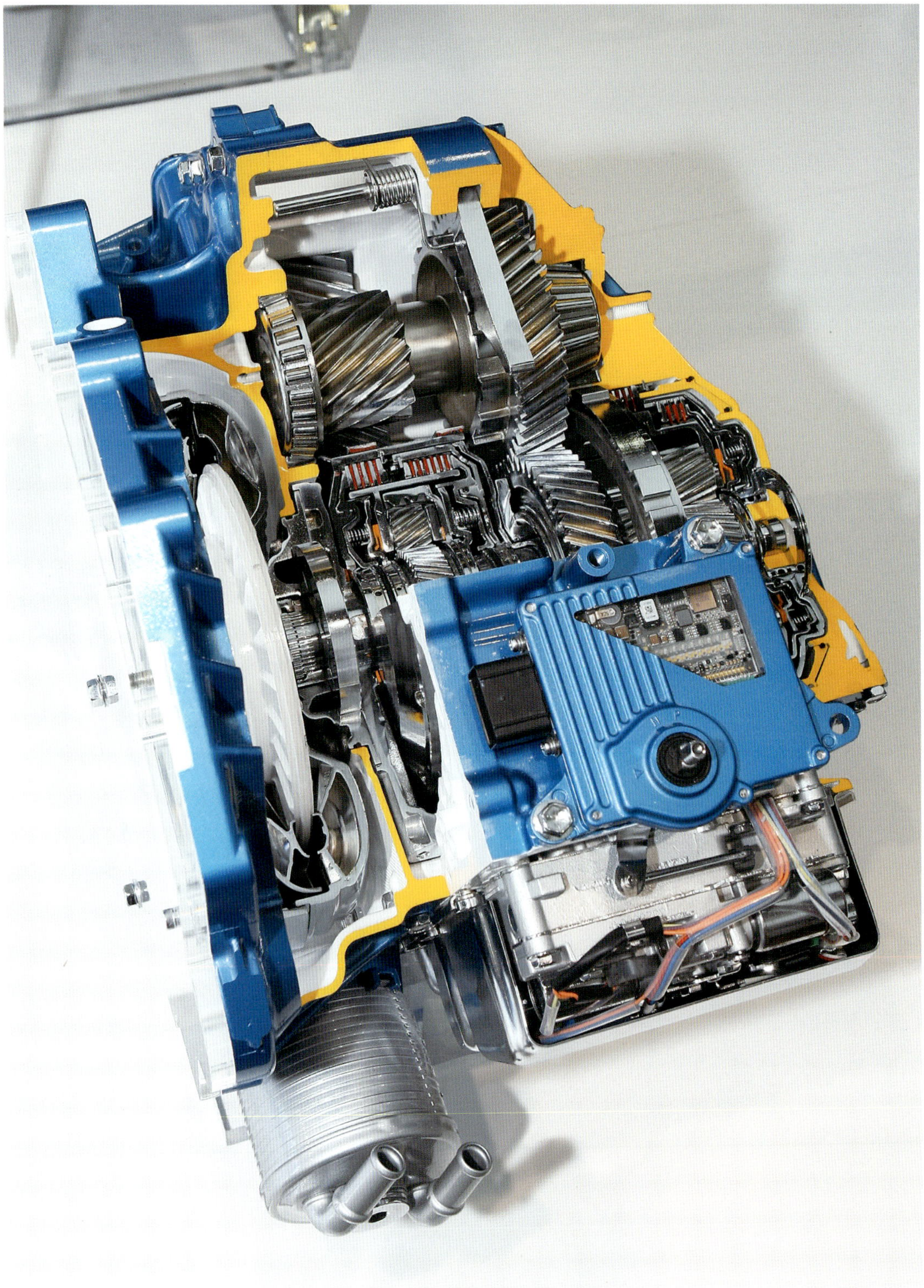

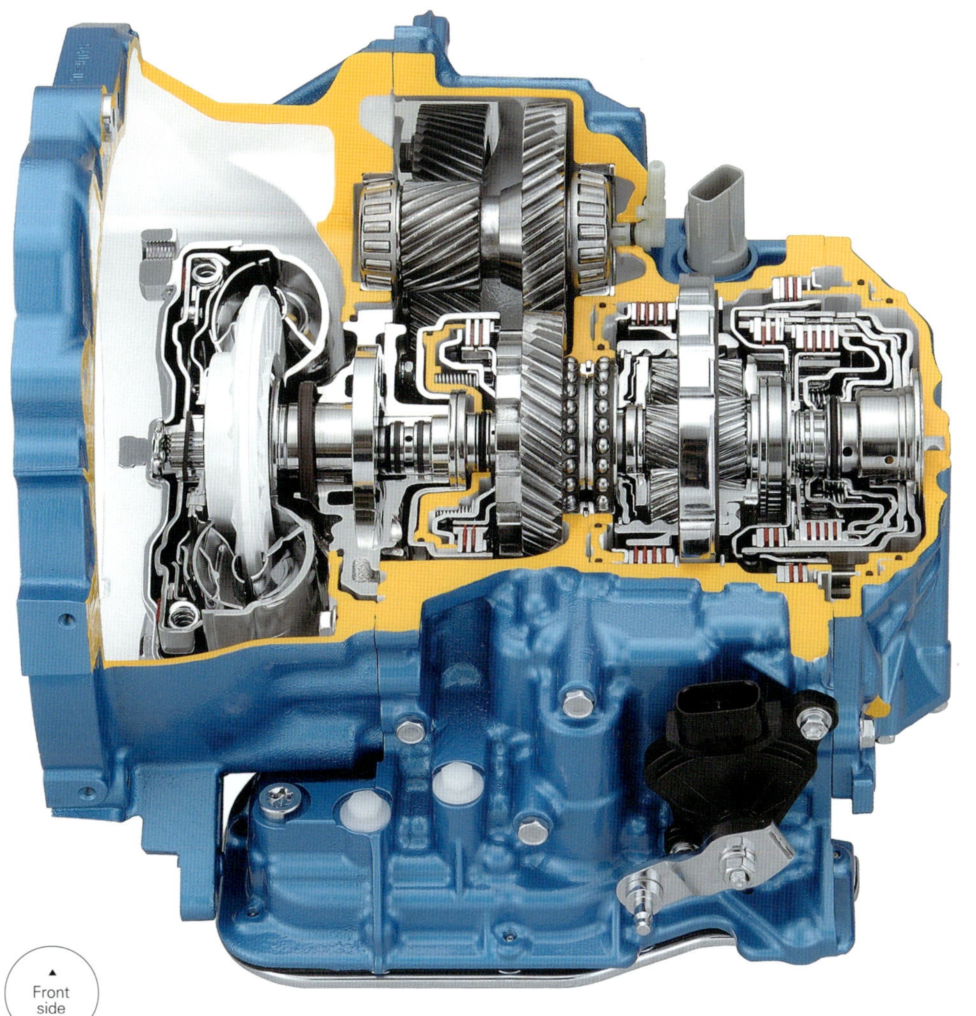

Specifications [AWF4S15]

발진장치	토크 컨버터	
기어 단수	전진4단 / 후진1단	
토크용량	130/150Nm	
기어비	1단	2.941
	2단	1.604
	3단	1.023
	4단	0.713
	후진	2.353
종감속 기어비	4.125	
중량	84kg	

▲ Front side

▼ Front-left side

밸브 보디를 새로 설계해 브레이크 하나와 원웨이 클러치를 생략할 수 있었다. 그 결과 NEDC 사이클에서 6.5%의 연비를 향상시 킨다(135Nm@1.5ℓ 가솔린:1.5t 등급).

AWF4S15

신흥시장용 소형경량 4단AT 변속기

새로운 설계를 통해 고효율화를 실현

4 AT

TRQ-C

FT

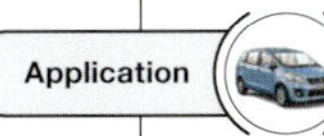

Application — Tianjin FAW Toyota VIOS, Guangzhou Toyota YARIS, Suzuki Indomobil ERTIGA, FAW OLEY, Changan EADO, Donfeng FENGSHEN S30, Guangzhou GA3

바로 10년 정도 전까지는 일본에서도 자동변속기라고 했을 때 가로세로 탑재를 불문하고 「토크 컨버터 AT의 4단」이 상식이었다. 그랬던 것이 환경문제가 대두되면서 일본에서는 CVT가 보급되고 유럽에서는 AT의 다단화 및 DCT가 등장했다. 하지만 개발도상국에서는 아직도 MT가 주류이다. 그 위 단계 변속기로 유단AT가 주목을 받고 있다. AWF4S15는 기존의 소용량 4단AT를 바탕으로 새로운 제어기술을 도입. 기어 배열을 간략하게 하는 동시에 효율을 높임으로서 가격을 낮추면서도, 가볍고 작은 변속기로 만들었다.

Specifications [AWFCX18]

발진장치	토크 컨버터	
기어 단수	전진무단(無段) / 후진1단	
토크용량	184Nm	
기어비	전진	2.480~0.396
	후진	2.604~1.680
종감속 기어비	5.356	
상대변속비(총 변속비폭)	75kg	
중량	75kg	
전장	359.7mm	
축간거리	185mm	

(도요타 코롤라 엑시오)

변속기 앞쪽에 있는 검은 원통이 전동 오일펌프. 아이들 스톱을 할 때 유압을 높게 유지하는 역할을 한다. 그 옆의 은색 원통은 변속기 오일쿨러. CVT 오일의 점도를 낮추어 저온상태에서의 잔여제동저항(drag)을 줄였다.

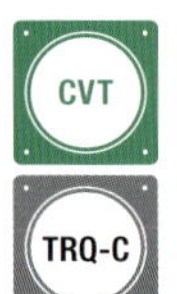
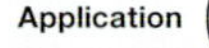

AWFCX18

중형급 차량을 위한 최신 CVT 장치

각 부분을 개량해 고효율을 더욱 향상

Application — Toyota COROLLA AXIO, COROLLA FIELDER, VITZ, PORTE, SPADE, Toyota COROLLA (for North and South America, Asean

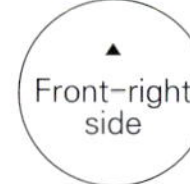

2012년에 등장한 중형용량의 CVT. 1.5~1.8ℓ급 탑재를 감안한 변속기로서, 도요타 차량에 탑재할 때는 슈퍼CVT-i로 불린다. 밸브 보디, 오일펌프 그리고 CVT 오일을 새롭게 함으로서 저연비에 기여했다. 가감속을 할 때 토크 컨버터를 서서히 잠금 체결하는「플렉스 스타트(flex start)」기능을 통해 연비와 주행성능 두 가지를 다 향상시켰다. 나아가 CVT에 필수인 고압펌프의 구조를 동일 축 2포트 방식으로 변경함으로서 불필요한 유압을 억제시키는 고효율 설계를 실현하였다.

CVT
TRQ-C
FT

AWFCX12

연비성능을 향상시킨
소형차량에 안성맞춤인 CVT

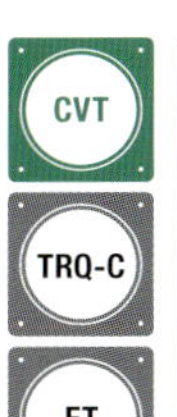
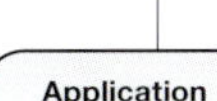

Application | Toyota VITZ, RACTIS, PORTE, COROLLA, SPADE

AWFCX18처럼 토크 컨버터의 토크 확대와 연비성능을 실현하는 플렉스 스타트를 갖추고 있다. 형식번호에서 파악할 수 있듯이 소용량 방식으로, 아이신 AW의 CVT 제품들 중에서 가장 작은 변속기이다. 오일펌프는 지름이 작을 뿐만 아니라 체적을 늘린 고효율 설계. 아이들 스톱 사양에서 26.5km/ℓ 를 달성한다. 그룹회사에 일본 유일의 CVT벨트 생산회사인 CVTEC을 갖고 있어서 고효율이면서도 저렴한 벨트를 확보하고 있다는 것이 특징이다.

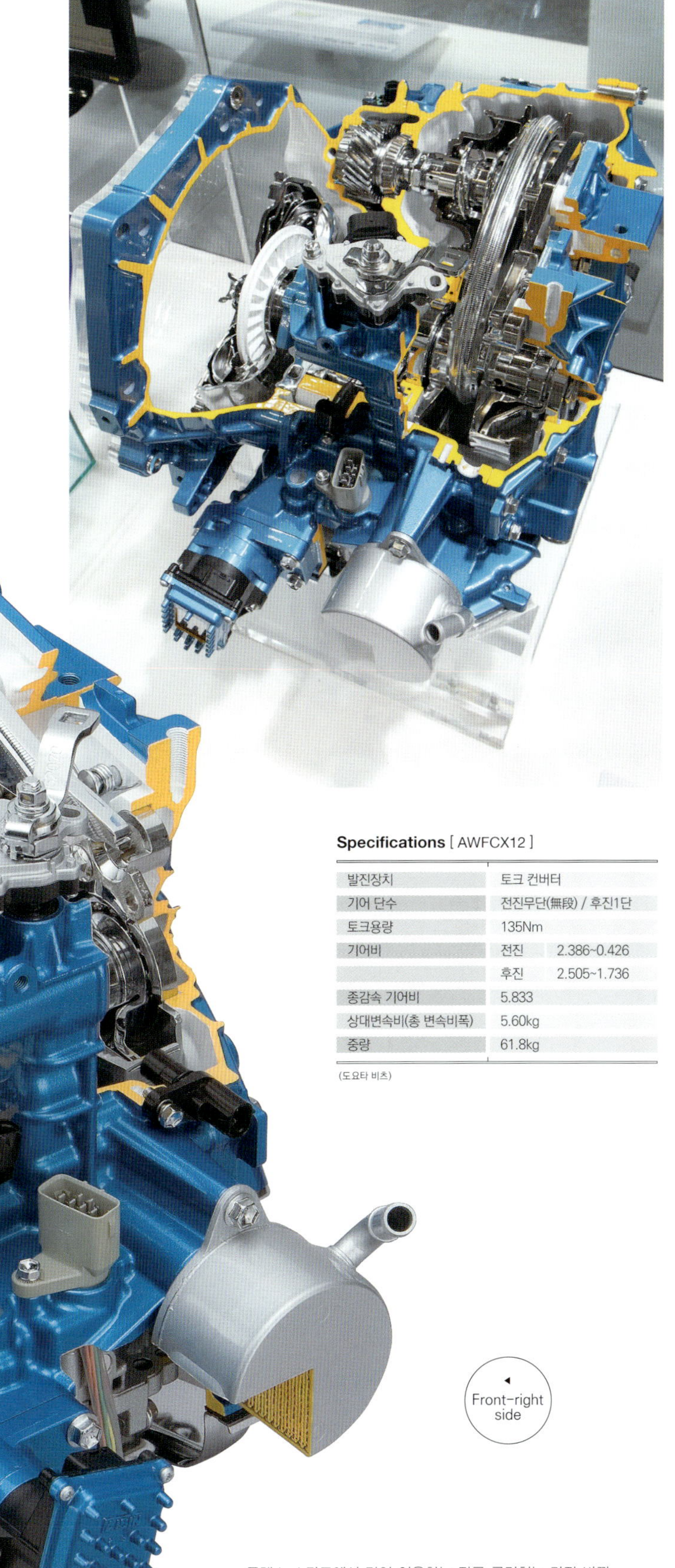

Specifications [AWFCX12]

발진장치	토크 컨버터	
기어 단수	전진무단(無段) / 후진1단	
토크용량	135Nm	
기어비	전진	2.386~0.426
	후진	2.505~1.736
종감속 기어비	5.833	
상대변속비(총 변속비폭)	5.60kg	
중량	61.8kg	

(도요타 비츠)

플렉스 스타트에서 많이 이용하는 잠금 클러치는 가장 바깥 둘레에 배치. 시장의 요구를 수용해 아이들 스톱에 대응할 수 있도록 전동 오일펌프를 갖추고 있다. CAE분석을 통해 설계한 몸체는 정숙성을 향상시키는데 크게 기여하고 있다.

사진 오른쪽의 리덕션 기어비는 1열식의 3.333이다. HR-10에 비해 높은 토크로 이용하는 경우가 많아 열방출 대책이 필요했다. 그로 인해 이 변속기에서는 MG2의 샤프트 안으로 오일을 통과시켜 원심력으로 윤활, 냉각시키는 축심(軸芯) 냉각방식을 사용하고 있다.

Specifications [AWRHT25]

발진장치	전기모터
기어 단수	전진무단(無段) / 후진1단
토크용량	211Nm
기어비(구동용 모터)	3.333
종감속 기어비	2.764
구동용 모터	최대토크 300Nm
	최고출력 105kW
냉각방식	유냉(油冷)

(렉서스 IS 300h)

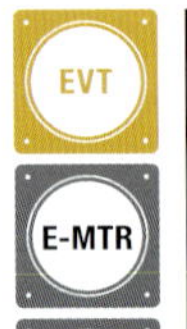

AWRHT25

작고 가벼운 변속기를 지향한

세로형식의 HV 변속기

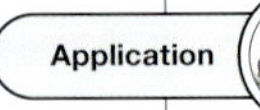

Application · Lexus IS 300h, GS 300h, Toyota CROWN

신형 세로형식 HV 변속기가 AWRHT25이다. 주로 D세그먼트 차량용으로 만들어진다. 도요타 프리우스 등에 탑재되는 시스템을 세로형식으로 바꾼 구조로서, 입력 쪽부터 발전을 담당하는 MG1, 유성기어방식의 동력분할장치, 구동을 담당하는 MG2, MG2의 모터 리덕션(reduction)이 순서대로 배치되어 있다. 가장 말단의 모터 리덕션은 HR-10의 2열방식과 달리 1열방식이다. 이 변속기를 탑재하는 차량의 예상 최고속도 때문에 변경되었다. 이런 것들을 포함해 변속기를 작고 가볍게 만드는데 성공하였다.

HR-10

모터 리덕션을 개선시킨
대용량 방식

Application Lexus GS 450h, Toyota CROWN MAJESTA

세로형식 HV 변속기로는 이 변속기가 먼저 등장해 2006년 렉서스 GS450h에 처음 탑재. 유럽 판매를 염두에 두고 초고속 영역에 대응하기 위해 MG2의 모터 리덕션 기어에 2열방식을 취했다. 이 점이 THS-II와 가장 큰 차이점이다. 개발할 당초에는 싱글 리덕션으로 진행되었지만 장착 여건 및 경쟁차량과 비교해 얻을 수 있는 성능을 확보하기 위해 2열방식이 채택되었다. 고급차량에 탑재하는 이유 때문에 NV대책에 세심한 배려가 이루어졌다.

Specifications [HR-10]

발진장치	전기모터
기어 단수	전진무단(無段) / 후진1단
토크용량	530Nm
기어비(구동용 모터)	Low 3.900 / High 1.900
종감속 기어비	3.266
구동용 모터	최대토크 275Nm
	최고출력 147kW
냉각방식	유냉(油冷)
무게	120kg

(렉서스 GS 450h)

left
side

2열방식 리덕션을 채택함으로서 기존의 AT 장치와 똑같은 크기를 유지했다. 모터 장착을 포함해 전부 아이신 AW에서 자체 제작. 가장 뒤쪽에 스플릿 기어를 갖춰 AWD에 대응할 수 있는 HR-10F도 제작한다.

EVT

TRQ-C

FT

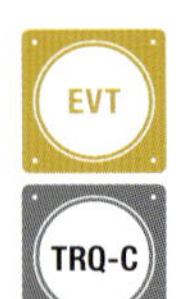

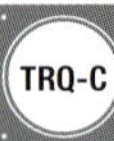

AWFHT15

세계에서 가장 유명한 HV변속기

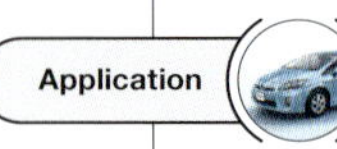

Application **Toyota PRIUS, Mazda AXELA**

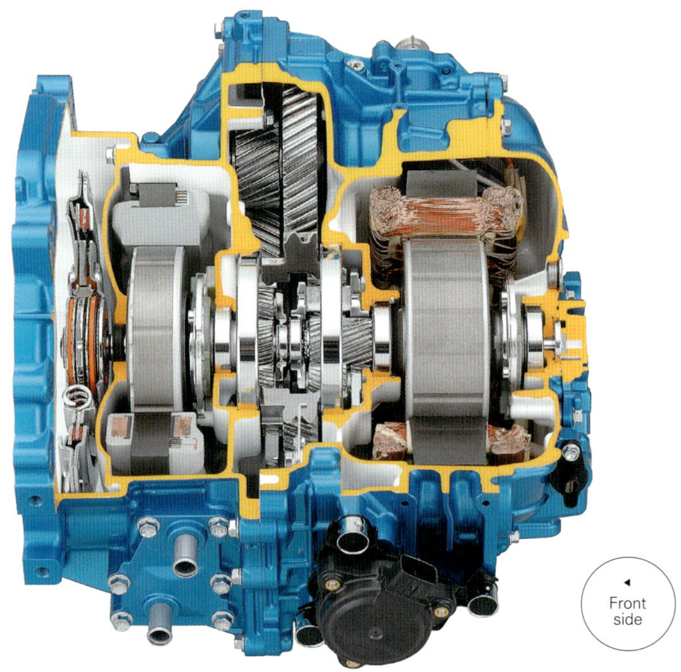

프리우스에 탑재되는 HV 변속기로서, THS-Ⅱ D의 기본형이다. 2세대 프리우스(선대)에 비해 회전속도(최고 13,900rpm)와 구동전압(500→650V)을 향상시켜, 특히 MG2를 소형화하는데 성공. 나아가 리덕션 기어를 갖춤(동력분할장치와 일체화)으로서 구동력을 높이는데 성공했다. 이를 통해 이전 변속기보다 20kg 이상이나 무게를 줄임으로서 프리우스에 외에 다른 차량에도 장착이 가능한, 장착요건이 뛰어난 변속기가 되었다.

Front side

Front-left side

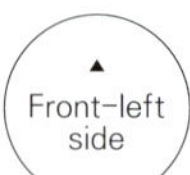

장착요건이 엄격한 FF차량용 변속기이기 때문에 세로형식에 비해 MG1 및 MG2는 지름이 크고 폭이 좁다. 중앙의 다기능 기어세트에는 좌측으로 동력분할 장치, 우측으로 MG2의 리덕션 기어가 배치되어 있으며, 기어잇수가 다른 링 기어를 일체화했다.

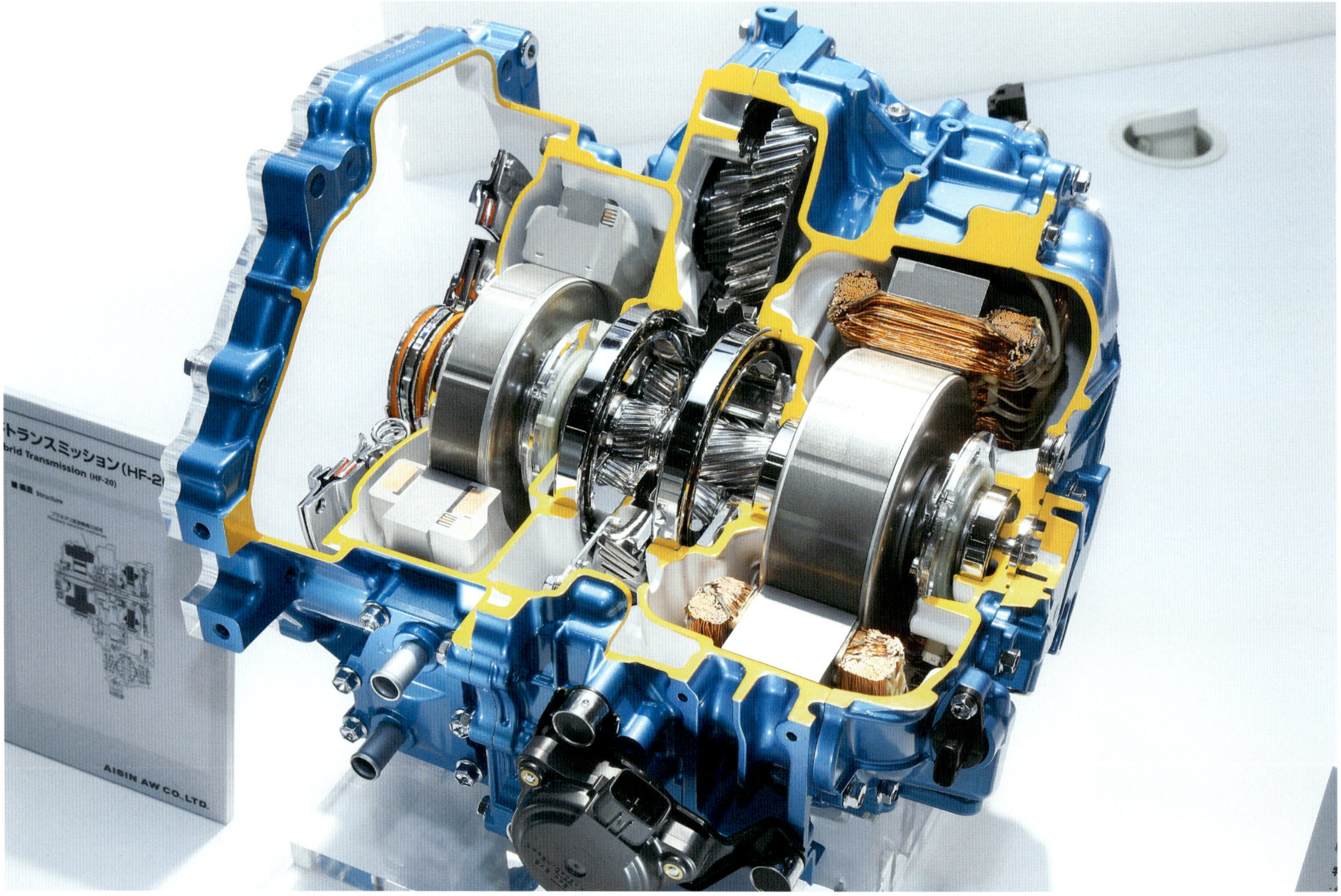

Specifications [AWFHT15]

발진장치	전기모터	종감속 기어비	3.267
기어 단수	전진무단(無段) / 후진1단	구동용 모터	최대토크 207Nm
토크용량	142Nm		최대토크 60kW
기어비(구동용 모터)	2.683	냉각방식	유냉+수냉

(도요타 프리우스)

MG1(발전기능:우측)과 MG2(구동기능:좌측) 사이에 있는 것이 다기능 기어 세트. 동력분할 장치와 리덕션 기어가 들어가 있다. 이를 통해 2세대 프리우스 시스템에서 크게 소형경량화되었다 (사진은 AWFHT15:HR-20 장치).

Specifications [HF-10]

발진장치	전기모터
기어 단수	전진무단(無段) / 후진1단
토크용량	190Nm
종감속 기어비	3.542
구동용 모터	최대토크 270Nm
	최고출력 105kW
냉각방식	유냉+수냉

(도요타 캠리)

▶ Front side

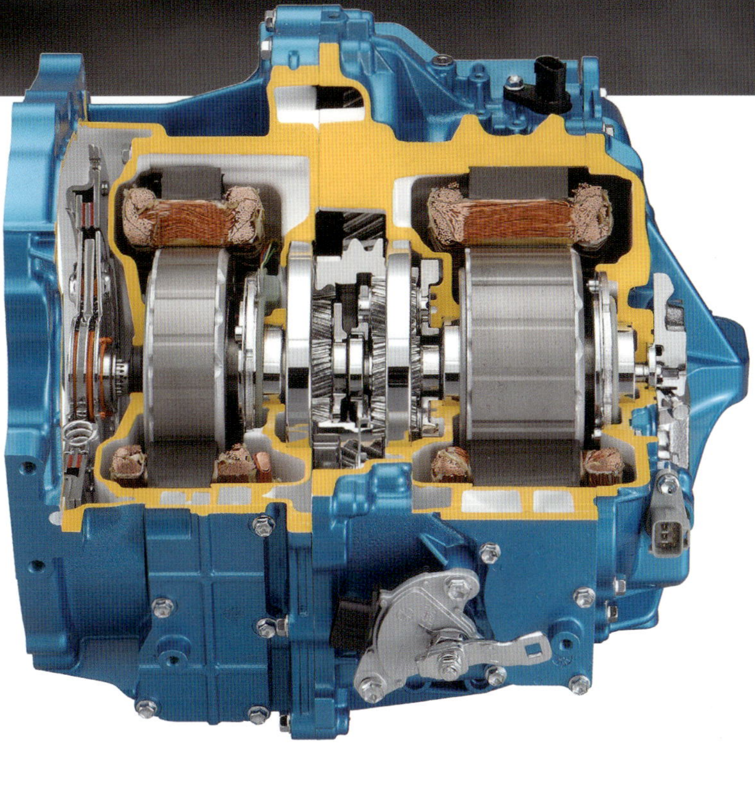

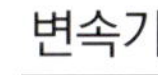

HF-10

작으면서 출력까지 뛰어난
변속기

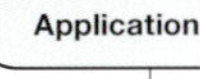
Application　Toyota CAMRY, ESTIMA

AWFHT15에 앞서 2008년 6월에 모터 리덕션 기능을 갖추고 등장한 HF-10은 캠리/에스티마 하이브리드에 장착된 변속기이다. 가로형식 HV 장치에다가 대용량 형식이다. 당시는 2세대 프리우스가 판매되던 시절로서 그에 비해 중형급에 고출력이 요구되는 이들 차종을 위해 고전압, 고회전속도가 적용되었다. 앞 페이지의 AWFHT15에 비해 MG1/2 모두 모터 폭이 넓다는 것을 알 수 있다. 현재의 THS-Ⅱ에 대한 기초를 구축한 변속기이다.

조화로운 변속을 통해 자동차의 즐거움을 추구하다

근래의 유단AT는 연비요구 때문에 동력전달 효율 향상이나 다단화를 이루어 왔다.
그런데 그것만으로는 「보람이 없다」고 야마구치 부사장은 말한다. 목표는 「자동차의 매력을 이끌어내는 AT」라는 것이다.

본문&사진 : 마키노 시게오

INTERVIEW
▼
야마구치 고조
KOUZOU YAMAGUCHI

아이신 AW 주식회사
이사 /부사장

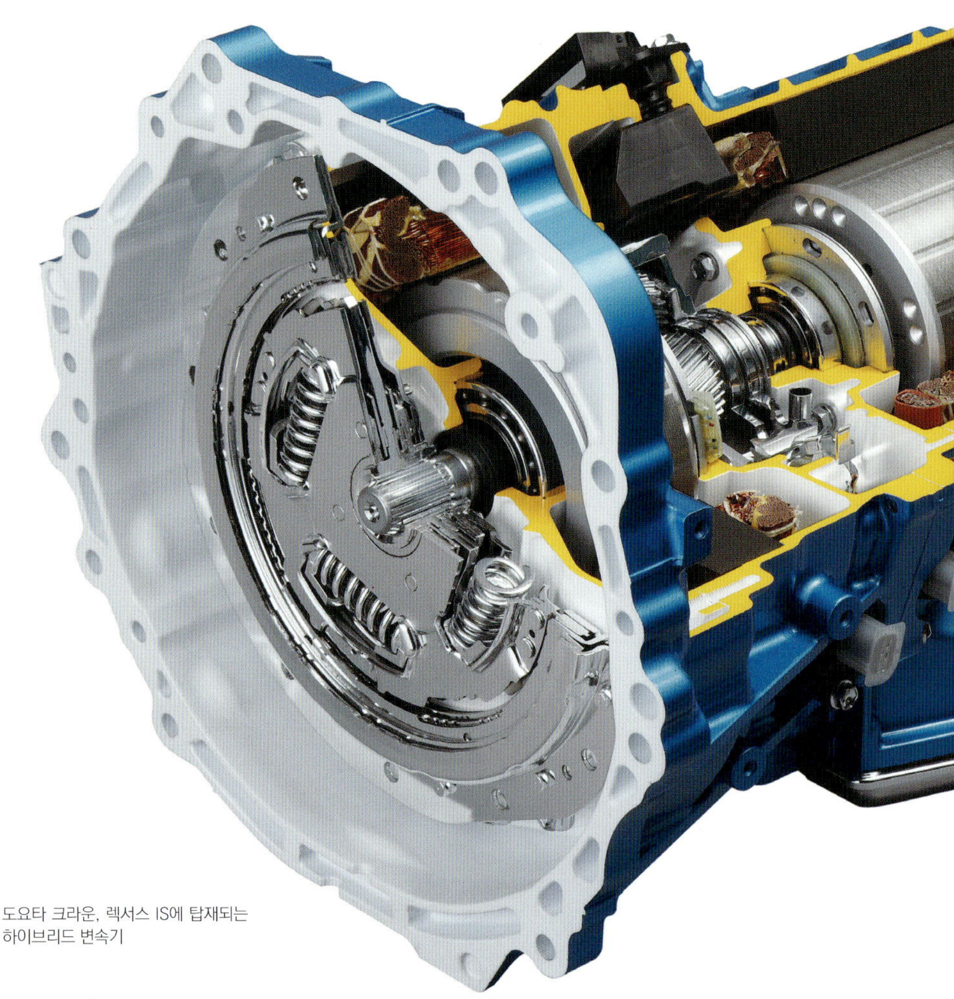

도요타 크라운, 렉서스 IS에 탑재되는
하이브리드 변속기

Q : 유단AT의 기술은 성숙기로 접어든 것 같습니다. 그 중에서도 동력전달효율 향상이 두드러진 느낌이 드는데요.

야마구치 : 그것은 상품성에 관한 기본적인 부분이기 때문에 전달효율이 90~95%에 도달해도 계속 발전해 나갈 것입니다. 현재 당사 제품의 최종목적지의 3분의 1이 중국이지만, 중국도 2020년 무렵에는 연비규제가 심해질 것이기 때문에 1%, 2% 영역조차도 중요한 것이죠.

Q : 일본에서는 거의 알려져 있지 않지만 중국에서 팔리고 있는 VW(폭스바겐) 차량의 자동변속기 전부가 DSG는 아니고, 아이신 AW의 6AT도 사용하고 있지 않습니까. PAS(푸조/시트로엥)에도 6단AT를 납품하고 있구요.

야마구치 : 중국의 VW은 DSG와 당사의 6단AT를 사용하고 있죠. 중국 전체로 봐서도 앞으로 시장에는 DCT(Dual Clutch Transmission)와 유단AT, CVT가 혼재할 것으로 생각됩니다. 세계시장은 2018년에 1억 대를 넘어설 것으로 예상되는데 그 중에서 개발도상국 수요입니다. 반드시 8~9단이나 되는 AT가 필요한 것은 아니기 때문에 싸고 품질이 좋은 5~6단AT도 충분한 수요가 있을 겁니다. 중국 현지의 자동차 업체도 연비를 신경 쓰게 되었는데요, 그러면서 당사 제품에도 흥미를 보이고 있습니다.

Q : 가격경쟁력이 걱정이겠네요.

야마구치 : 개발도상국은 가격이 첫 번째라는 목소리도 있기 때문에 비용절감 노력도 하고 있습니다만, 당사는 성능과 연비를 무기로 하고 있고 중국 현지 자동차 업체로 부터도 그런 점을 평가 받고 있습니다. 가격은 싸도 효율이 떨어진다고 평가되는 유단AT에는 흥미를 나타내지 않을 겁니다. 현행 6단AT를 더 발전시켜 가격도 낮추면서 CVT와 공존해 나갈 것이라 생각합니다.

Q : 한편으로 최신기술을 요구하는 시장을 향해서는 연비와는 또 다른 상품성도 요구할 것으로 생각되는데요.

부정적인 것을 없앤다는 식의 의미가 강했지만 그것은 당연히 더 나아가 긍정적인 변속으로 바꿔야 하는 것이죠. 예를 들어 일부러 강한 느낌을 주게 한다거나 2→3단, 3→4단 또는 3→2단 등과 같이 가속페달을 밟았을 때나 늦췄을 때처럼 다양한 상황에서 변속의 「재미」를 모으는, 조화를 반영하는 것이죠. 고급스러운 맛이 나는 변속이나 스포티한 변속을 여기서 연출하는 것입니다.

Q : 재미있겠는 데요.

품질로 싸게 만드는 것이 중요했지만 생산기술의 발전을 다른 차원에서 살려나가려고 합니다. 예를 들어 새로운 열처리 기술을 도입함으로서 가격보다 강도를 향상시킬 수 있다면 같은 기능의 상품을 더 작게 만들 수 있습니다. 지금까지는 손대지 않았던 생산기술을 도입하고 그것을 지속적으로 적용하면 변속기 전체의 설계가 바뀔 겁니다. 철과 알루미늄을 잘 접합한다든가 그런 시도가 가져오는 효과를 기대하고 있습니다. 실제로 새로운 방향성을 드러낸 부분도 있습니다.

모터를 내장한 FR용 HEV 변속기(위)는 아이신 AW가 축적해온 독자적 HEV기술이 들어가 있다. FF용 6단AT(우)는 세계적인 베스트셀러로 유명하다. 어떤 변속기이든 효율을 높이기 위한 개선은 항상 이루어지고 있다.

야마구치 : 그렇습니다. 자동차의 재미를 연출할 수 있는 변속기가 필요하죠. 이것을 잊어서는 안 됩니다. 지금 당사가 맞서고 있는 것은 변속충격을 디자인하는 것입니다. 최신의 가로배치 6단과 8단은 리니어 솔레노이드 성능이 상당히 뛰어나기 때문에 변속을 제어하는 기술이 몸에 배었습니다.

Q : 변속충격을 디자인한다는 표현이 마음을 울리네요. 개인적으로 그것은 충격이 아니라 「변속완료」를 나타내는 신호라고 생각하기 때문에 없애는 것이 재미를 떨어뜨리지 않을까 생각하는데요.

야마구치 : 그렇습니다. 지금까지는 충격을 없앤다,

야마구치 : 방해를 주지 않도록 하는 데만 신경 쓸 것이 아니라, 좋은 의미에서 자동차의 성격을 더 다듬어 준다는 식으로 변속제어를 연구하고 있습니다. 예를 들면 BMW는 일부러 변속감각을 주고 있는데, 능숙하게 그것도 따로라는 느낌이 안 들도록 변속감각을 연출하고 있습니다. 당사 제품을 사용하는 자동차 업체와 상담하면서 모델별로 변속기로서의 매력을 높여 나가려고 생각하고 있습니다.

Q : 소형·경량화 부분은 어떻습니까. 상품성에 있어서 부분이라고 생각합니다만.

야마구치 : 말씀하신 대로입니다. 지금까지는 균일한

Q : HEV(하이브리드 자동차) 기술은 어떻습니까. 앞으로도 발전 가능성은 많이 있다고 생각합니다만. 48V의 차량탑재 전원도 실현될 것 같구요….

야마구치 : 전원 시스템은 꾸준히 연구하고 있습니다. 세계적으로 보면 HEV가 생각했던 것만큼 증가하고 있지는 않지만 연비규제 강화로 인해 선택지에 오를 가능성이 높기 때문에 연구개발은 계속해서 다양하게 하고 있습니다.

AISIN AI

| 아이신 AI | 🇯🇵 일본 |

수동 변속기 전문기업

일본에서는 MT를 사용하는 차종이 많이 없어졌지만 세계적으로 보면 아직도 수요가 많다.
AMT 사양을 포함하면 수요는 더 커진다. 실용적인 차부터 슈퍼 스포츠카까지 사용 실태에 대해 살펴보겠다.

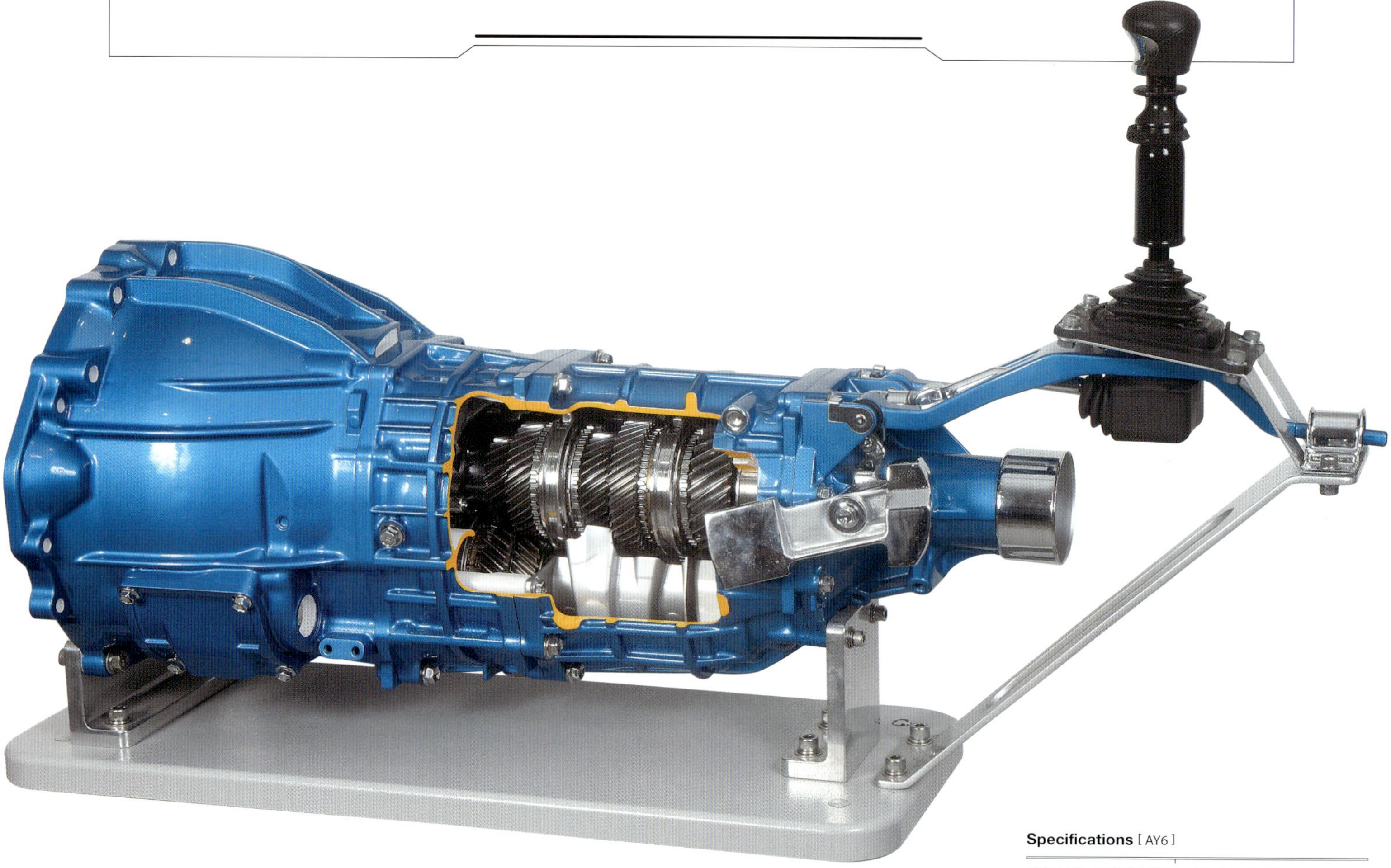

AY6

큰 토크를 소화하는
FR용 변속기

Application   Lexus IS, Toyota FJ Cruiser, Chevrolet CAMARO etc.

도요타 자동차 외에 GM 그룹의 여러 차에 사용되는 AY6. 기종에 따라 많은 기어 세트를 갖는다. 통상적인 FR용 평행 축 방식과 달리 입력 축(Input Shaft)이 끝부분에서 지지받는 것이 특징이다. 앞쪽 끝에서 지지받는 구조에 비해 전달효율이 뛰어날 뿐만 아니라 싱크로가 필요로 하는 관성을 줄일 수 있어서 고회전 특성이 풍부하다. 또한 출력 축(Output Shaft)의 길이를 줄이는데도 기여함으로서 특히 중립상태일 때의 진동에 효과가 있다. 카운터샤프트는 통상적인 구조이다.

Specifications [AY6]

발진장치	건식 단판 클러치(ø230mm)	
기어 단수	전진6단 / 후진1단	
토크용량	450Nm	
기어비	1단	3.364
	2단	2.644
	3단	1.606
	4단	1.219
	5단	1.000
	6단	0.728
	후진	2.909
종감속 기어비	3.909	
상대변속비(총 변속비폭)	7.186	
축간거리	85mm	
전장×전폭×전고	594×418×398mm	
오일규격/량	SAE75W-90/1.8ℓ	
중량	60kg	
생산개시 년도	2004년	

(도요타 FJ 크루저)

AZ6

대폭적으로 개선된
경력 넘치는 변속기

도요타 86/스바루 BRZ의 등장에 맞춰 특별히 선택되면서 세계 최고 수준의 변속감각과 NV(소음/진동)성능, 동력전달의 효율향상, 경량화를 목표로 대폭적인 쇄신이 이루어진 결과, 80%의 부품이 새로 설계되었다. 변속감각은 포크의 구조를 변경해 싱크로를 밀고 나가는 역적(力積, 토크×시간)을 줄였다. NV는 기어 이 면의 최적설계나 케이스의 진동대책 등을 바탕으로 기어 소음을 8dB이나 줄였다. 경량화도 3%를 달성했다.

Specifications [AZ6]

발진장치	건식단판 클러치(ø225mm)		종감속 기어비	4.100
기어 단수	전진6단 / 후진1단		상대변속비(총 변속비폭)	4.456
토크용량	265Nm		축간거리	70mm
기어비	1단	3.626	전장×전폭×전고	815×388×339mm
	2단	2.188	오일규격/량	SAE75W-90/1.75ℓ
	3단	1.541	중량	39.3kg
	4단	1.213	생산개시 년도	1997년
	5단	1.000		
	6단	0.767		
	후진	3.437		

(도요타 86)

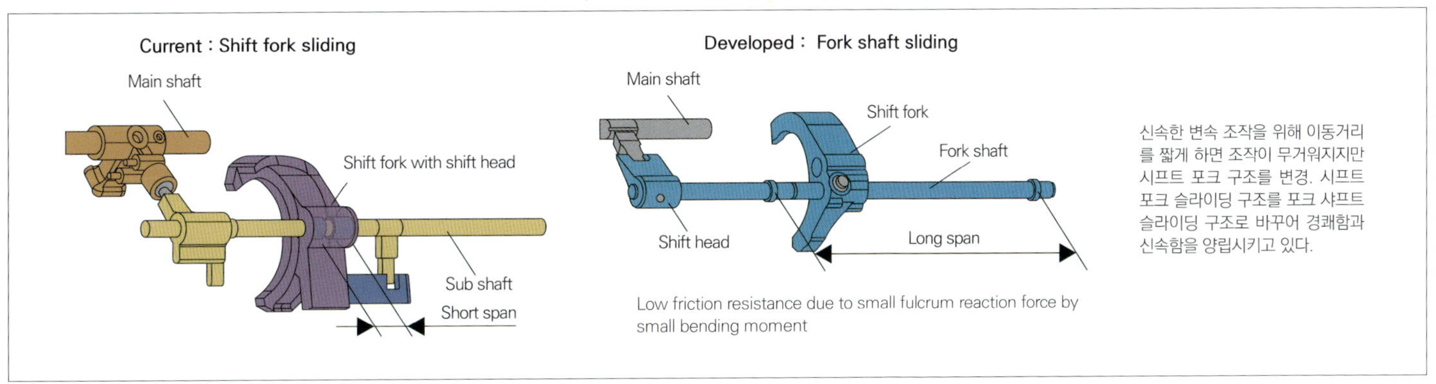

신속한 변속 조작을 위해 이동거리를 짧게 하면 조작이 무거워지지만 시프트 포크 구조를 변경. 시프트 포크 슬라이딩 구조를 포크 샤프트 슬라이딩 구조로 바꾸어 경쾌함과 신속함을 양립시키고 있다.

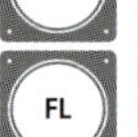

AH5

중량급 4×4용 5단MT

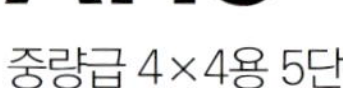

Application	Toyota LANDCRUISER 70, 200

Specifications [AZ5]

발진장치	건식단판 클러치(ø305mm)		상대변속비(총 변속비폭)	6.155
기어 단수	전진5단 / 후진1단		축간거리	101mm
토크용량	430Nm		전장×전폭×전고	717×280×397mm
기어비	1단	3.500	변속기오일규격/량	SAE75W-90/3.0 ℓ
	2단	1.857	중량	70kg
	3단	1.152	생산개시 년도	1990년
	4단	1.000		
	5단	0.736		
	후진	4.314		

AR5

SUV, LC용 중형급 MT

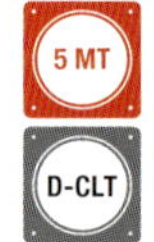

Application	Toyota HIACE, LANDCRUISER 70, MMC TRITON etc.

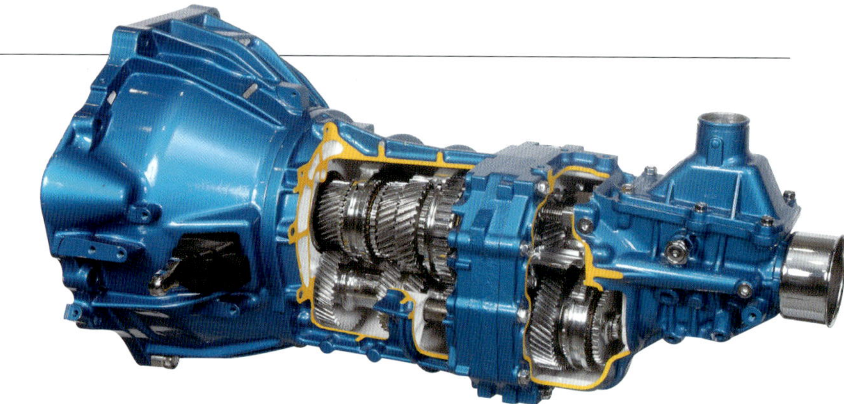

Specifications [AR5]

발진장치	건식단판 클러치(ø280mm)		상대변속비(총 변속비폭)	6.198
기어 단수	전진5단 / 후진1단		축간거리	82mm
토크용량	350Nm		전장×전폭×전고	634×256×346mm
기어비	1단	2.909	변속기오일규격/량	SAE75W-90/2.2 ℓ
	2단	1.571	중량	50kg
	3단	0.853	생산개시 년도	1988년
	4단	1.000		
	5단	0.830		
	후진	2.846		

AW5

승용차부터 SUV까지 사용할 수 있는 변속기

Application	Toyota COMFORT, MMC TRITON etc

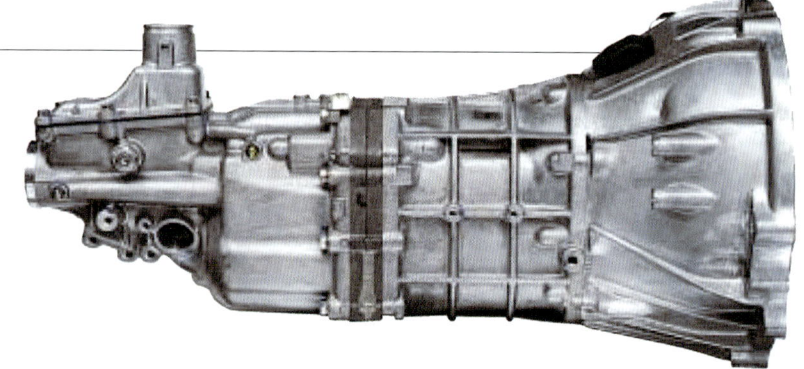

Specifications [AW5]

발진장치	건식단판 클러치(ø225mm)		상대변속비(총 변속비폭)	4.880
기어 단수	전진5단 / 후진1단		축간거리	74mm
토크용량	280Nm		전장×전폭×전고	636×224×304mm
기어비	1단	2.692	변속기오일규격/량	SAE75W-90/2.6 ℓ
	2단	1.458	중량	41kg
	3단	0.943	생산개시 년도	1998년
	4단	1.000		
	5단	0.552		
	후진	2.786		

AG5

SUV, LCV용 소형급 MT

Application	Toyota HIACE, LANDCRUISER PRADO etc.

Specifications [AG5]

발진장치	건식단판 클러치(ø224mm)		상대변속비(총 변속비폭)	5.213
기어 단수	전진5단 / 후진1단		축간거리	72mm
토크용량	225Nm		전장×전폭×전고	621×273×315mm
기어비	1단	2.833	변속기오일규격/량	SAE75W-90/2.2 ℓ
	2단	1.667	중량	36kg
	3단	0.966	생산개시 년도	1983년
	4단	1.000		
	5단	0.543		
	후진	3.000		

BG6

전 세계 다양한 차종에 사용되는 변속기

Application　Toyota AVENSIS, COROLLA VERSO, AURIS etc.

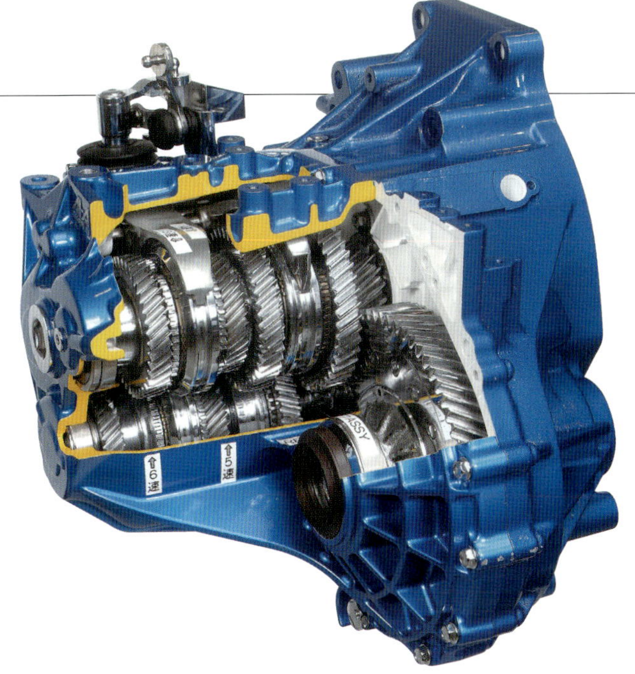

3축방식의 다축구조를 하고 있는 기어트레인을 통해 전장(차량에 탑재할 때는 전폭 방향)을 단축시킨 가로배치 형식의 대용량 MT. 케이스를 2분할 구조로 만듦으로서 경량화한 것도 특징 중 하나이다.

Specifications [BG6]

발진장치	건식단판 클러치(ø254mm)	종감속 기어비	4.139/4.313
기어 단수	전진6단 / 후진1단	상대변속비(총 변속비폭)	5.370
토크용량	450Nm	축간거리	86(3축)/89.5mm
기어비　1단	3.818	전장×전폭	383×204mm
2단	1.913	변속기오일규격/량	SAE75W/2.1ℓ
3단	1.218	중량	58.7kg
4단	0.880	생산개시 년도	2005년
5단	0.809		
6단	0.711		
후진	4.139		

BH6

PSA/MMC에도 공급되는 중형급 MT

Application　Toyota AVENSIS, COROLLA VERSO, AURIS etc.

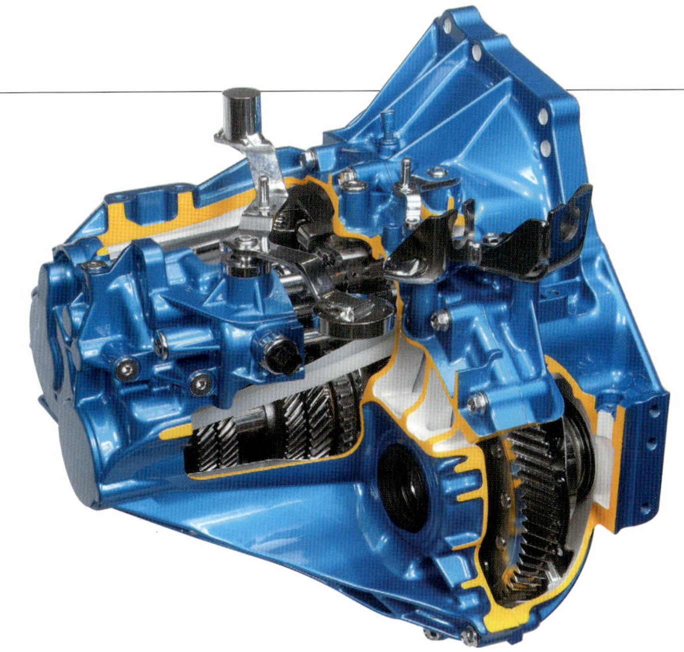

고효율의 시프트 배치를 통해 변속에 따른 힘을 줄임으로서 경쾌하고 원활한 변속감각을 실현. 또한 오일 격리판을 설치해 교반저항을 줄임으로서 전달효율을 높였다.

Specifications [BH6]

발진장치	건식단판 클러치(ø236mm)	종감속 기어비	4.600
기어 단수	전진6단 / 후진1단	상대변속비(총 변속비폭)	5.816
토크용량	280Nm	축간거리	82mm
기어비　1단	3.833	전장×전폭	392×201mm
2단	2.047	변속기오일규격/량	SAE75W/2.4ℓ
3단	1.303	중량	50.2kg
4단	0.975	생산개시 년도	2008년
5단	0.744		
6단	0.659		
후진	3.545		

BJ6/MJ6

전 세계 다양한 차종에 사용되는 MT

Application　Toyota AVENSIS, COROLLA VERSO, AURIS etc.

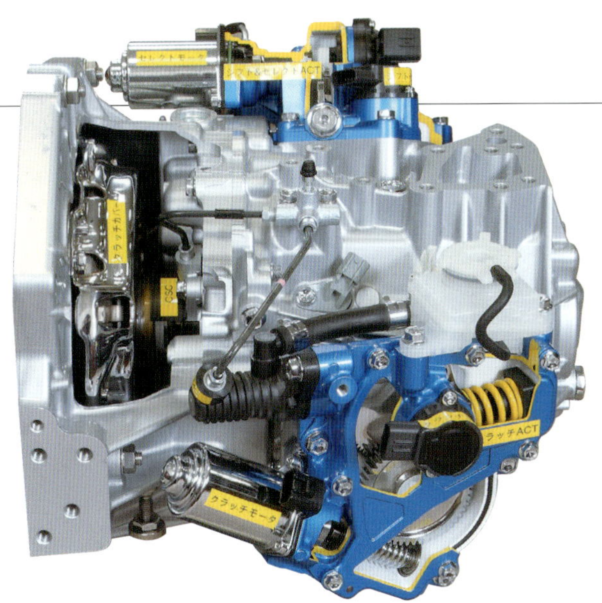

중형 BH6와 똑같은 콘셉트로 설계된 소형급 MT. 기존의 소형 MT에 비해 허용토크 용량을 8%나 끌어올렸다. 액추에이터를 장착해 AMT 사양으로 만든 것이 MJ6 이다.

Specifications [MJ6]

발진장치	건식단판 클러치(ø224mm)	종감속 기어비	4.294
기어 단수	전진6단 / 후진1단	상대변속비(총 변속비폭)	5.716
토크용량	205Nm	축간거리	74mm
기어비　1단	3.538	전장×전폭	379×185mm
2단	1.913	변속기오일규격/량	SAE75W/2.4ℓ
3단	1.310	중량	42kg
4단	0.971	생산개시 년도	2008년
5단	0.714		
6단	0.619		
후진	3.333		

BC16

스포츠카용 소형경량 변속기

Application Toyota MR-S, CELICA (PAST)

Specifications [BC16]

발진장치	건식단판 클러치(ø212mm)	종감속 기어비	4.529
기어 단수	전진6단 / 후진1단	상대변속비(총 변속비폭)	4.367
토크용량	180Nm	축간거리	70mm
기어비	1단 3.166	전장×전폭	417×185mm
	2단 2.050	변속기오일규격/량	SAE75W-90/2.3ℓ
	3단 1.481	중량	40.5kg
	4단 1.166	생산개시 년도	1999년
	5단 0.916		
	6단 0.725		
	후진 3.250		

BE35

전 세계에서 활약하는 표준 FF 5단MT

Application Toyota RUMION, COROLLA, RAV4 etc.

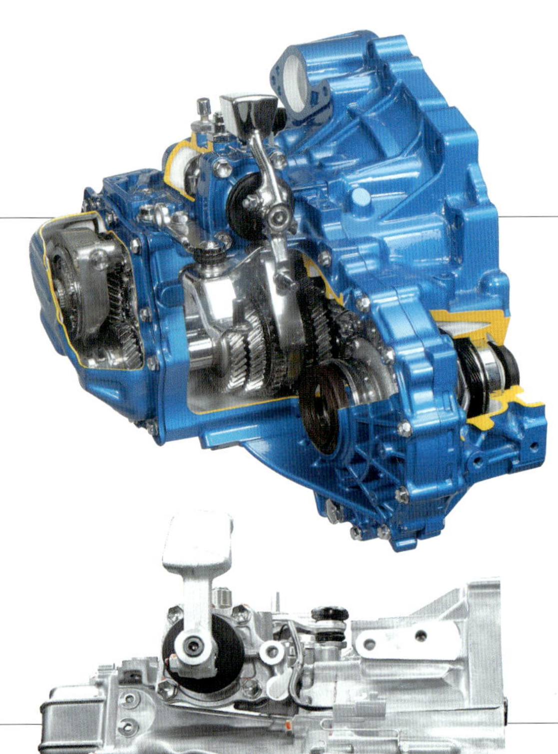

Specifications [BE35]

발진장치	건식단판 클러치(ø236mm)	종감속 기어비	4.933
기어 단수	전진5단 / 후진1단	상대변속비(총 변속비폭)	4.946
토크용량	250Nm	축간거리	80mm
기어비	1단 3.833	전장×전폭	373.8×201mm
	2단 1.913	변속기오일규격/량	SAE75W/2.5ℓ
	3단 1.258	중량	46kg
	4단 0.918	생산개시 년도	2005년
	5단 0.775		
	후진 3.583		

BC25

소형차량에 장착하기 위한 중형급 MT

Application Toyota YARIS, COROLLA, PROBOX etc.

Specifications [BC25]

발진장치	건식단판 클러치(ø212mm)	종감속 기어비	4.529
기어 단수	전진5단 / 후진1단	상대변속비(총 변속비폭)	4.350
토크용량	190Nm	축간거리	70mm
기어비	1단 3.545	전장×전폭	377×185mm
	2단 1.904	변속기오일규격/량	SAE75W/1.9ℓ
	3단 1.310	중량	38.5kg
	4단 0.969	생산개시 년도	2006년
	5단 0.815		
	후진 3.250		

BC5

최소용량의 소형차량용 경량 FF 변속기

Application Toyota YARIS, ETIOS etc.

Specifications [BC5]

발진장치	건식단판 클러치(ø202mm)	종감속 기어비	4.294
기어 단수	전진5단 / 후진1단	상대변속비(총 변속비폭)	4.171
토크용량	135Nm	축간거리	65mm
기어비	1단 3.545	전장×전폭	334×168mm
	2단 1.913	변속기오일규격/량	SAE75W/1.58ℓ
	3단 1.310	중량	27.2kg
	4단 1.027	생산개시 년도	1999년
	5단 0.850		
	후진 3.214		

MC25

도요타의 유럽수출용 표준 5단AMT

| Application | Toyota AURIS, YARIS |

Specifications [MC25]

발진장치	건식단판 클러치(ø212mm)		종감속 기어비	4.313
기어 단수	전진5단 / 후진1단		상대변속비(총 변속비폭)	4.890
토크용량	170Nm		축간거리	70mm
기어비	1단	3.545	전장	377mm
	2단	1.905	변속기오일규격/량	SAE75W-90/1.98ℓ
	3단	1.310	중량	39kg
	4단	0.970	생산개시 년도	2004년
	5단	0.725		
	후진	3.250		

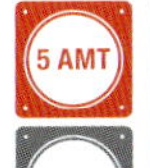
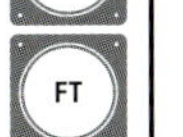

MC5

도요타 아이고용 소용량 AMT

| Application | Toyota AYGO |

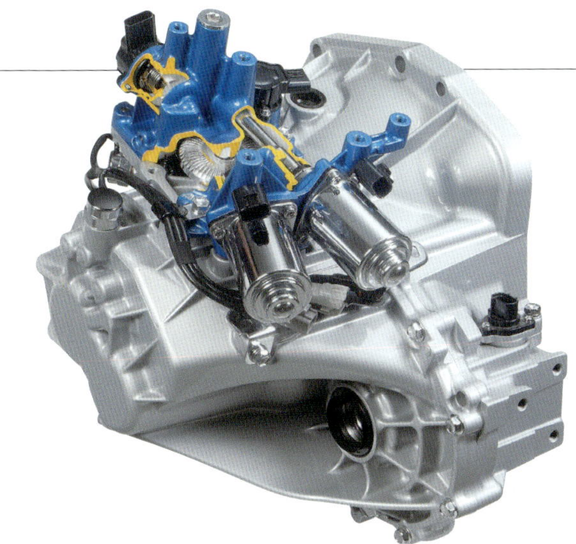

Specifications [MC5]

발진장치	건식단판 클러치(ø203mm)		종감속 기어비	4.294
기어 단수	전진5단 / 후진1단		상대변속비(총 변속비폭)	4.171
토크용량	120Nm		축간거리	65mm
기어비	1단	3.545	전장	334mm
	2단	1.913	변속기오일규격/량	SAE75W-90/1.76ℓ
	3단	1.310	중량	31kg
	4단	1.027	생산개시 년도	2003년
	5단	0.850		
	후진	3.153		

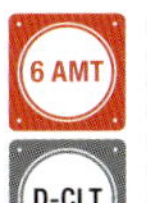
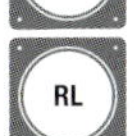

SA6

렉서스 LFA용 특제품 AMT

| Application | Lexus LFA |

Specifications [SA6]

발진장치	건식단판 클러치(ø240mm)		종감속 기어비	3.417
기어 단수	전진6단 / 후진1단		상대변속비(총 변속비폭)	3.332
토크용량	480Nm		축간거리	70mm
기어비	1단	3.231	전장×전폭	85mm
	2단	2.188	변속기오일규격	SAE75W-85
	3단	1.609	생산개시 년도	2010년
	4단	1.233		
	5단	0.970		
	6단	0.795		
	후진	3.587		

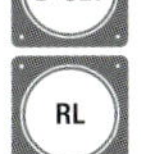

SP6

포르쉐 911을 위해 조립된 6단AT

| Application | Porsche 911 CARRERA (PAST) |

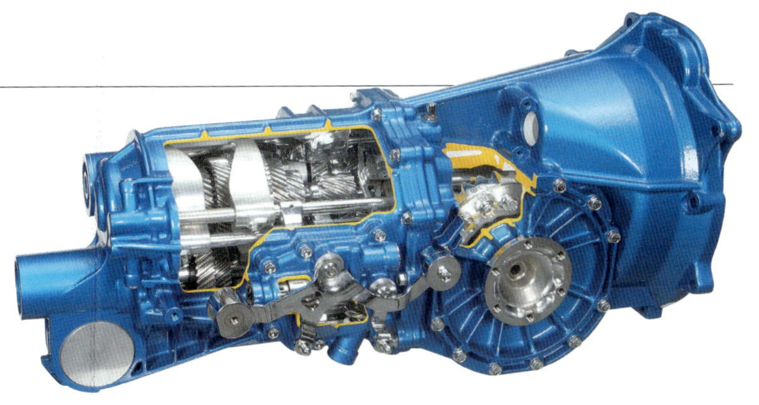

Specifications [SP6]

발진장치	건식단판 클러치(ø240mm)		종감속 기어비	3.444
기어 단수	전진6단 / 후진1단		상대변속비(총 변속비폭)	4.420
토크용량	420Nm		축간거리	85mm
기어비	1단	3.909	전장×전폭×전고	728.5×344×405mm
	2단	2.316	변속기오일규격/량	MOBILUBE PTX 75W-90/3.0ℓ
	3단	1.607	중량	70.9kg
	4단	1.281	생산개시 년도	2004년
	5단	1.081		
	6단	0.884		
	후진	3.594		

변속기 전문업체

AISIN AI

[아이신 AI]

MT는 계속 진화 할것이다.

전문기업이기 때문에 가능한 기술개발

세계적으로도 희소한 수동 변속기 전문기업인 아이신 AI. 세계 전체의 수요를 보면 절반은 MT이다. 그래서 더 뛰어난 개발이 요구되고 있다.

본문&사진 : 마키노 시게오

INTERVIEW

고이데 다케하루

Takeharu KOIDE

아이신 AW 주식회사
이사 / 부사장

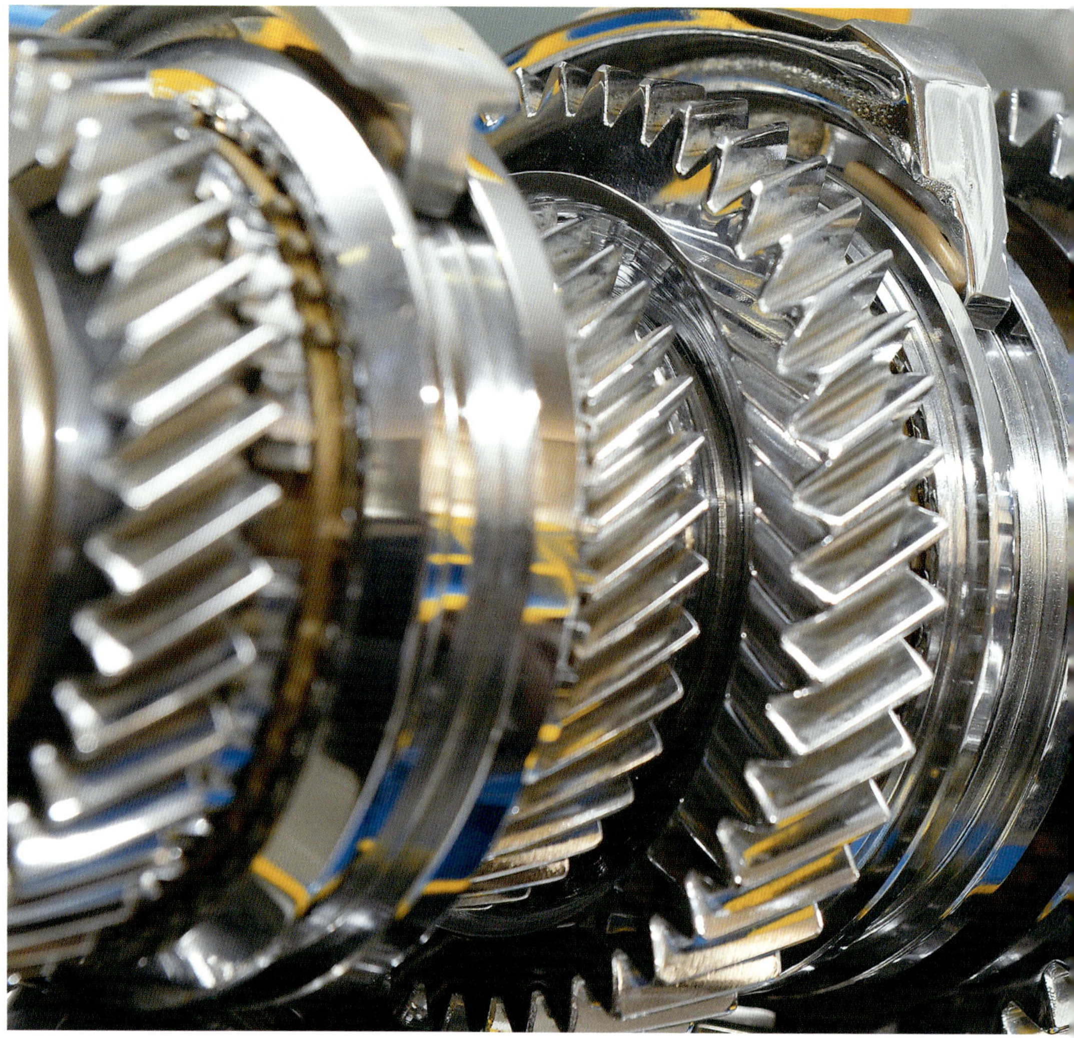

Q : 일본에서 달리는 차들은 2페달이 대다수를 차지하고 있어서 이제 MT는 없어진 것 같은 착각에 빠지기도 하지만 전 세계적으로 보면 MT가 아직도 과반수나 차지하고 있습니다.

고이데 : 근래에는 그 비율이 50% 밑으로 떨어질 거라는 예측도 있습니다. 대수로는 그래도 많지만 환경이 바뀌고 있는 것만큼은 틀림없어 보입니다.

Q : 제품을 개발하는데 있어서는 어떤 점을 중시하고 있습니까?

고이데 : 작고 가볍게 그리고 연비절약에 기여하고, 가격도 저렴할 것, 이 3가지입니다. MT는 자동차 업체가 직접 만드는 경우가 대부분이고 그러지 못하는 것만 당사가 담당하는 상황이므로, 당사의 제품을 선택지에 넣게 하려면 먼저 기본적인 상품성을 높여놔야 하는 겁니다.

Q : 예를 들어 C세그먼트 차량에 탑재하는 MT, 토크용량으로 280Nm 정도인 MT는 어떤 설계가 유행일까요?

고이데 : 일단 MT의 전체적인 패키징을 정해야 합니다. 2축으로 할지 3축으로 할지 또는 후진기어만 독립시킨 2.5축으로 할지를 말이죠. MT의 전체길이뿐만 아니라 탑재차량의 서스펜션 멤버와의 공간 등과 같은 수치적 요건도 있기 때문입니다. 또한 소정의 토크용량을 유지한 상태에서 전체길이를 단축하는 것입니다. 불특정 다수 모델에 탑재하는 것을 전제로 패키징을 정하기 때문에 클러치 부분을 제외하고 가능한 변속기 본체 쪽을 작게 설계하는 것이 요구됩니다.

Q : MT는 현재도 충분히 작다고 생각하는데 아직도 작게 할 여지가 있습니까?

고이데 : 예를 들면 기어 폭 같은 것도 있죠. 내가 입사했을 무렵에는 기어를 보통으로 만들었지만, 현재는 축 쪽을 잘라내고 다른 부품을 넣는 형태로 만듭니다. 길이 방향 치수를 줄이기 위한 것이죠. 부품을 안 넣는 것이 가공하기도 좋을 뿐만 아니라 열처리에 따른 변형도 적고 가격적으로도 싸기 때문에 쭉 그런 식으로 만들었던 겁니다. 그런데 AT는 점점 작아지고, 변속단수 분량의 기어를 넣어야 하는 MT는 설계가 힘들어지게 되었죠.

Q : 그렇군요. AT는 유성기어를 사용해 전장(全長)을 짧게 할 수 있지만 MT는 그렇지 않겠죠. 가령 6단짜리 MT의 경우는 6개의 기어가 필요할 테니까요. 그리

고이데 : SUV나 픽업 트럭의 CO_2 배출량이 매년 2% 정도씩 개선되고 있다는 데이터도 있습니다만, 그 이상의 개선을 달성하겠다는 생각입니다. 다만 디퍼렌셜의 기어비를 고속기어로 하면 타이어로부터의 입력에 대해서는 로 기어가 되어 급출발할 때 드라이브트레인에 들어가는 토크가 커지기 때문에 이에 대한 대책이 필요합니다. 자동차 업체가 현재 사용하고 있는 디퍼렌셜이나 프로펠러샤프트 등과 같은 구동시스템 부품을 될 수 있는 한 그대로 사용하면서 MT 쪽에서

개발도상국도 배출가스와 연비규제가 심해지기 때문에 그런 점도 반영하면서 발전성 있는 저가의 MT를 개발하고 있고, 가까운 시기에 실용화될 것 같습니다. 물론 유럽에서 요구되는 고성능에도 대응할 수 있구요.

Q : 그것은 7단을 말하는 겁니까?

고이데 : 7단MT 개발은 아직 다른 얘기입니다. 분명 일부에는 7단에 대한 요구가 있지만, 일반적인 승용차에도 필요한지를 따져보면 그렇지는 않다는 결론입니다. 다만 언제라도 제품화가 가능하도록 조작성이

Executive Message
- 부사장의 메시지 -

「 개발도상국 사정을 감안할 뿐만
아니라 유럽에서 요구하는
고성능에도 대응할 수 있도록
MT를 개발하고 실용화해
나가겠습니다 」

아이신 AI가 도요타와 공동으로 개발한 렉서스 LFA용 변속기. 싱글 클러치 AMT로 초고성능에 맞선 제품이다. 물론 아이신 AI에서는 DCT도 7단MT 시장의 수요에 대응할 수 있도록, 연구는 진행 중이다.

고 기어를 단수만큼 배열했을 때의 무게인데요. MT가 AT보다 절대로 가벼울 거라고 생각했었습니다만….

고이데 : 경쟁업체는 케이스 무게를 과감히 줄이고 있더군요. 당사도 두께를 아주 얇게 만들려고 합니다. 특히 하중을 받지 않는 부분은 생산기술을 포함해 과감하게 두께를 줄일 수 있도록 개발하고 있는 중입니다. 토크용량 280~300Nm인 MT는 자동차 업체가 직접 준비하는 경우가 별로 없는 영역이기 때문에 당연히 유럽의 변속기 업체들이 노리고 있는 시장입니다. 경쟁에서 이기고 싶을 테니까요.

Q : 연비기여라는 목표에서 보면 일반적으로 변속기 중에서는 MT가 가장 우등생일 텐데요. 연비에서 기여하는 바는 별로 없지 않습니까?

어떻게 고속기어로 할 것인가. 이에 대한 대답 중 하나가 5단이나 6단을 오버 드라이브로 만든 6단MT라고 생각합니다.

Q : 1단기어는 출발성능을 결정하기 때문에 2~4단을 어떻게 할 것인가, 이런 뜻이군요.

고이데 : 그렇습니다. 엔진의 토크특성을 살펴보면서 해야 되는 것이지만, 근래의 동향을 보면 4단 직결을 전제로 6단MT를 개발하는 것이 주류로 자리매김할 것이라는 생각을 강하게 하고 있습니다.

Q : 그렇게 하면서도 싸게 만들겠다는 것인가요?

고이데 : 개발도상국에서 수요로 하는 중심은 150~200Nm 급으로, 이런 변속기들은 설계가 오래된 MT가 많은데 그 이유는 가격입니다. 그러나 앞으로는

나 운전편리성까지 포함해 어떤 식으로 7단을 만들면 좋을지에 대해서는 검토하고 있습니다.

Q : AMT는 어떻습니까. 도요타도 유럽에서는 AMT 차량을 갖고 있는데요.

고이데 : 상징적인 상품으로, 당사가 도요타와 공동으로 개발한 렉서스 LFA용 AMT가 있습니다. 성숙된 기술 중 기능적으로 안정된 것들을 모아놓은 사례입니다. 하지만 보급은 소형차에 하고 있지만, 예를 들면 개발도상국이 유단AT로 나아가는 단계에서는 유망한 기술 중 하나라고 생각합니다. 동시에 DCT도 선택지 중 한 가지로서, 이것도 언제든지 수요가 생기면 대응할 수 있도록 계속해서 연구하고 있습니다.

유성기어 세트를 통한 변속 메커니즘

AT는 동일한 1개의 축 위에 다수의 변속요소를 배치할 수 있는 유성 기어를 이용한다.
여러 개의 변속요소를 조합하여 한 개 단의 기어비를 만들어낸다는 특징 때문에
다단화하면서도 작게 만드는 것이 가능하다.

본문 : 다카하시 잇페이   그림 : 구마가이 도시나오 / JATCO

유단AT의 변속장치

AT에서는 선 기어, 플래니터리 캐리어, 링 기어라고 하는, 유성(planetary)기어에 연결된 3가지 요소를 각각의 부분에 설치된 클러치로 제어한다(적색원 부분). 클러치에는 접속할 때도 축과 함께 회전하는 것과 접속으로 인해 케이스 쪽에 고정되는 즉, 회전이 멈추는 것 2종류가 있다. 후자를 「브레이크」라고 구분해서 부른다. 예전에는 밴드형식의 브레이크가 많이 이용되었지만 현재는 습식다판(濕式多板) 형식이 주류를 이루고 있다.

AT는 출발장치로 토크 컨버터(Torque Convertor)를 이용하는데, 유성기어를 조합하는 변속 메커니즘이 독특하다.

일반적인 기어가 나란히 배치된 몇몇의 축을 필요로 하는데 반해 유성기어는 회전방향의 반전까지 포함해, 입력 축과 동일 축 선상으로 출력이 가능하다. 즉 후진기어까지 포함해 모든 변속요소를 동일한 축에 배치할 수 있다. 이것은 AT의 변속 메커니즘이 가진 가장 큰 특징 중 하나이다.

그리고 유성기어에 있어서 잊어서는 안 될 점이 또 하나 있다. 그것은 한 개의 유성 기어 세트에서 3가지 변속비를 얻을 수 있다는 점이다. 어디까지나 이론상이기는 하지만, 예를 들면 3가지 변속비 중 2가지만 사용해도 (유성기어를) 3세트를 조합하면 2×2×2=8가지 변속비, 즉 전진7단+후진1단이 가능하다는 점이다.

MT나 DCT에서는 변속단수 만큼의 기어 세트가 필요하기 때문에 다단화에 한계가 따르지만, AT에서는 단수=유성기어 수가 아니라, 그 조합이나 이용방법을 연구함으로서 새로운 단의 추가도 가능하다. 사실 이것이야말로 근래에 유행하고 있는 다단화에 있어서 AT가 갖고 있는 유리한 점이다.

물론 실제에 있어서는 치수나 효율, 기어비 등 다양한 요소도 고려해야 하기 때문에 그렇게 단순하지만은 않다. 예를 들면 유성기어의 요소(기어비) 선택에는 주로 유압방식인 습식다판 클러치를 이용하는데, 클러치를 끊어도(해방) 끌리는 저항(drag torque)이 발생하게 된다. 클러치를 끊을 때 적극적으로 오일을 흐르게 함으로서 저항을 줄이든지 그렇지 않으면 조합방법으로 단절상태의 클러치 수를 억제하든지, 사용방법은 업체마다 제각각이다. 현재의 AT개발은 그만큼 혹독한 영역에 진입해 있다.

변속을 담당하는 유압장치와 유압회로 그리고 동작

클러치 동작에는 유압이 이용된다. 그림은 일반적인
구조의 유압시스템을 간략화한 것이다. 토크 컨버
터 안쪽의 입력 축 위에 배치된 오일펌프가 작동유
압의 원천이다. 그 아래쪽에 적색으로 표시된 두 개
의 유로(油路) 중 굵은 쪽으로 오일팬에 저장된 작동
유(AT액)를 퍼올린 다음, 오일펌프로 가압해 가느다
란 쪽의 유로를 통해 밸브 보디(클러치 아래쪽에 보
이는 회색의 상자 부분)로 유도한다. 밸브 보디 앞에
위치한 원통부분은 유압제어용 스풀밸브를 제어하
기 위한 솔레노이드 밸브이다. 클러치 작동용 유압
은 앞뒤(그림 속에서는 좌우)로 보이는 녹색으로 표
시된 유로(모두 축 안을 통과)를 통해 클러치 작동용
유압실린더로 유도된다.

클러치A 체결 ⇒ 클러치B 해방

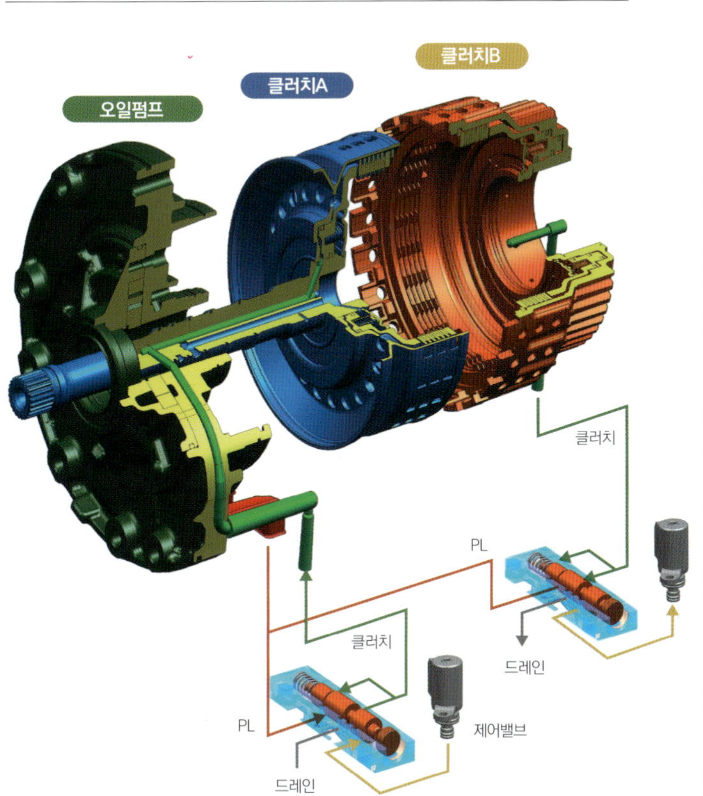

클러치B 체결 ⇒ 클러치A 해방

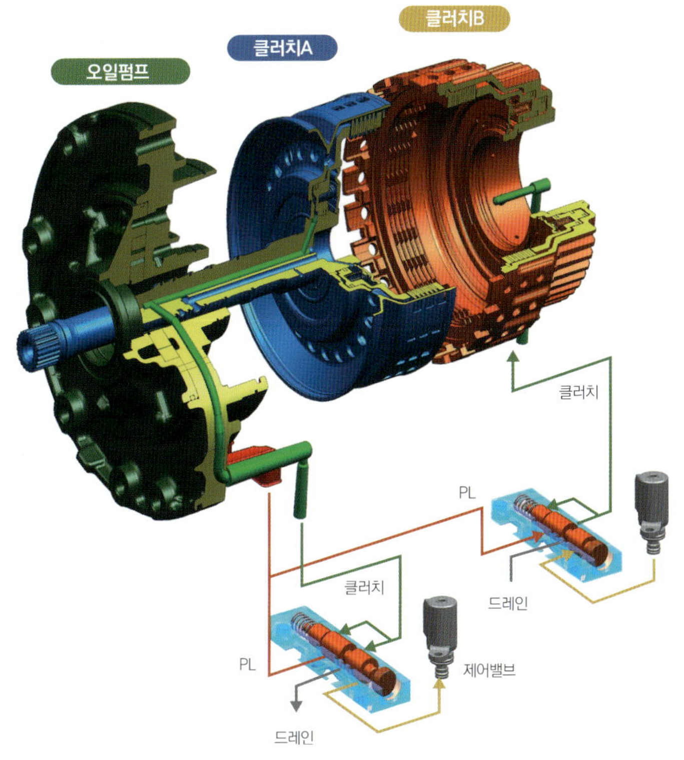

JATCO JR710E의 기계적 구조배치

JATCO 제품의 FR용 7단AT인 JR710E 형식의 구조를 나타낸 것이다. 사진 속 절단 모델은 변속에 이용되는 기어가 거의 다 보이는 상태로서, 전방 쪽인 사진 좌측부터 언더 드라이브, 프런트, 미드, 리어로 불리는 4가지 유성기어세트가 배치되어 있는 것을 알 수 있다. 하단 표는 변속을 위한 체결장치(클러치)의 작동상황이 각각의 상황에서 어떻게 작동하는지를 나타낸 것이다. 4세트의 유성기어 조합을 통해 다양한 상태를 만들어내는 구조에 대해 잘 살펴보기 바란다.

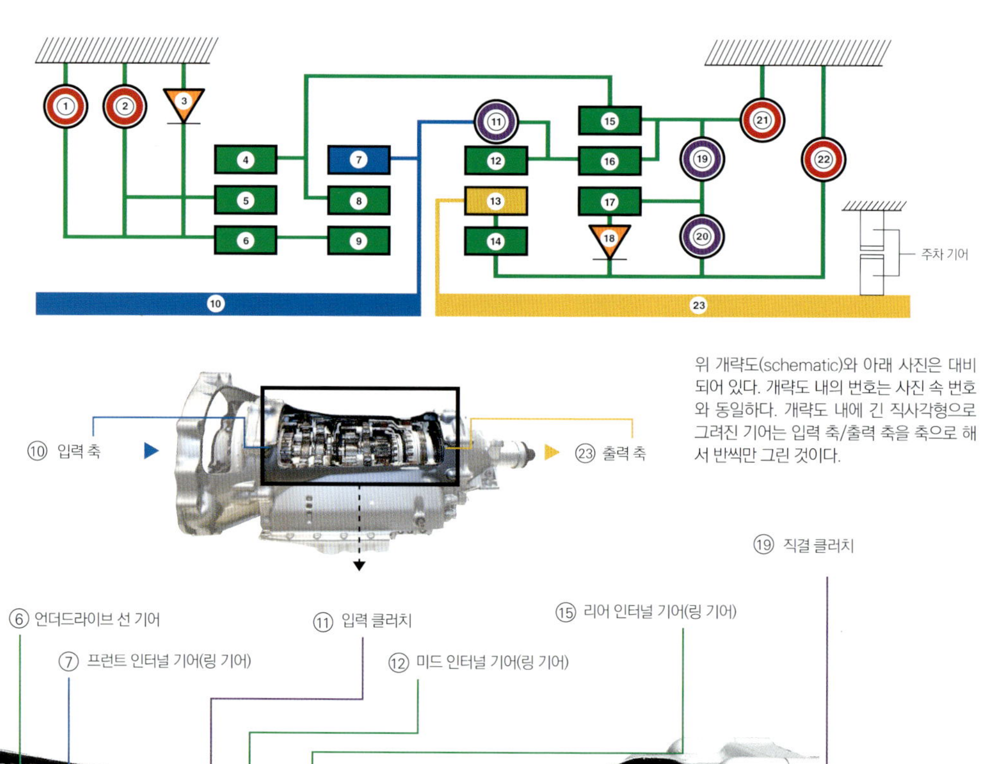

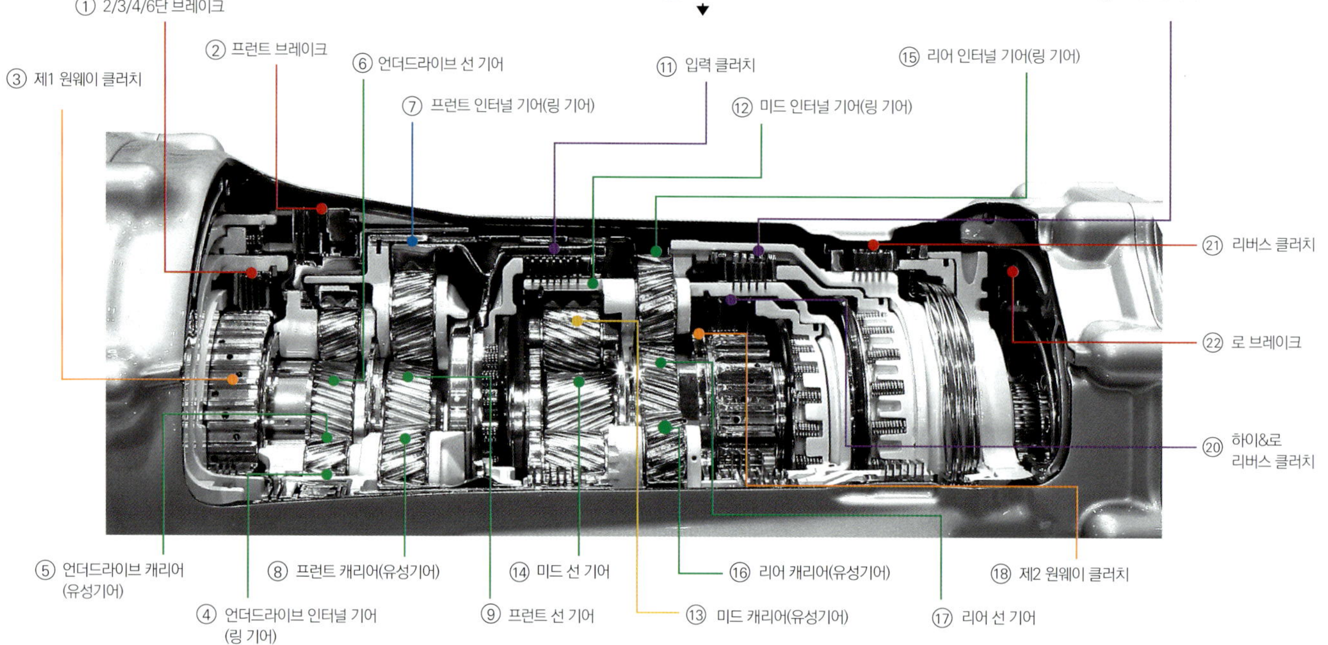

Operation-shifting elements

○ : 작동 / ◎ : 가속누진 중에 작동 / ◇ : 무부하 주행 중에 작용 / △ : 라인압력은 걸려 있어도 동력전달에는 기여하지 않음 / ☆ : 일정속도 이하에서 작동

			D/C		H&LR/C	F/B	L/B		2346/B	REV/B	1ST OWC	2ND OWC
		I/C	FRONT	REAR			INNER	OUTER				
P					△	△						
R					◇	◇				○	◎	◎
N					△	△						
D.Ds	1st				☆	☆	○	○			◎	◎
	2nd						○	○	○			◎
	3rd		○	○			○		○			
	4th		○	○	○				○			
	5th	○		○	○							
	6th	○			○					○		
	7th	○			○	○						

I/C 입력 클러치 F/B 프런트 브레이크 D/C 직결 클러치 H&L R/C : 하이&로 리버스 클러치 L/B : 로 브레이크 REV/B : 리버스 브레이크 OWC : 원웨이 클러치

4단에서 5단으로의 변속동작

유성기어의 각 요소를 체결하는 것이나 케이스에 고정(브레이크)하는 것 등, AT에서는 이런 동작 거의 전부가 유압방식 클러치로 제어된다. 그 때문에 많은 클러치가 여러 곳에 배치되어 있어서 여러 기어들을 동시에 조작하는 것도 가능하다. 이를 통해 토크단절이 없는 변속이 가능한 것이 AT가 갖는 강점 중 하나이기는 하지만, 동시에 제어로 인해 변속을 할 때의 감각이 좌우된다는 어려움도 따른다. 현재는 모든 상황에 최적의 대응이 가능하도록 전자제어가 이용되고 있지만 정확한 제어를 위해 필요한 유압을 얻는데 있어서 중시되는 것이 기계적 요소이다. 밸브 보디와 그 내부의 미로 같은 유압통로는 원심 조절장치 등을 사용해 기계식으로 제어했던 시절부터 있어 왔지만, 전자제어로 바뀐 현재는 그 역할이 유압 상태를 조정해 가면서 각 부분으로 보내는 것으로 바뀌고 있다.

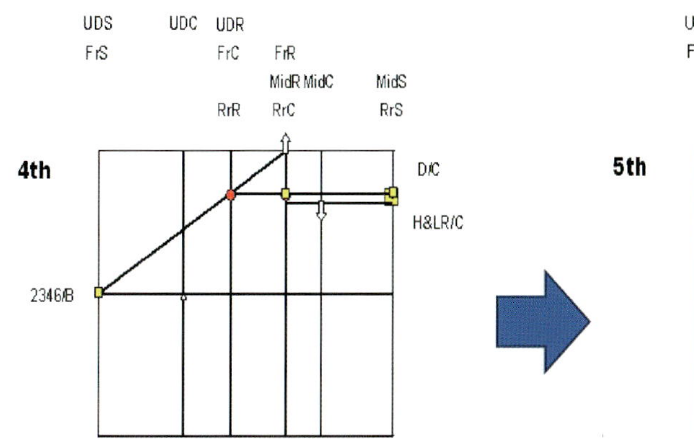

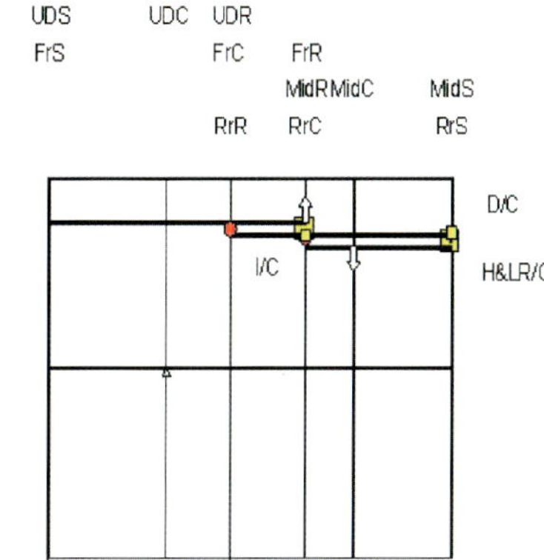

왼쪽은 속도선 그림이라 불리는 것이다. 4단→5단으로 변속할 때 각 부위의 회전속도(세로 축)와 체결상태를 나타낸다. 위쪽의 약어는 앞에서부터 UD, Fr, Mid, Rr라고 부르는 유성기어와 각 요소(선 기어 : S / 유성기어 : C / 링 기어 : R)를 나타낸다(기타 약어는 좌측 페이지 아래 표와 공통). 4단일 때의 2346/B는 체결, 회전속도는 제로이다.

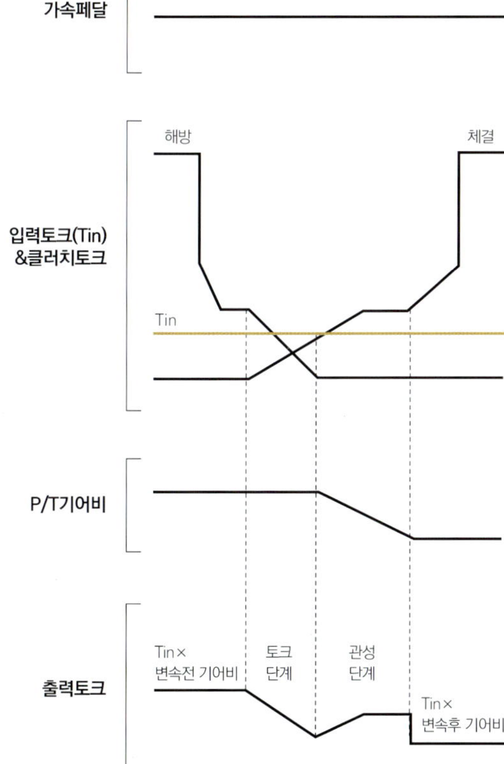

위 그림은 변속할 때의 클러치 체결 토크에 맞춰 바뀌는 출력토크의 모습을 나타낸 것이다. 클러치가 바뀌면서 토크가 일단 떨어진 다음(토크 단계) 관성으로 인해 순간적으로 토크가 돌아오는(관성 단계) 것을 알 수 있다. 이것이 변속을 할 때 느끼는 돌출감각이다.

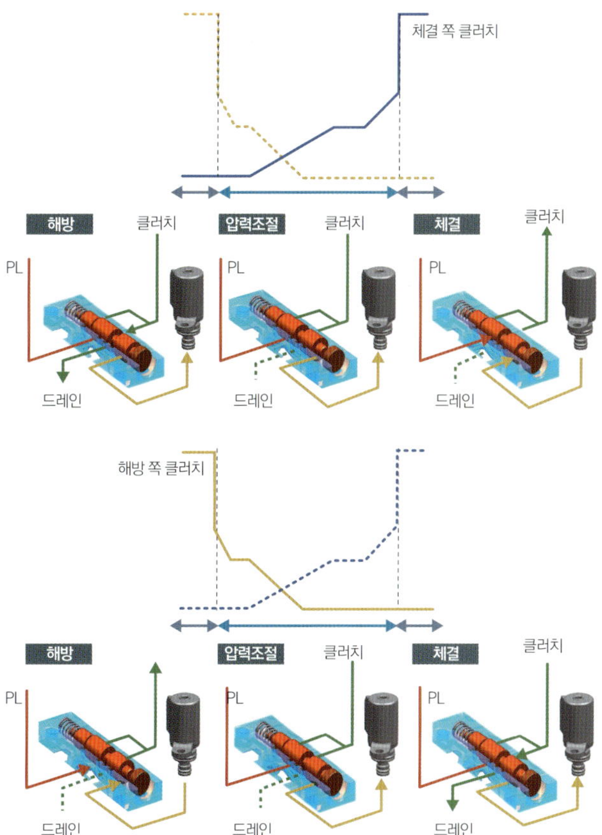

클러치 작동유압을 제어하는 스풀(spool)밸브의 동작을 상태별로 나타낸 것. 해방 상태에서는 유압라인(PL)이 스풀밸브에 의해 닫히면서 클러치에서 오는 유압이 전개(全開)상태인 드레인(drain)에서 빠져나간다. 압력조절 상태에서는 유압라인을 열어 클러치로 유압을 걸면서도 드레인까지 조금 열려 있는 상태, 유압을 흘려 클러치를 미끄러지게 하면서 접속. 체결상태에서는 드레인이 다 닫히고 유압라인이 다 열린다. 유압이 전부 클러치에 걸려 완전히 체결된다.

JATCO

| 쟈트코 | 🇯🇵 일본 |

CVT 점유율 세계 1위. 무단변속기 전문기업

CVT 전문기업인 JATCO. 그러면서도 유단AT나 하이브리드 변속기 등,
「자동 변속기」전문기업으로서도 독특한 제품을 계속 생산하고 있다.

CVT
TRQ-C
FT

JF015E [CVT7]

부변속기를 갖추어
상대변속비를 확대

Application Nissan NOTE, MMC MIRAGE, Suzuki SWIFT etc.

경자동차를 중심으로 한 소형차량용 CVT의 상대변속비(Ratio Coverage)를
확대하고 싶을 때. 하지만 매우 협소한 공간에 변속기를 장착해야 하는 소형차
량은 풀리 지름의 확대는 물론이고 부품을 추가하는 일조차 기대하기 어렵다.
그래서 JATCO는 발상을 바꾸어 전후진 전환을 위한 유성기어 세트를 이용해
부변속기로 만들었다. 원래가 무단변속기이기 때문에 2단변속의 전환을 느끼
지 못하도록 제어에 신경을 썼다. 그 결과 기존 장치에 비해 대폭적으로 상대
변속비(총변속비폭)를 확대했다.

Specifications [JF015E]

발진장치	토크 컨버터(ø205/185mm)
기어 단수	전진무단 / 후진1단
토크용량	174Nm
기어비	전진　4.006 ~ 0.550
	후진　3.770
종감속 기어비	3.753
상대변속비(총 변속비폭)	7.28
축간거리	147mm
전장	323mm
오일규격	CVTF NS-3
중량	67.5/64kg
생산개시 년도	2009년 7월

(닛산 노트)

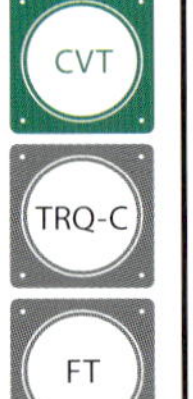

변속은 클러치/브레이크 압력을 전환하는
토크 단계(Torque Phase) 및 각 기어비
를 실제로 변화시키는 관성(Inertia)단계
인 2단계로 이루어진다. 양 단계의 소요
시간은 대략 3초, 실제 변속 소요시간은
약 1초이다.

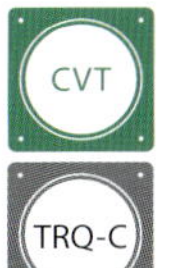

JF016E/017E [CVT8]

허용토크 용량에 맞춰
체인과 벨트를 구분해서 사용

Application Nissan X-TRAIL, SERENA, MMC RVR etc.

차량 크기에 따라 4가지 모델을 적용했던 JATCO의 CVT 시리즈를 「대형·소형」으로 정리한 것으로 「대형」이 이 JF016E/017E:CVT80이다. CVT7과 마찬가지로 상대변속비 확대를 중요한 개발목표 중 하나로 설정하면서 1차/2차 풀리의 축간거리를 2mm 확대하고, 풀리 축을 가늘게 함으로서 휘감는 지름의 축소를 통해 최대 6.96이라는 수치를 얻는데 성공했다. 벨트 개량을 통해 효율도 향상시켰다.

왼쪽 사진이 대용량의 체인 방식, 오른쪽이 중간용량의 벨트 방식. 설계는 양쪽이 공통으로, 체인 방식의 풀리는 아우디/스바루의 곡선형식과 달리 직선형식이다. 따라서 대용량에도 벨트를 이용할 수 있다. 벨트는 형상과 링 폭을 개량해 최저 및 최고 양쪽에서 효율을 크게 개선했다.

Specifications [JF016E/017E]

발진장치	토크 컨버터
기어 단수	전진무단 / 후진1단
토크용량	250/380Nm
기어비 전진	2.631~0.378/2.413~0.383
후진	1.960
상대변속비(총 변속비폭)	6.96/6.30
축간거리	173mm
전장	345/356mm
오일규격	CVTF NS-3
중량	91.5/98.5kg
생산개시 년도	2012년 2월

CVT8 하이브리드

토크 컨버터로 바꾸고
전기모터를 장착한 HEV 변속기

JF017E의 발진장치를 전기모터로 바꾼 CVT8 하이브리드. 모터를 탑재하는데 있어서 모터의 진동이 케이스로 전달되어 NV성능을 악화시킨다는 점, 단순한 직렬방식 클러치로는 공간적인 제약이 심하다는 점이 개발과제였다. 전자에 대해서는 지지방법에 탄성부자재를 이용하는 동시에 지지강성을 최적화했으며, 후자는 건식다판 클러치를 모터 내부에 넣어 변속기를 뜨게 해서 장착하는(floating mount) 식으로 해결했다.

닛산의 HEV방식인 1모터 2클러치 시스템을 가로배치에서도 따라하고 있다. 1차 클러치는 모터부분에 배치된 엔진토크 단속장치. 2차 클러치는 CVT7과 마찬가지로 전후진 전환을 위한 유성기어 세트 클러치를 이용한다.

Specifications [JF015E]

발진장치	전기모터
모터출력	15kW
기어 단수	전진무단 / 후진1단
토크용량	380Nm
기어비	전진 2.413 ~ 0.383
상대변속비(총 변속비폭)	6.30
축간거리	173mm
전장	411.4mm
오일규격	CVTF NS-3
중량	121kg
생산개시 년도	2013년 7월

JF414E

4 AT
TRQ-C
FT

중국과 러시아에서 활약하는 4단AT 변속기

> **Application** > Avtovaz LADA GRANTA, LADA KALINA, Geely MK etc.

개발도상국의 AT수요에 맞춰 1989년에 닛산 서니에 탑재되었던 4단AT를 기본으로 해서 만들었다. 신뢰성 높은 시스템을 이용해 간소하게 설계하고 견고성을 높였다. 21년의 세월을 거치면서 전장은 11%, 중량은 15%가 줄어들었다.

Specifications [JF414]

발진장치	토크컨버터(ø205mm)	종감속 기어비	4.081 ~ 4.351
기어 단수	전진4단 / 후진1단	상대변속비(총 변속비폭)	4.11
토크용량	150Nm	유성기어세트 수	2
기어비	1단 2.861	클러치/브레이크 수	3/2(제외·OWC)
	2단 1.562	전장	344mm
	3단 1.000	오일규격	ATF MATIC-S
	4단 0.697	중량	58kg
	후진 2.310	생산개시 년도	2010년 8월

JF613E

6 AT
TRQ-C
FT

르노의 고급차종에 탑재되는 6단AT

> **Application** > Renault MEGANE, SCENIC, LAGUNA etc.

르노의 2페달 차량은 Getrag 제품인 DCT사양이 많지만 일부 메가느, 세닉, 라구나 등과 같은 중대형 차종에 유단AT가 이용된다. 선대의 닛산 엑스트레일 디젤 사양도 AT모델은 이 변속기를 사용했다.

Specifications [JF613E]

발진장치	토크컨버터(ø250mm)	종감속 기어비	2.991 ~ 3.804
기어 단수	전진6단 / 후진1단	상대변속비(총 변속비폭)	6.12
토크용량	360Nm	유성기어세트 수	3
기어비	1단 4.199	클러치/브레이크 수	3/2(제외·OWC)
	2단 2.405	전장	385mm
	3단 1.583	오일규격	ATF MATIC-S
	4단 1.161	중량	98kg
	5단 0.856	생산개시 년도	2006년 10월
	6단 0.686		
	후진 3.457		

JR509E

5 AT
TRQ-C
FL

대형SUV에 탑재되는 대용량 변속기

> **Application** > Nissan TITAN, PATROL, NV3500 etc.

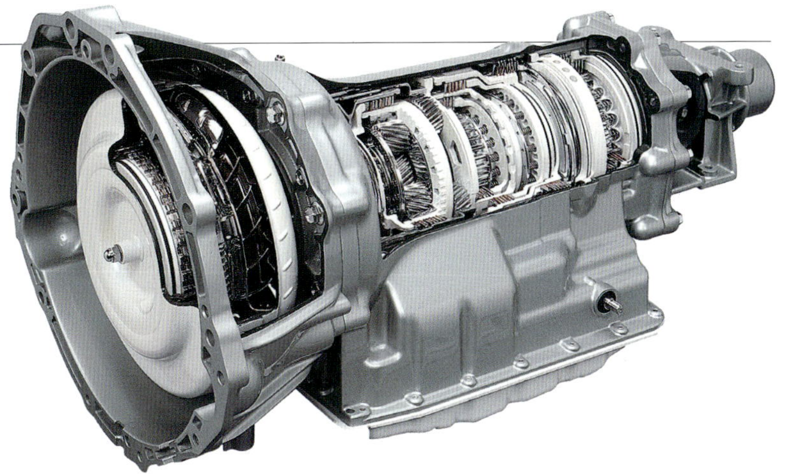

예전에 닛산 FR차량의 표준 5단AT 장치. 550Nm이나 되는 토크에 대응할 수 있기 때문에 현재도 NV350 카라반 등과 같은 상용차 외에도 닛산 타이탄, 패트롤, NV3500 등의 대형SUV에 사용하고 있다.

Specifications [JR509E]

발진장치	토크컨버터(ø260mm)	종감속 기어비	2.937~3.538
기어 단수	전진5단 / 후진1단	상대변속비(총 변속비폭)	4.59
토크용량	550Nm	유성기어세트 수	3
기어비	1단 3.827	클러치/브레이크 수	3/4(제외·OWC)
	2단 2.368	전장	773.5mm
	3단 1.519	오일규격	ATF MATIC-S
	4단 1.000	중량	95kg
	5단 0.834	생산개시 년도	2003년 7월
	후진 2.613		

7 AT

TRQ-C

FL

JR710E/711E

감칠맛과 폭발성을 추구한 프리미엄 변속기

Application 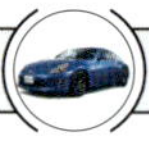 Nissan FAIRLADY Z, SKYLINE, FUGA etc.

폭발성은 압도적인 가속감각, 민첩한 가속에 의한 호쾌함, 생각대로 움직여주는데서 오는 감동. 감칠맛은 가속페달과의 일체감을 느끼게 해주는 기쁨…이라는 것이 개발자의 말이다. 폭발성을 추구할 수 있도록 변속시간 단축에 많은 수고를 할애했다. 유로에 있어서 어큐뮬레이터를 가능한 한 제거해 최대로 짧게 설계하거나 직동식 솔레노이드 밸브 등이 그런 수단이었다. 다른 한 쪽인 감칠맛은 제어의 묘미이다. 페달제어 및 엔진제어와 더불어 운전자의 의도에 따르는 변속 프로그램으로 운용되고 있다.

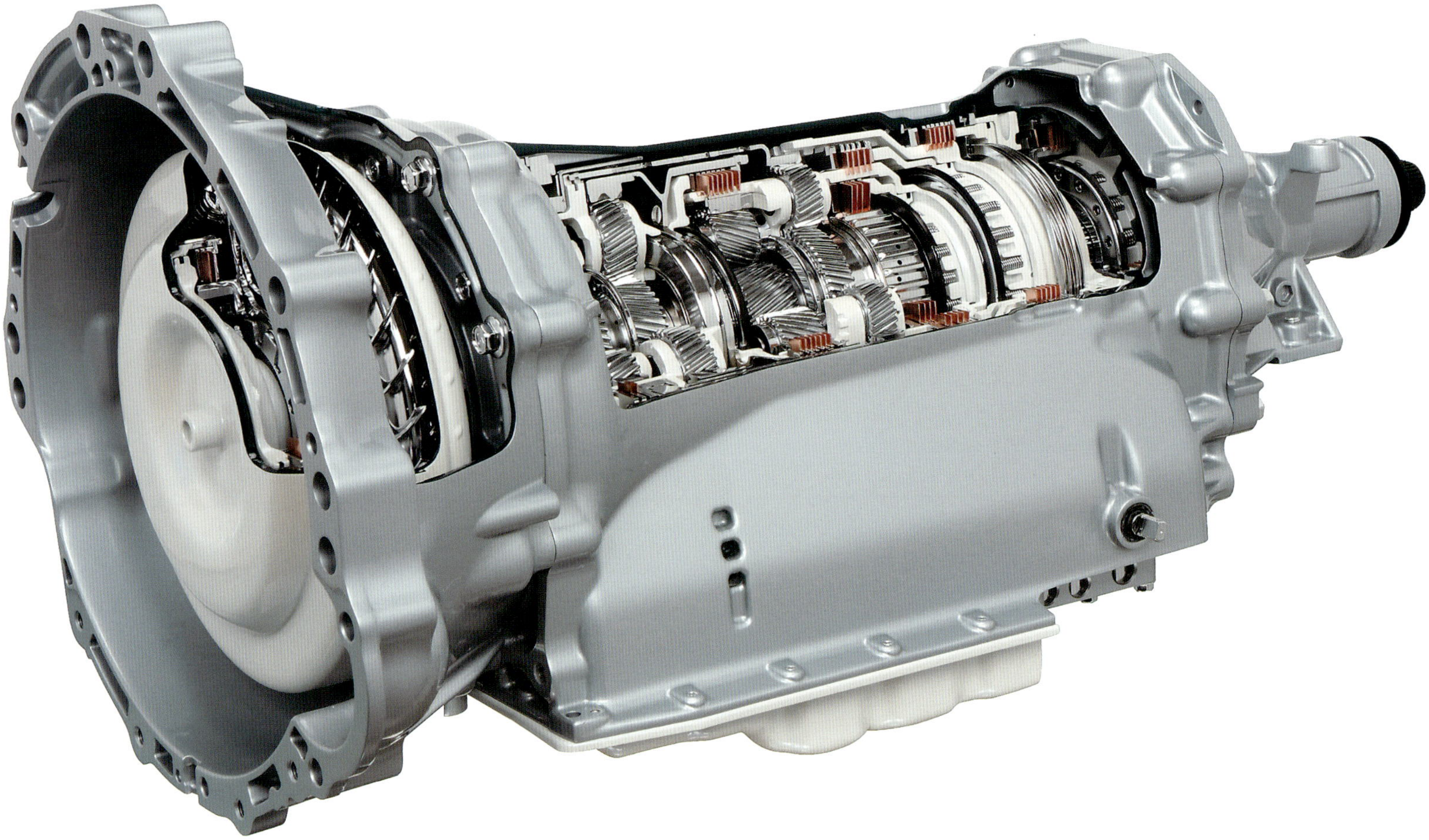

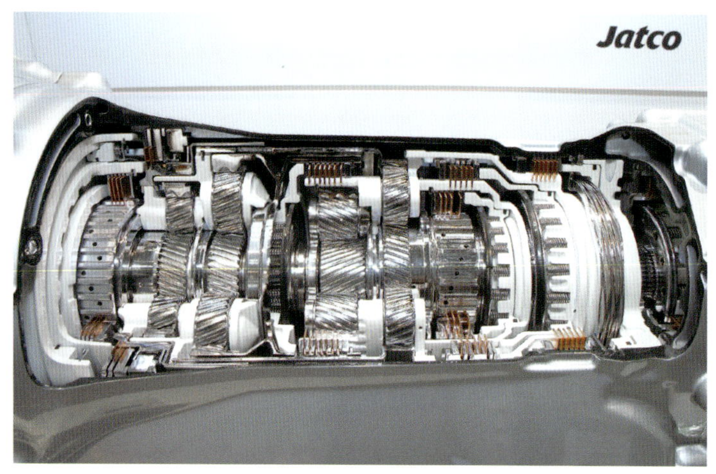

JR507E/509E의 5단AT와 대부분을 공유하는 한편 브레이크를 2세트 추가해 7단으로 만든 것이 특징이다. 더불어 전장 확대를 최소한으로 억제했다. 생산라인까지 공유하는 철저함이 「굳이 7단」으로 만든 철학과 상통한다.

Specifications [JR710E/711E]

발진장치	토크 컨버터(ø250mm)	
기어 단수	전진7단 / 후진1단	
토크용량	400/600Nm	
기어비	1단	4.783
	2단	3.102
	3단	1.984
	4단	1.371
	5단	1.000
	6단	0.870
	7단	0.755
	후진	3.858
종감속 기어비	3.357	
상대변속비(총 변속비폭)	6.17	
유성기어세트 수	4	
클러치/브레이크 수	3/4(제외·OWC)	
전장	769mm	
오일규격	ATF MATIC-S	
중량	89kg	
생산개시 년도	2008년 3월	

JR712E

1모터 2클러치 방식의
HEV 변속기

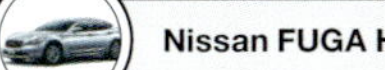

Application Nissan FUGA HEV, CIMA, SKYLINE HEV

JR710E/711E의 토크 컨버터 대신에 전기모터를 장착해 HEV로 만든 변속기이다. 기존의 유단AT를 활용하면서 HEV로 만든 1모터 2클러치 방식으로, 닛산의 FR차량에 사용 중이다. 1차 클러치를 끊으면 모터주행이 가능하다. 2차 클러치는 원래 AT로서 장착한 유성기어 제어용 로(low) 브레이크를 말하는데, 미끄러지게 함으로서 시동을 걸 때나 변속할 때 진동을 줄일 수 있다. 정숙성과 부드러움을 위해 많은 연구가 이루어졌다.

Specifications [JR712E]

발진장치	토크 컨버터(ø250mm)	
모터출력	50kW	
기어 단수	전진7단 / 후진1단	
토크용량	550Nm	
기어비	1단	4.783
	2단	3.102
	3단	1.984
	4단	1.371
	5단	1.000
	6단	0.870
	7단	0.755
	후진	3.858
종감속 기어비	3.357	
상대변속비(총 변속비폭)	6.17	
유성기어세트 수	4	
클러치/브레이크 수	3/4(제외·OWC)	
전장	824mm	
오일규격	ATF MATIC-S	
중량	118.4kg	
생산개시 년도	2010년 11월	

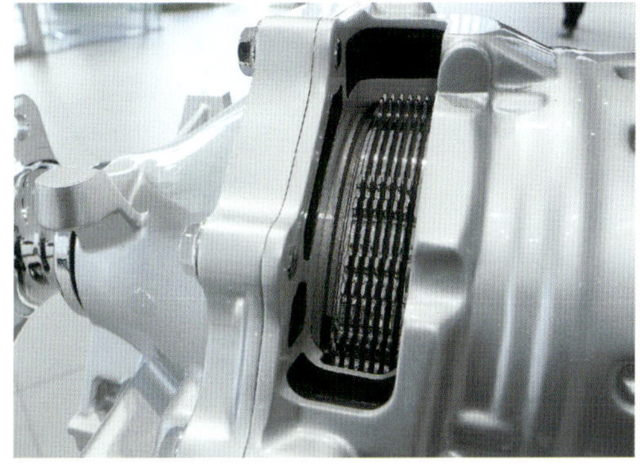

변속기 뒤쪽 끝에 배치된 2차 클러치. 앞서 설명했듯이 JR710E/711E가 변속요소로 장착하는 로(low) 브레이크 장치로서, 사진에서 보듯이 습식다판 구조이다. 출력 축 직전에서 시동을 걸 때의 엔진토크나 변속할 때의 충격 등을 슬립제어로 해소한다.

엔진과 모터 사이에 있는 1차 클러치는 건식단판 구조이다. 단속을 통해 모터주행이나 끌림(drag) 요소를 없애는데 따른 효율적인 회생 등, 상황에 따라 빈번한 단속으로 고효율을 지향한다.

CVT다운 구동력을 더 높은 수준에서 발휘하게 함으로서 성능향상을 지향

JATCO의 CVT는 토크용량 150Nm급부터 450Nm급까지 신세대 변속기로 포진해 있다. 2020년까지 CVT 비전을 펼치고 있는 JATCO는 더 폭넓은 시장과 다양한 모델을 계획하고 있다.

본문&사진 : 마키노 시게오

INTERVIEW

▼

다카하시 데츠야

Tetsuya TAKAHASHI

JATCO 주식회사
개발부문 상무

Q : 현재의 제품 라인업과 생산대수를 보면 압도적으로 CVT 중심입니다. 앞으로도 경영자원을 CVT에 집중시킬 계획입니까.

다카하시 : 이것은 개인적인 견해입니다만, 한 가지 방식으로만 특화하는 것은 변속기 사업측면에서도 위험합니다. 세계의 자동차시장을 봐도 한 가지 방식이 시장을 독점하는 예는 없습니다. 유단AT, CVT, MT, AMT, DCT가 병존하고 있죠. 이런 사실을 전제로 삼아야 합니다.

Q : 새로운 FF용 가로배치 유단AT를 보고 싶습니다. FR에는 새로 만든 7단짜리가 있고, 이것을 바탕으로 한 1모터 2클러치 방식의 HEV(하이브리드 자동차) 변속기도 있는데요.

다카하시 : 물론 유단AT에서 철수할 생각은 없습니다. 특히 FR용 장치는 경쟁력을 가진 중추기술이기 때문에 여기서도 발을 빼는 일은 없습니다. 기술력을 유지하기 위해서도 계속해야만 한다고 생각합니다. 그와 동시에 주력 제품인 CVT에서 확실하게 이익을 내는 것도 중요하기 때문에 CVT가 들어갈 만한 시장에 대해서는 적극적인 자세로 임하고 있습니다. 경영자원이 무한정 있는 것은 아니기 때문에 당분간은 주력제품인 CVT를 중심으로 끌고 나갈 것 같습니다.

Q : 유단AT 일변도였던 북미시장에서도 CVT가 주목 받고 있는 것 같던데요.

다카하시 : 닛산 티아나, 무라노의 CVT차량은 높은 평가를 받고 있습니다. 과거 북미에서 CVT를 멀리했던 이유 중 하나가 일정한 엔진회전속도에서 변속•가속하는 감각 때문이었는데, 현재 모델에서는 유단AT처럼 엔진회전속도 상승과 가속 사이에 직접적인 관계를 갖도록 맛을 냈습니다. 특히 가속하려는 의도가 클 때, 즉 가속페달을 밟는 양이 짧은 시간동안 커졌을 때는 3~4단 분량의 변속비를 높이도록 제어하고 있습니다. 이것이 CVT에 대한 이해를 상당히 높였다고 생각합니다.

Q : CVT를 잘 사용하면 유단AT를 대체할 수도 있다는 뜻일까요?

다카하시 : 변속선을 자유롭게 조종할 수 있다는 의미에서는 적어도 시장의 요구에 대응할 수 있습니다. 최

Q : 유단AT와 비교하면 CVT가 부품수가 적고 맞물리는 부품도 적다는 특징이 있습니다. 앞으로의 기술 개발 여하에 따라서는 성능이 도약할 가능성이 있지 않습니까?

다카하시 : 세세한 개량을 거듭하면서 변속기로서의 에너지효율이 상당히 좋은 수준까지 와 있습니다만, 기술개발 여지는 아직도 남아 있습니다. 마찰공학(마찰·윤활)적인 분야, 유압시스템의 전동화, CVT 내에서 소화되는 진동대책 3가지가 앞으로의 과제들이죠.

다카하시 : 그렇습니다. 고압의 유압을 필요로 하는 시점이 CVT의 난제인데요, 외부의 전동펌프를 이용해 필요한 유압만큼만 공급하는 방향이 될 것으로 생각합니다. 그런 의미에서 차량전원이 48V로 바뀌는 것을 환영합니다. 타행 정지(Coasting Stop)를 넓게 적용하는 경우도 48V가 있으면 고맙죠.

Q : 상대변속비(총변속비폭)는 어떻습니까?

다카하시 : 조금 더 (넓히려고 합니다만 물리적인 제약이 있습니다. 타 업체는 유단AT나 DCT를 10단으

위 사진은 가로배치 HEV에 대응하는 CVT 장치이다. HEV 대응 모델도 여러 가지로 생각하고 있다고 한다. 우측 사진은 FR용 7단AT로, 이것도 모터를 내장하는 사양이 있다. JATCO에서는 변속기&모터의 여러 제품을 내놓을 계획이다.

종적인 에너지 효율을 어떻게 판단하느냐는 다른 차원의 이야기이지만, CVT는 더 발전할 수 있으리라 생각합니다.

Q : 근래의 미국의 빅3(GM, 포드, 크라이슬러)를 보면 CVT에 상당히 흥미를 갖고 있는 것 같던데요.

다카하시 : 빅3는 경자동차용으로 설계한 토크용량 180Nm급까지인 CVT7에 흥미를 보이고 있는데요. CAFE(기업별 평균연비)가 엄격해지기 때문에 소배기량 소형차는 빅3한테도 상당히 중요한 존재가 되었습니다. 심지어 NHTSA(전미고속도로안전국)도 CVT의 연비성능에 흥미를 갖고 있는지 당사로 기술적인 문의가 증가했습니다.

Q : 벨트&풀리 주변의 효율은 상당히 개선된 것처럼 생각됩니다. 현재의 JATCO 제품에는 벨트/코마 방식과 체인방식 두 가지가 있던데요.

다카하시 : 마찰저항을 줄이는 것과 벨트 또는 체인이 마찰로 미끄러지는 것과의 균형은 오일이나 벨트의 코마형상, 체인의 피치, 유압제어 방법 등의 집대성입니다. 거기에 내구성과 신뢰성 문제도 있습니다. 상당히 발전하기는 했지만, 반대로 그만큼 엔지니어링 측면에서는 어려운 영역으로 들어왔다고도 할 수 있죠.

Q : 유압은 전동펌프로, 그것도 요구한대로 필요한 만큼만 얻는다는 방향인건가요?

로 만들려고 하는데 당사에서는 과연 10단이 필요할까, 이에 대해 CVT는 어디를 공략해야 되지, 이런 사고가 필요합니다. 자동차로서 최종적인 에너지 관리를 어떻게 하느냐는 주제인 것이죠. 현재 엔진은 이미 작동장치(Actuator)이고, 구동력 관리는 변속기의 역할입니다. 지휘관이라고 표현하면 과도하다고 할지도 모르겠지만, 변속기는 에너지를 최적으로 배치하는 역할을 맡고 있습니다. 그만큼 해야 할 일이 많은 것이죠.

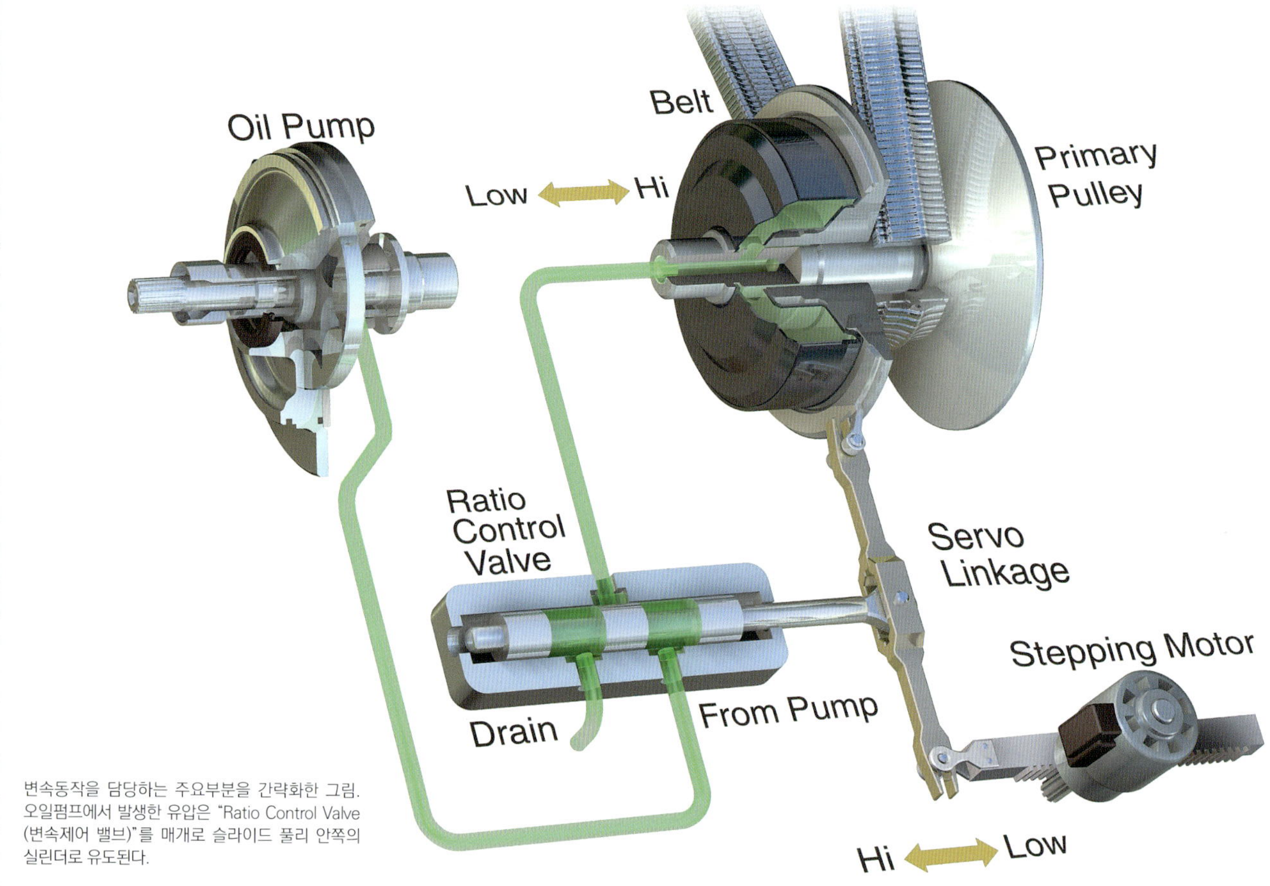

변속동작을 담당하는 주요부분을 간략화한 그림. 오일펌프에서 발생한 유압은 "Ratio Control Valve (변속제어 밸브)"를 매개로 슬라이드 풀리 안쪽의 실린더로 유도된다.

벨트&풀리 방식의 변속방법

유효지름을 자유롭게 바꿀 수 있는 두 개의 풀리 조합을 통해,
변속비를 무단계로 변화시킬 수 있게 한 CVT(Continuously Variable Transmission).
변속원리는 단순하지만 실제 구조와 동작은 약간 복잡하다.

본문 : 다카하시 잇페이   그림 : 구마가이 도시나오 / JATCO

CVT의 변속 메커니즘을 이해하는데 있어서 가장 중요한 점 하나가 2개의 심벌즈 형상 부품으로 구성된 풀리이다. 1개는 고정(Fix Pully)이고, 또 하나는 슬라이드 풀리(Slide Pully)로 되어 있어서 홈 폭을 자유자재로 바꿀 수 있다. 홈 폭이 바뀌면 벨트가 감는 부분의 지름(말이 지름이라 불린다)도 바뀌고, 결과적으로 풀리로서의 유효지름을 연속적으로 바꿀 수 있다. 이 풀리를 입력 쪽(Primary)과 출력 쪽(Secondary) 축 각각에 조합함으로서 감속비를 무단계로 바꾸는 것이 CVT의 기본개념이다.

풀리 폭을 결정하는 슬라이드 풀리의 위치는 유압을 통해 제어한다. 변속용 제어유압이 변속제어 밸브를 매개로 슬라이드 풀리 안쪽의 실린더로 유도됨으로서 슬라이드 풀리의 위치가 목표점에 도달할 때까지 유압을 공급한다. 반대로 목표로 하는 위치를 지나쳤을 경우는 유압을 뺀다. 풀리의 목표위치를 결정하는 것은 변속제어 밸브와 링크를 매개로 접속된 스테핑 모터(Stepping Motor)의 제어위치이다. 즉 유압시스템은 스테핑 모터의 토크를 증폭하는 서보(Servo)장치로서의 역할을 담당한다고 생각하면 된다. 슬라이드 풀리의 이동과 그 위치를 유지하기 위해서는 그만큼 큰 힘이 필요한 것이다.

우측 페이지 그림은 저속과 고속 각각의 상태에 있는 CVT 내부모습이다. 유압실(Cylinder) 구조 등을 알기 쉽도록 단면도로 나타냈다. 또한 그림과 겹쳐진 점선은 각 부분의 상태를 나타낸 것으로, 붉은 점선은 1차, 2차 쪽 풀리의 홈 폭을 나타낸다. 이들 요소를 감안해 가면서 2개의 상태를 비교하면 풀리와 벨트가 연동하는 변속동작의 흐름이 눈에 들어올 것이다.

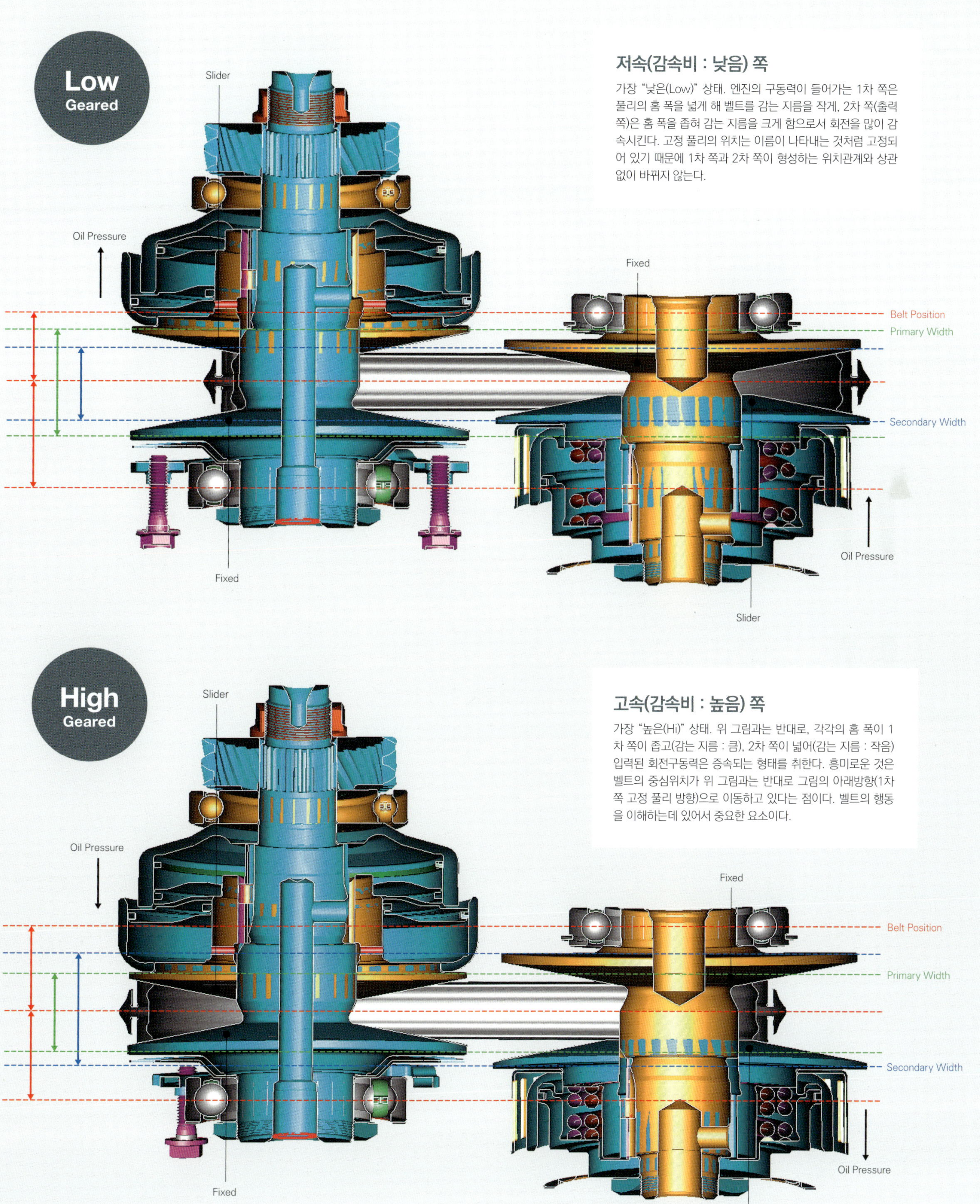

저속(감속비 : 낮음) 쪽

가장 "낮은(Low)" 상태. 엔진의 구동력이 들어가는 1차 쪽은
풀리의 홈 폭을 넓게 해 벨트를 감는 지름을 작게, 2차 쪽(출력
쪽)은 홈 폭을 좁혀 감는 지름을 크게 함으로서 회전을 많이 감
속시킨다. 고정 풀리의 위치는 이름이 나타내는 것처럼 고정되
어 있기 때문에 1차 쪽과 2차 쪽이 형성하는 위치관계와 상관
없이 바뀌지 않는다.

고속(감속비 : 높음) 쪽

가장 "높은(Hi)" 상태. 위 그림과는 반대로, 각각의 홈 폭이 1
차 쪽이 좁고(감는 지름 : 큼), 2차 쪽이 넓어(감는 지름 : 작음)
입력된 회전구동력은 증속되는 형태를 취한다. 흥미로운 것은
벨트의 중심위치가 위 그림과는 반대로 그림의 아래방향(1차
쪽 고정 풀리 방향)으로 이동하고 있다는 점이다. 벨트의 행동
을 이해하는데 있어서 중요한 요소이다.

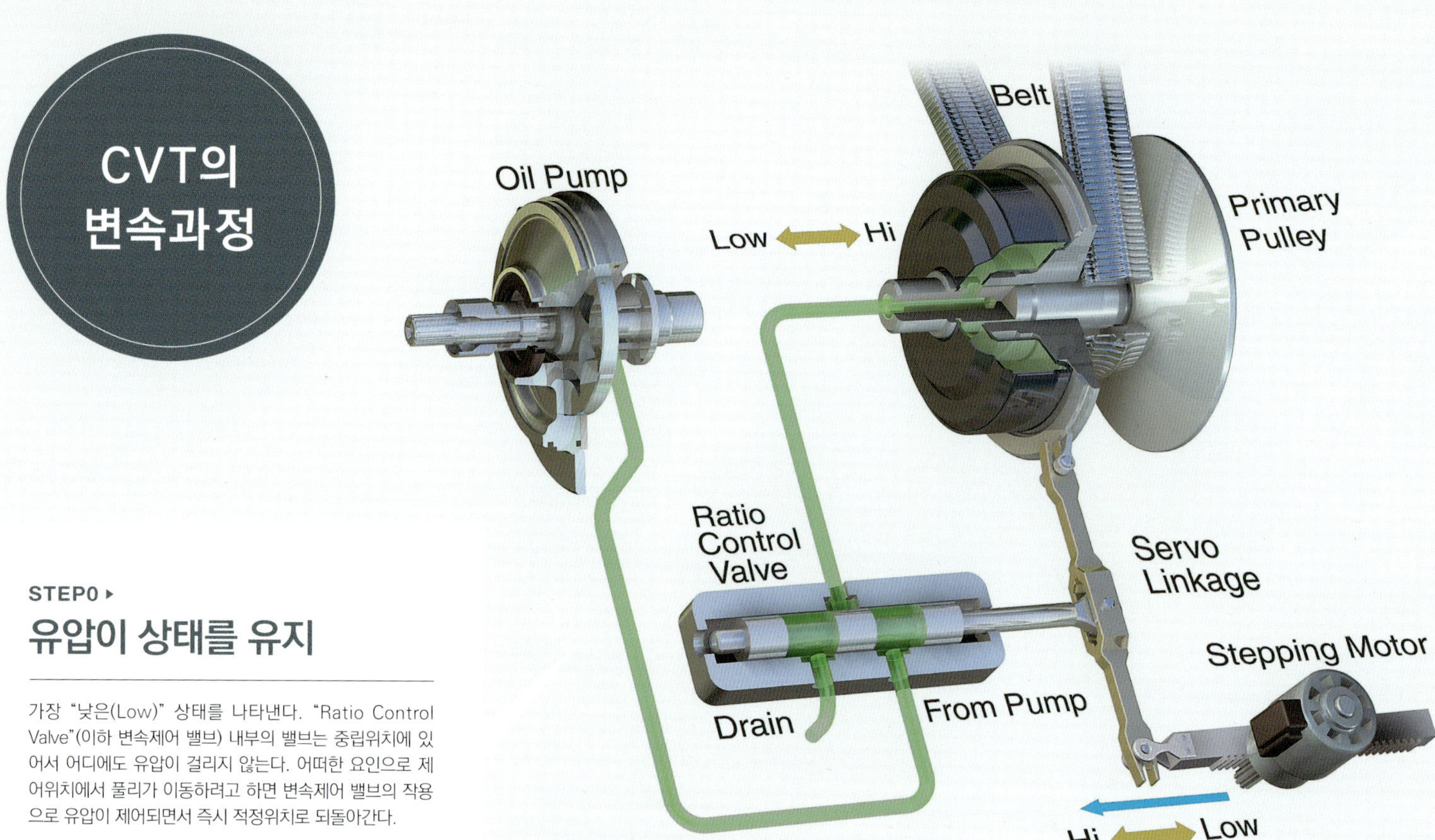

유압이 상태를 유지

가장 "낮은(Low)" 상태를 나타낸다. "Ratio Control Valve"(이하 변속제어 밸브) 내부의 밸브는 중립위치에 있어서 어디에도 유압이 걸리지 않는다. 어떠한 요인으로 제어위치에서 풀리가 이동하려고 하면 변속제어 밸브의 작용으로 유압이 제어되면서 즉시 적정위치로 되돌아간다.

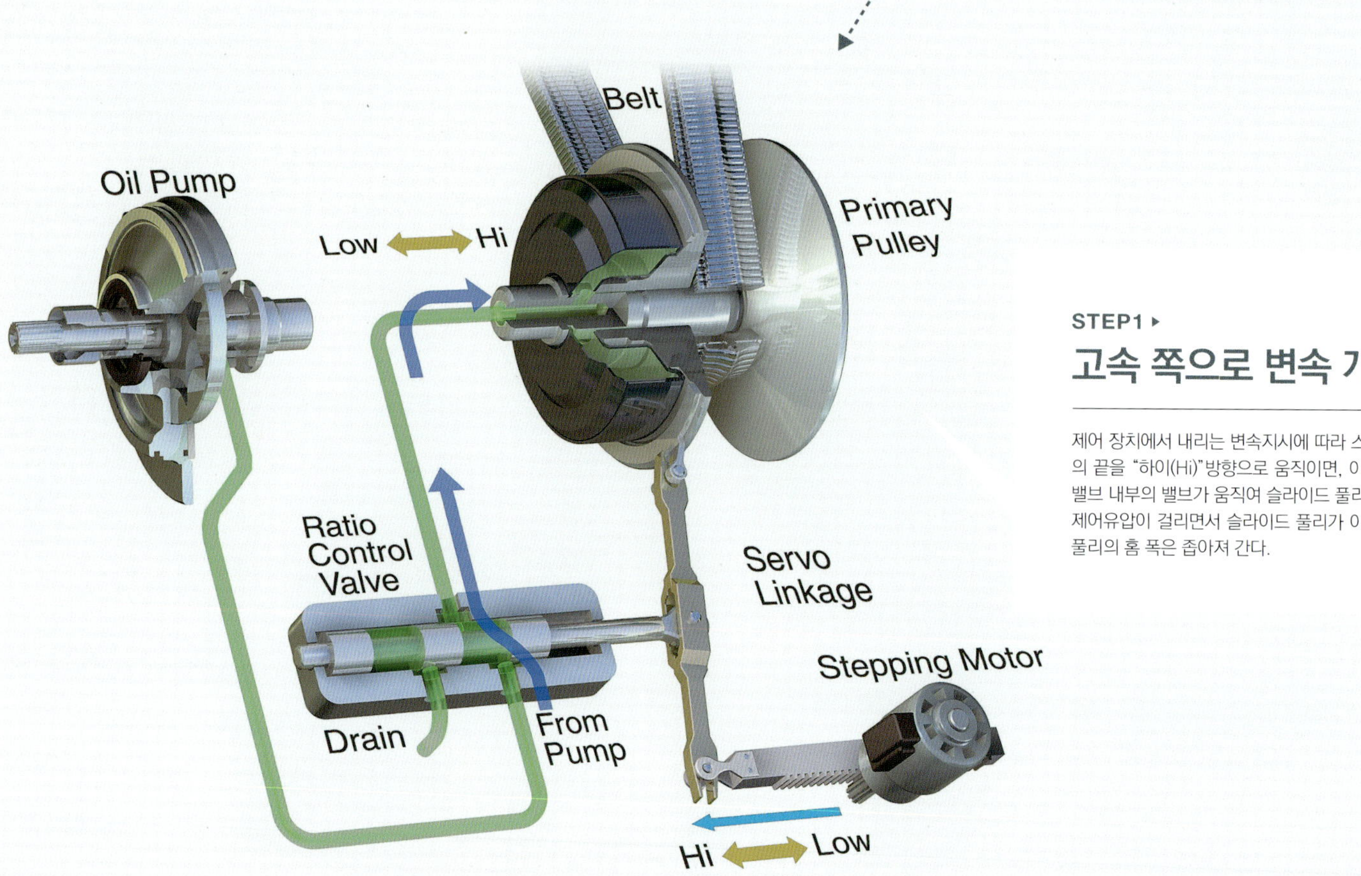

고속 쪽으로 변속 개시

제어 장치에서 내리는 변속지시에 따라 스테핑 모터가 링크의 끝을 "하이(Hi)"방향으로 움직이면, 이에 따라 변속제어 밸브 내부의 밸브가 움직여 슬라이드 풀리 안쪽의 실린더로 제어유압이 걸리면서 슬라이드 풀리가 이동하기 시작한다. 풀리의 홈 폭은 좁아져 간다.

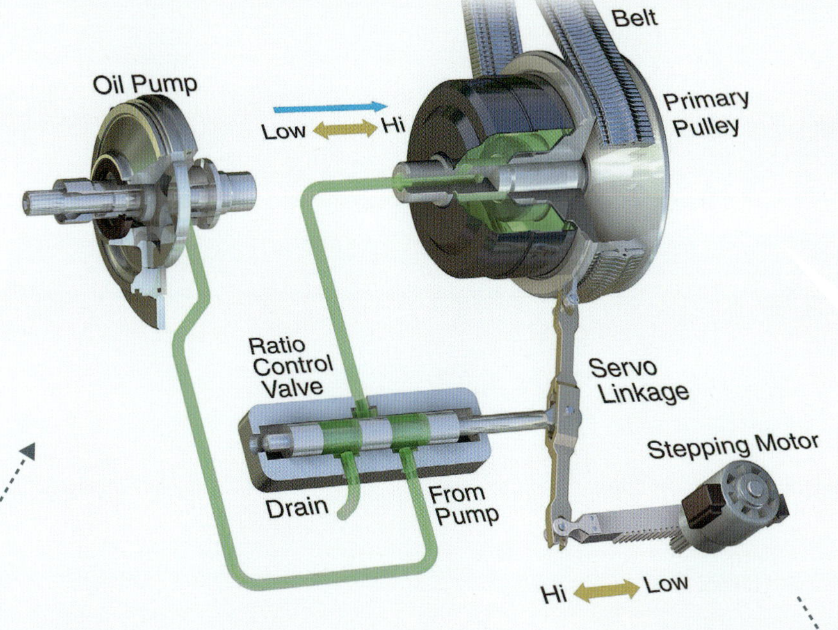

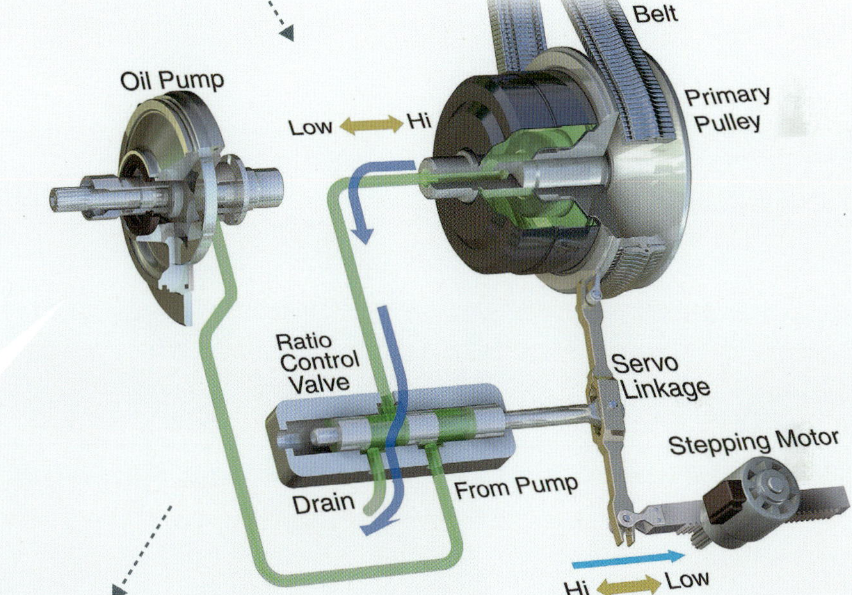

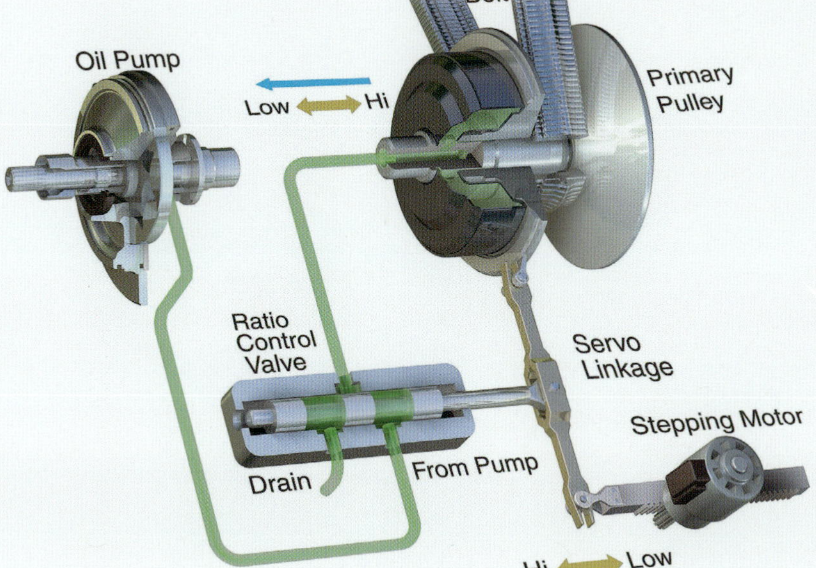

STEP2 ▸

고속변속 종료

슬라이드 풀리가 제어위치까지 이동하면 변속제어 밸브 내부의 밸브가 중립위치로 돌아가고 실린더로 유압을 공급하지 않으면서 변속동작이 종료된다. 그림에서는 생략되었지만 2차 쪽에도 똑같은 장치가 설치되어 있어서 1차 쪽 상태와 연동된 협조제어가 이루어진다.

STEP3 ▸

저속변속 시작

스테핑 모터가 "로(Low)" 쪽으로 움직이면 저속 쪽으로 변속동작이 시작된다. 변속제어 밸브가 실린더 내의 압력을 해제함으로서 1차 쪽 풀리 방향으로 끌려갔던 벨트가 풀리를 눌러 분리시키는 형태로 홈 폭을 넓혀간다.

STEP4 ▸

저속변속 종료

저속 쪽의 제어위치까지 풀리가 이동하면 변속제어 밸브가 유압해제 위치에서 중립위치로 돌아가 변속이 종료된다. 2차 쪽 풀리 제어에는 1차 쪽과 똑같은 변속제어 밸브를 이용하는 "양쪽 조절압력 방식"과 스프링 힘으로 1차 쪽과 동조시키는 "일방 조절압력 방식" 2종류가 있다.

ZF Friedrichshafen

| ZF 프리드리히스하펜 | 독일 |

고급차량용 AT를 전문으로 하는 ZF

체플린 비행선용 기어와 변속기 전문기업으로 탄생한 ZF.
현재는 세로배치 8HP와 7DT, 7S-45와 가로배치 9HP를 라인업으로하고 있다.

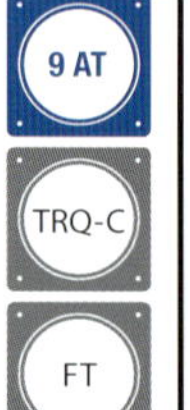

9 AT

TRQ-C

FT

9HP

세계최초의 가로배치 9단AT
상대변속비는 9.81

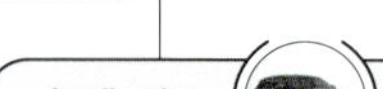

Application Range Rover Evoque

1995년에 ZF가 생산을 중지한 4HP 이후, 18년 만에 투입한 가로배치 변속기인 9HP는 세계최초의 가로배치 9단AT이다. 9HP가 처음 선보인 것은 2011년의 디트로이트 모터쇼. 생산이 시작된 것은 2013년부터이다. 토크용량에 차이를 둔 9HP48과 9HP28 2가지가 있으며, 토크용량 480Nm의 9HP48이 먼저 생산되었다. 생산은 독일과 북미에서 하고있다. 9HP를 처음 사용한 것은 레인지로버 이보크와 지프 체로키. 북미에서는 혼다에도 9HP를 탑재한 모델이 있다. 9HP 최대의 무기는 9.81이나 되는 넓은 상대변속비에 있다. 9HP48과 9HP28의 기어비는 동일. ZF가 자랑하는 모듈 콘셉트를 통해 토크컨버터 대신에 모터를 장착하면 하이브리드화에도 대응이 가능. 물론 4WD에도 대응하고 있다. 중국에서 중형용량 모델인 9HP28을 생산할 예정이다.

토크 컨버터에서 4조의 유성기어 세트 부분을 확대한 모습. 중앙에 보이는 것이 종감속 기어~출력 축으로 연결되는 기어이고, 그 우측으로 3열의 유성기어 세트가 있다(2열째는 케이스에 가려 있다). 3열째가 부열(副列) 유성기어 세트이다. 밑으로 제어유압을 제어하는 밸브 보디가 보인다.

Specifications [9HP48]

발진장치	토크 컨버터	
기어 단수	전진9단 / 후진1단	
토크용량	480Nm	
기어비	1단	4.70
	2단	2.84
	3단	1.90
	4단	1.38
	5단	1.00
	6단	0.80
	7단	0.70
	8단	0.58
	9단	0.48
	후진	3.80
종감속 기어비	4.544	
상대변속비(총 변속비폭)	9.81	

(레인지로버 이보크)

가로배치를 다시 만들면서 가볍고 작게 만드는 것은 필수였다. 9HP48의 중량은 오일을 넣고도 87kg로 가볍다. 토크용량 280Nm인 9HP28은 77kg. 둘 다 동급의 CVT, AT와 비교해도 가볍다. 또한 4조의 유성기어 배치에 대한 충분한 연구로 크기도 상당히 작다. 9HP48은 크라이슬러의 요청에 따라 라이선스 생산도 하고 있다.

Gear	Brake		Clutch		Dog Clutch		Ratio	Ratio/steps
	C	D	B	E	F	A		
1		●			●	●	4.70	
2	●				●	●	2.84	1.65
3			●		●	●	1.90	1.49
4				●	●	●	1.38	1.38
5			●	●		●	1.00	1.38
6	●			●		●	0.80	1.24
7		●		●		●	0.70	1.16
8	●	●		●			0.58	1.21
9		●	●	●			0.48	1.21
R		●	●		●		−3.80	Total 9.81

AT로는 처음으로 도그 클러치를 사용한다. 도그 클러치를 사용하면 클러치가 해방된 상태일 때 드랙 토크에 의한 손실을 기존 다판 클러치보다 줄일 수 있다. 가장 앞쪽 열(A)과 가장 뒤쪽(F)의 유성기어 세트는 도그 클러치가 8/9단일 때만 양쪽 모두 자유로워진다.

9HP는 4조의 유성기어 세트와 6개의 시프트 엘리먼트(두 개의 도그 클러치, 2조의 클러치, 2조의 브레이크)로 구성되어 있다. 4개의 유성기어 세트를 회전축 상에 배치하는 것이 아니라 가장 뒤쪽의 유성기어 세트는 축 상에 배치한 유성기어 세트의 링 기어 바깥쪽에 유성 캐리어를 두고, 다시 그 바깥의 링 기어에 브레이크를 배치하는 식으로 횡방향으로의 길이를 줄였다.

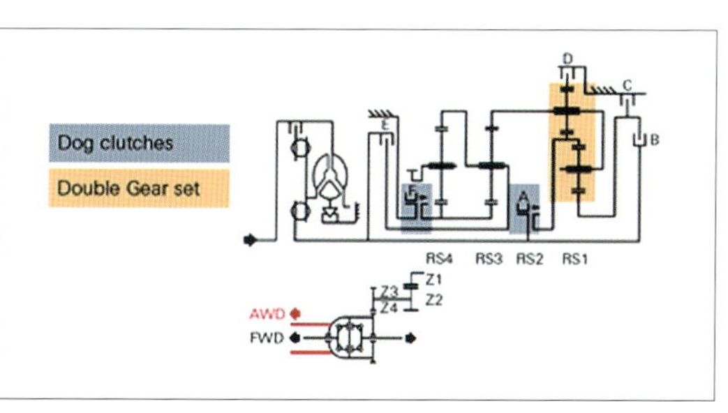

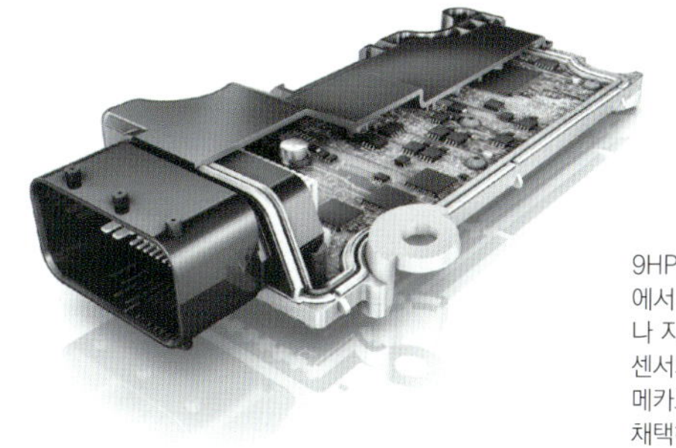

9HP의 전자제어 장치는 처음으로 ZF에서 자체적으로 제작(기존에는 보쉬나 지멘스 제품이었다)한 것이다. 굳이 센서와 액추에이터, ECU를 일체화한 메카트로닉스 모듈로 내장하는 방법을 채택하지는 않았다.

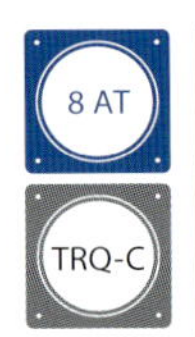

8HP

고급 세로배치 AT의 표준
다채로운 모델을 라인업

Application  BMW 320i

2008년에 6단AT인 6HP의 후속기종으로 자르브뤼켄 공장에서 생산시작. 현재는 미국 사우스캐롤라이나의 그레이코트 공장에서 생산. 6HP와 비교해 연비가 11% 향상. BMW를 비롯해 재규어, 벤틀리, 롤스로이스, 크라이슬러 등 FR계통 고급차량의 표준이라고 할만한 변속기이다. 모델종류도 풍부해 처음부터 스타트·스톱이나 하이브리드 사양을 감안해 개발되었다. 현재는 2세대로 진화하면서 연비가 더 개선되었다.

Specifications [8HP45]

발진장치	토크 컨버터	
기어 단수	전진8단 / 후진1단	
토크용량	500Nm	
기어비	1단	4.714
	2단	3.143
	3단	2.106
	4단	1.667
	5단	1.285
	6단	1.000
	7단	0.839
	8단	0.667
	후진	3.295
종감속 기어비	3.154	
상대변속비(총 변속비폭)	7.07	

(BMW 320i)

유성기어 세트는 4개. 체결요소는 5개(클러치 3조, 브레이크 2개). 개방요소를 2개로 억제함으로서 드랙(drag) 저항을 줄였다. 진화된 2세대는 1세대보다 3% 연비효율이 향상. 상대변속비의 구성도 "다운스피딩(down speeding)" 흐름에 맞추었다.

장착차종 라인업

기종	굴림방식	토크용량	장착차종
8HP45	FR	500Nm	BMW 1/3/5시리즈, 크라이슬러 300 외
8HP50(2세대)	FR/4WD	500Nm	BMW 520d
8HP55A	4WD	650Nm	Audi A4/A6/A8 외
8HP70	FR/4WD	650Nm	BMW 7/X5, 지프 그랜드 체로키, 레인지로버 스포츠, 롤스로이스 팬텀 외
8HP70H	FR/4WD	700Nm	BMW 액티브 하이브리드-3
8P70H	FR/4WD	650Nm	BMW 3시리즈 PHEV
8HP90	FR/4WD	1000Nm	롤스로이스 고스트, 벤틀리 뮬산 외

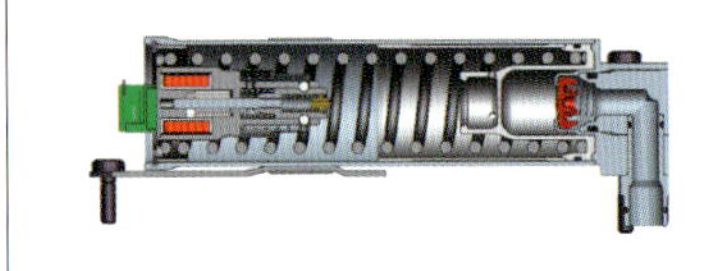

HIS(Hydraulic Impulse oil Storage)는 오일 팬 뒤쪽에 장착되는 어큐뮬레이터이다. 길이 200mm, 직경 50mm의 원통형으로 용량은 100㎖. 엔진 가동 중에 유압을 저장했다가 재시동 직후에 오일을 공급한다.

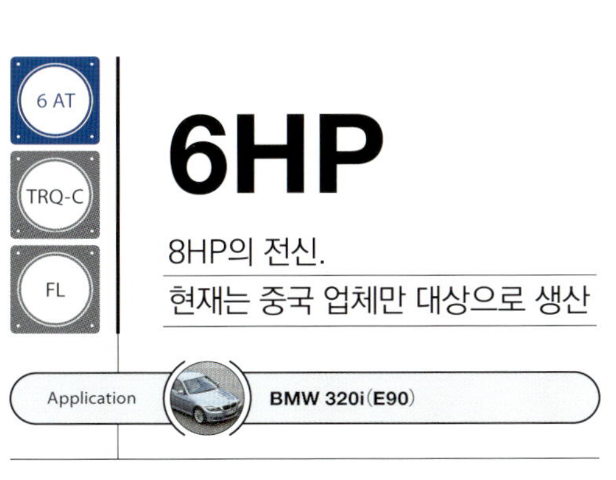

8P70H

랜드로버가 2011년 제네바모터쇼에 출품했던 Range-E에 처음 장착한 PHEV 대응 8HP가 8P70H이었다. 통상은 토크 컨버터가 들어가는 공간에 모터와 엔진 토크단속 클러치, 구동력 변동을 흡수하는 댐퍼, 제어용 유압시스템이 들어가 있다. 2017년 무렵에 발매될 예정인 BMW 3시리즈의 PHEV 모델에 이 8P70H를 탑재한다.

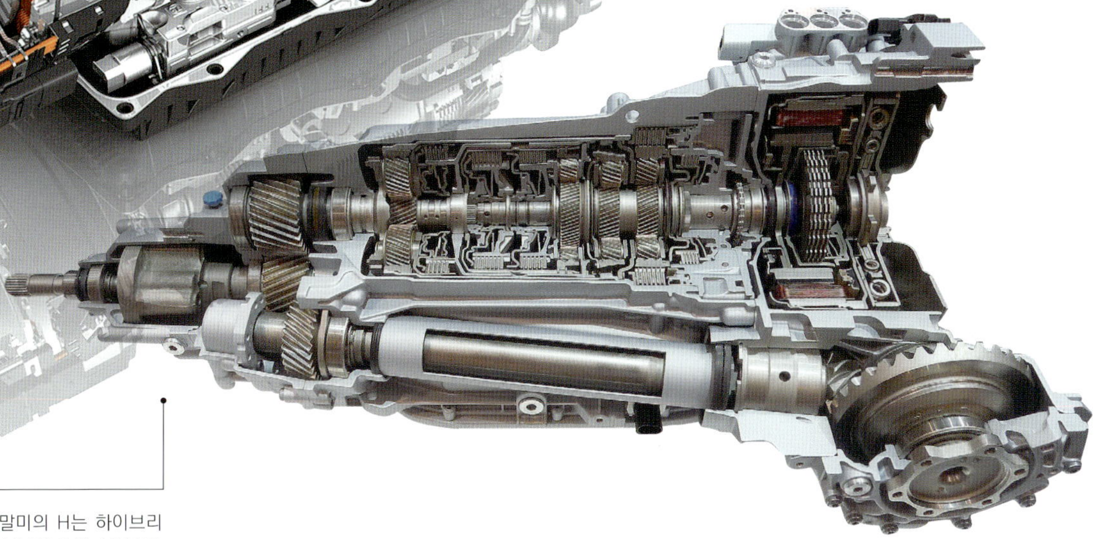

8HP70H

아우디 Q5 하이브리드 콰트로용인 8HP70H. 말미의 H는 하이브리드 대응을 뜻한다. 원래 토크 컨버터가 들어가는 부분에 출력 40kW의 DynaStart라 불리는 모터 제너레이터가 들어간다. Q5 하이브리드 콰트로는 모터만으로 100km/h까지 가속이 가능하다. 60km/h 주행에서 최대 3km를 EV로 주행할 수 있다. 토대인 8HP보다 25%의 연비개선이 가능. 중량은 114kg.

Specifications [6HP26]

발진장치	토크 컨버터			
기어 단수	전진6단 / 후진1단			
토크용량	260Nm			
기어비	1단	4.17	5단	0.87
	2단	2.34	6단	0.69
	3단	1.52	후진	3.40
	4단	1.14		
종감속 기어비	3.900			
상대변속비(총 변속비폭)	6.04			

(BMW 320i E90)

6HP

6 AT

TRQ-C

FL

8HP의 전신.
현재는 중국 업체만 대상으로 생산

Application **BMW 320i** (E90)

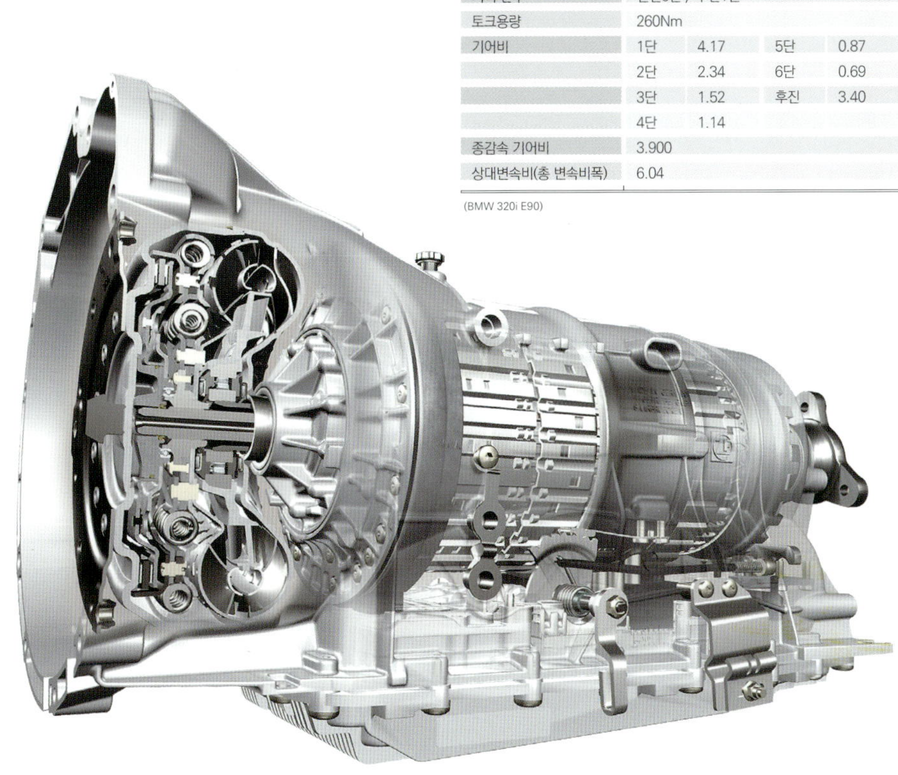

2001년에 생산이 시작된 세계 최초의 여객차량용 6단AT. 5HP와 비교해 13%가 가벼워져 7%의 경제적 효과라는 획기적 성능을 갖고 등장한 6HP는 BMW 외에 재규어, 벤틀리, 마세라티, 레인지로버, 포드 등 많은 차종에서 사용했다. 2014년 3월에 독일 공장에서의 생산은 종료되었다. 약 700만대가 생산되었다. 앞으로는 중국 업체를 대상으로 상하이공장에서 생산·공급될 전망이다. 최종적으로는 230~750Nm까지 소화할 수 있는 기종들이 있었다.

7DT

포르쉐 PDK
다양한 기종을 보유

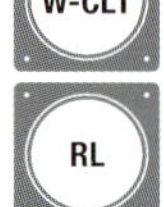

ZF가 포르쉐 911계열용으로 공동개발한 7단DCT. 포르쉐에서는 PDK(Porsche Doppel Kupplung)라고 부른다. 토크용량 450Nm와700Nm 2가지가 있다. 표준 무게는 약 120kg. 스포츠카용인만큼 고속회전 엔진에 대응(9000rpm). 변속시간은 100~300ms초. 현재는 RR, MR, FR 각각에 대응하고 있다. 입력 축은 홀수단과 짝수단 기어용 2개를 일체화시킨 2중구조이고, 그 바로 아래에 카운터 축을 배치했다. 6단에서 최고속도에 도달하고 7단은 고속순항에 맞춘 기어비이다.

Specifications [7DT45HL]

발진장치	습식다판 클러치	
기어 단수	전진7단 / 후진1단	
토크용량	450Nm	
기어비	1단	3.91
	2단	2.29
	3단	1.65
	4단	1.30
	5단	1.08
	6단	0.88
	7단	0.62
	후진	3.55
종감속 기어비	3.25	
상대변속비(총 변속비폭)	6.31	

(포르쉐 카이만S)

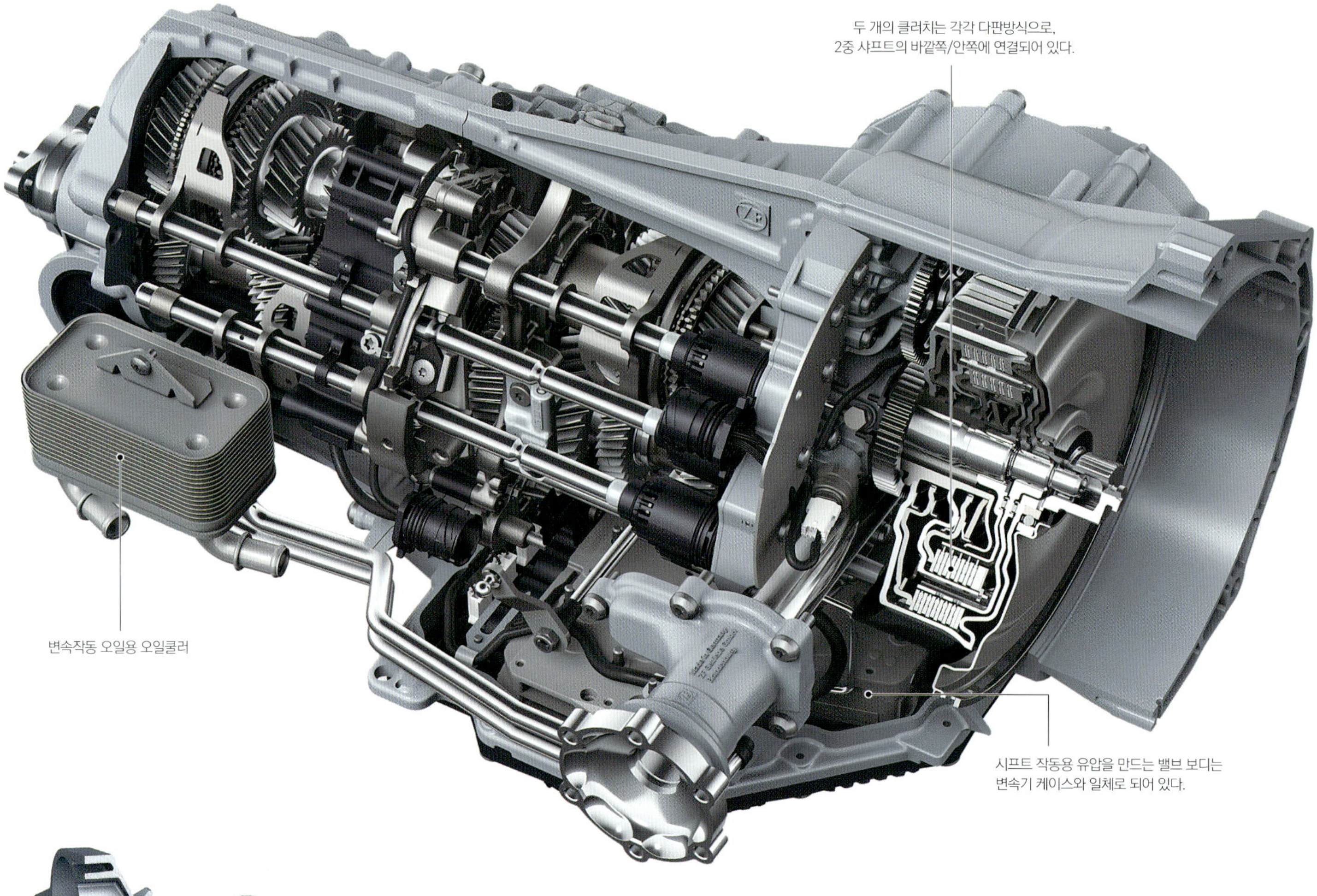

두 개의 클러치는 각각 다판방식으로, 2중 샤프트의 바깥쪽/안쪽에 연결되어 있다.

변속작동 오일용 오일쿨러

시프트 작동용 유압을 만드는 밸브 보디는 변속기 케이스와 일체로 되어 있다.

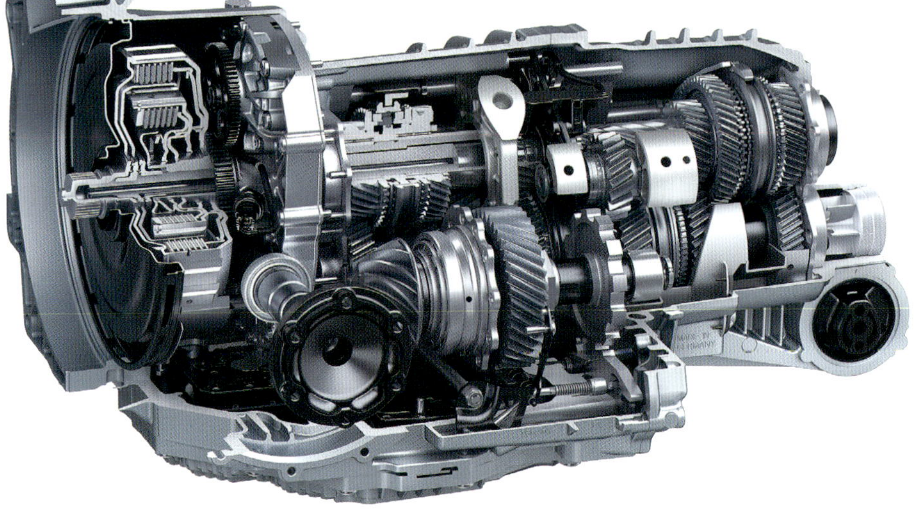

변속기 종류

기종	굴림방식	토크용량
7DT45HL(A)	RR/4WD	450Nm
7DT45FL	FR	390Nm
7DT70HL(A)	RR/4WD	700Nm
7DT75(A)	RR/4WD	525:750Nm

911 카레라용인 7DT45HLA. 말미의 HL은 리어엔진용임을 A는 전륜구동용임을 뜻한다. 윤활은 필요한 유량만큼 기어 이면에 공급하는 드라이섬프 방식. 변속기 맨 뒤(그림 상으로는 우측, 차량에서는 전방)에 후륜으로 가는 출력 축이 있다.

S7-45

7 MT
D-CLT
RL

포르쉐 911 카레라용 7단MT
DCT에서 파생된 수동변속기

Application · PORSCHE 911 Carrera Coupe

2012년에 포르쉐 911 카레라S가 처음으로 탑재한 세계최초의 7단MT. DCT를 바탕으로 MT를 만드는 보기 드문 개발배경을 갖고 있다. 75%의 부품을 7DT와 공유한다. 기어배치나 기어비도 7DT와 동일(3/7단 이외). MT에서는 필수인 싱크로나이저 콘(Synchronizer Cone)은 기어단에 따라 싱글/더블/트리플을 구분해서 사용한다. S7-45는 다른 축의 기어를 동시에 「빼고」「넣고」할 필요가 있기 때문에 MEKOSA(Mechanical Convertible Shift Actuation)이 개발되었다.

Specifications [S7-45]

발진장치	건식다판 클러치	
기어 단수	전진7단 / 후진1단	
토크용량	450Nm	
기어비	1단	3.91
	2단	2.29
	3단	1.55
	4단	1.30
	5단	1.08
	6단	0.88
	7단	0.71
	후진	3.55
종감속 기어비	3.44	
상대변속비(총 변속비폭)	5.51	

(포르쉐 911 카레라)

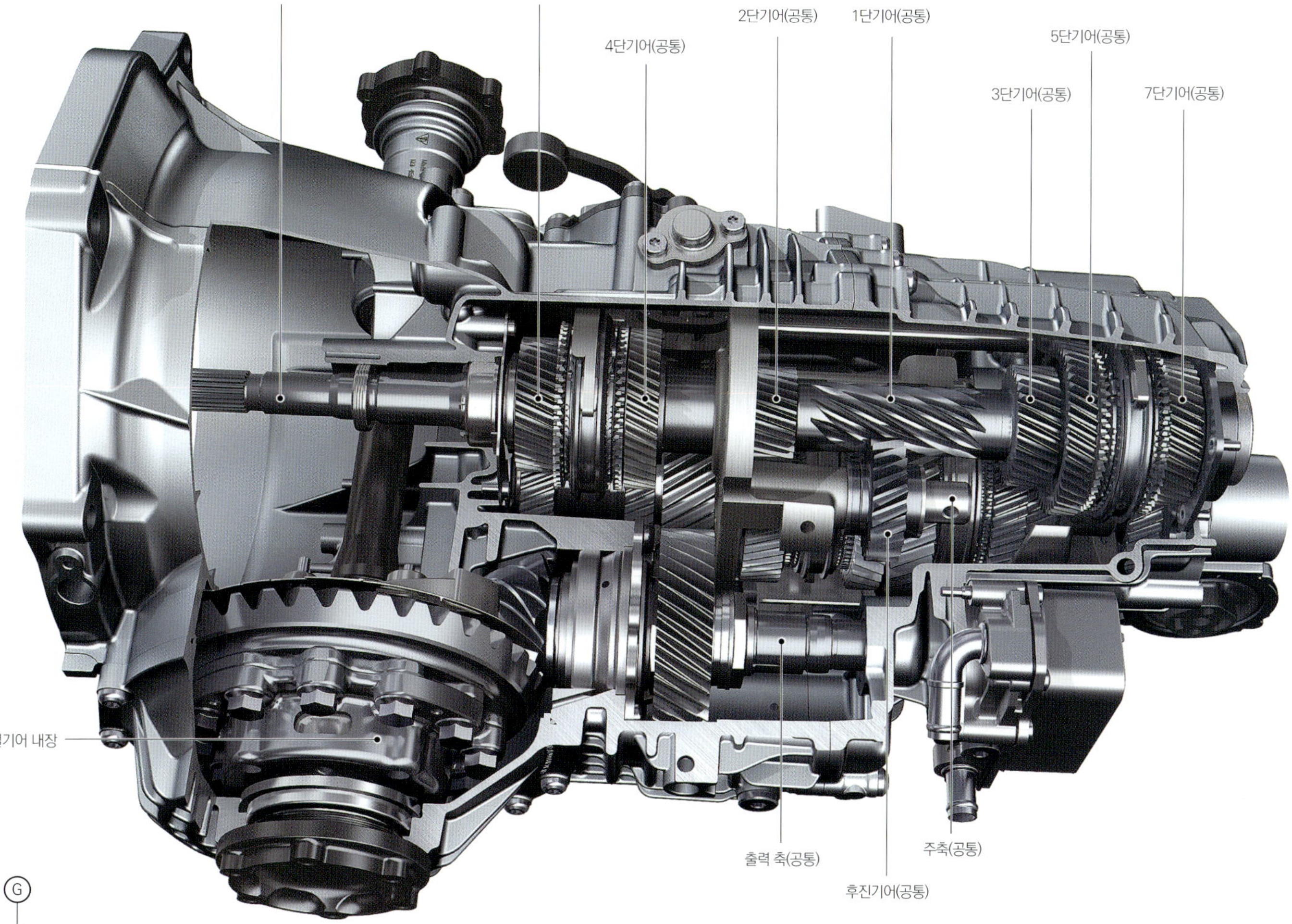

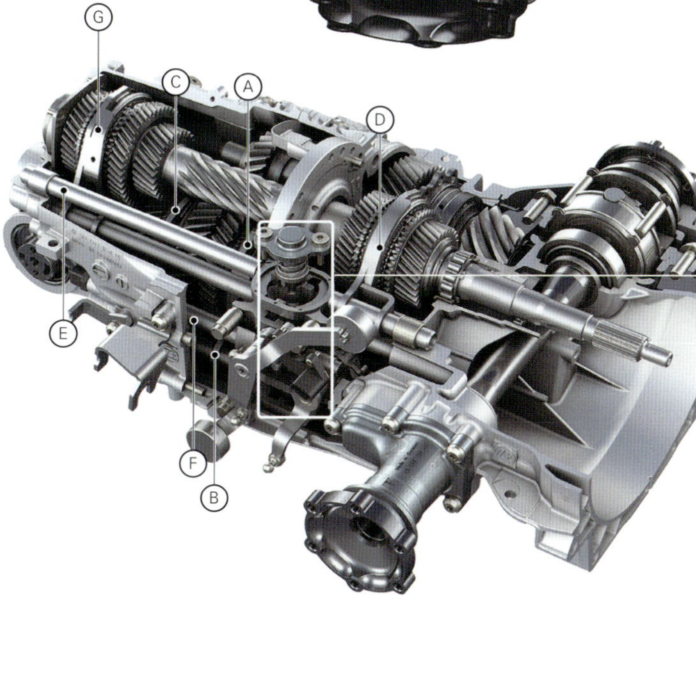

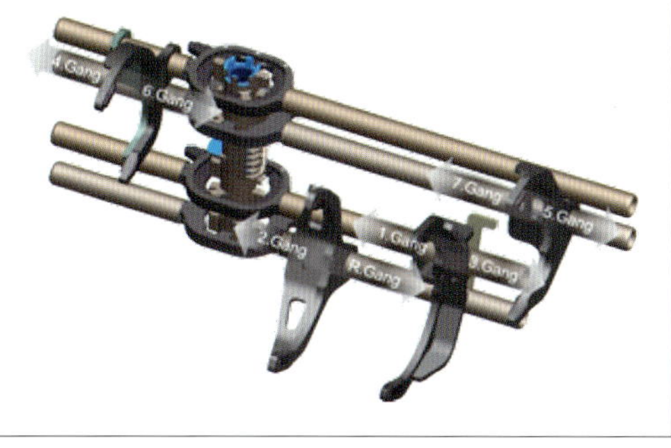

통상적인 FR용 MT는 2단씩 묶어서 축을 배치한 뒤에 축을 선택하는 방식이지만, S7-45에서는 다른 축 상의 기어를 동시에 「넣고」「뺄」필요가 있다. 그 때문에 MEKOSA가 개발되었다.

A : 2단←→후진 전환용 시프트 포크
B : A를 위한 샤프트
C : 1단←→3단 전환용 시프트 포크
D : 4단←→6단 전환용 시프트 포크
E : D를 위한 샤프트
F : C를 위한 샤프트
G : 5단←→7단 전환용 시프트 포크

하드와 소프트의 협조체제

ZF방식의 「협조제어」에 대한 개념

엔진과 AT의 협조제어는 1980년대에 시작된 이후 30년 동안 계속해서 진화해 오고 있다.
협조제어를 하지 않으면, 하드웨어의 가능성을 최대한으로 끌어낼 수가 없기 때문이다.

본문 : 마키노 시게오   그림 : ZF

6HP와 9HP의 변속 프로그램 사례

9단 변속기는 1~4단이 4.70/2.84/1.90/1.38 순이다. 5단이 직결이고 6~9단은 0.80/0.70/0.58/0.48 순의 4단 오버 드라이브. 각 단의 변속비 차이는 1→2단부터 순서대로 1.65/1.49/1.38/1.24/1.16/1.21/1.21로서, 높은 기어로 갈수록 완만하게 감소한다. 실제 어떤 변속프로그램으로 하느냐는 탑재차종에 따라 달라서 일본사양의 지프 체로키 같은 경우는 자동모드로 두면 100km/h에서는 9단이 들어가지 않는다. 엔진의 여유구동력과 차속과의 연계 때문이다.

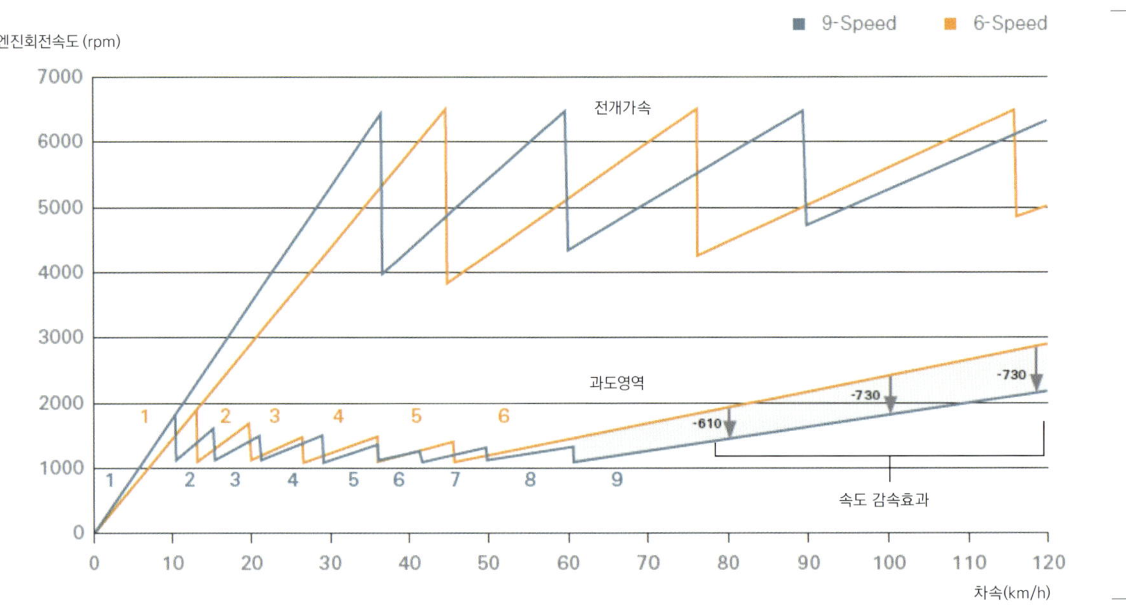

상단 그래프는 ZF제품인 9단AT(9HP. 가로배치 변속기)와 이전의 6단AT(6HP. 세로배치)와의 변속프로그램을 비교한 것이다. 양쪽 모두 유성기어(플래니터리 기어) 세트를 이용하는 유단AT로서, 전개(全開)가속에서 상향 변속할 때는 9단이나 6단 모두 「엔진회전속도 하락」은 거의 비슷하다. 과도영역(부분부하)에서도 큰 차이는 없다. 차이가 있는 것은 속도가 올라간 다음의 엔진회전속도로, 9단은 6단보다 낮은 회전속도에서 「어느 속도」를 유지할 수 있다.

변속할 때 AT내부에서 이루어지는 것은 기어를 다시 잡는 것이다. 중심에 있는 선 기어, 그 주위로 여러 개(일반적으로는 3~5개)가 배치된 플래니트 기어, 바깥쪽에 위치해 전체를 감싸는 원형모양이 링 기어 3요소로 구성되는 유성기어 세트는 이 중에서 어느 한 쪽의 움직임을 멈추게 함으로서 「전진2단」변속과 「역전」이 이루어진다. 즉 1세트로 전진2단·후진1단의 변속기가 된다. 움직임을 멈추게 하는 장치는 대부분

의 경우 습식다판 클러치이다. 그 기능에 맞춰 「클러치」라고 부르는 경우와 「브레이크」라고 부르는 경우가 있지만, 이 습식다판 클러치는 체결요소라 불리며 유성기어 세트를 사용하는 AT에서는 필수이다.

엔진회전속도를 일정하게 유지한 상태에서 변속비만 약간 바꾸어 연속적으로 가속을 할 수 있는 것이 CVT(Continuously Variable Transmission)이다. 유단AT는 기어마다 변속기가 CVT처럼 초다단(超多段, 엄밀하게 말하면 토로이달(toroidal) 형식 이외의 CVT는 연속 무단계 변속은 안 되고 실제로는 250단 같은 초다단 제어이다)이기 때문에 엔진회전속도까지 합쳐 기어를 바꾸어 연결한다. 운전자는 일정하게 가속 페달을 밟더라도 엔진은 AT용 ECU(컴퓨터)로부터의 지시를 바탕으로 세밀하게 회전속도(또는 토크)를 제어한다. 이것이 엔진과 변속기의 협조제어이다. 옛날에는 기계식 거버너가 이 역할을 담당했지만 현재는 어떤 상황에서 변속하더라도 ECU가 지시를 내린다. 미

묘한 압력조정을 신속하게 할 수 있는 유압장치의 등장이 이것을 가능하게 했다.

ZF는 1990년대에 상용차량용 AMT에 협조제어를 처음 도입했다. 현재의 가로배치용 9HP나 세로배치용 8HP 모두 기본 개념은 AMT에 있다. 변속할 때는 그때까지 연결되었던 체결요소를 「분리」하는 것과 다른 체결요소를 「연결」하는 작업이 거의 동시에 이루어진다. 체결되는 동작은 모두 유압으로 이루어지기 때문에 ECU는 어떤 식으로 유압을 공급하고 어떤 식으로 차단할지에 대한 지령을 내린다. 이때 엔진 쪽이 아주 짧은 순간만 출력을 줄여서 상황이 좋아진다면 엔진에는 그런 지시를 내린다. 초기 엔진과 변속기의 협조제어는 이 정도로만 진행되었다.

현재는 더 복잡하다. 엔진회전속도뿐만 아니라 스티어링의 조향각도, 차량속도, 각 바퀴의 회전속도, 차량자세의 변화(요 레이트) 같은 정보가 변속과 관련을 맺는다. 예를 들면 「지금 커브를 돌고 있는 중인데다

가 자세도 안정되지 않았으니까 변속하지 말라」는 요구가 차량전체를 감시하는 ECU로부터 변속기ECU로 보내지면 변속기는 맘대로 움직이지 않는다.

ZF의 AT는 엔진회전속도와 발생토크(반드시 정확한 것은 아니지만)의 시간당 변화량으로부터 운전자의 가감속 동작을 측정해 체결요소를 바꿔서 연결하는 준「분리」하기 위한 체결요소이다. 1~4단까지는 양쪽 체결, 5~9단에서는 한 쪽만 체결한다. 그 때문에 4→5단과 5→4단으로 변속할 때 충격이 커지는데 이것도 협조제어로 대응하고 있다. 사용차량용 AMT에서 도그 클러치를 사용했던 경험을 바탕으로 다른 업체는 절대로 사용하지 않을 것 같은 도그 클러치를 9HP에서 사

기본기능을 담당하는 소프트웨어를 정확하게 만들던지, 아니면 기본 소프트는 최소한으로 억제시키고 기능추가 분량을 소프트웨어 모듈로 필요한 만큼만 추가하던지, 외판용 변속기는 이 두 가지 방법 중 한 가지이다. 근래에는 타행정지나 기통휴지 등과 같이 엔진 쪽이 다양하게 작동하기 때문에 그에 대응하는 소

9HP의 내부구성

A : 1차 유성기어 내에 클러치
B : 1차 유성기어 내에 도그 클러치
C : 4차 유성기어 내에 도그 클러치
D : 브레이크
E : 브레이크
F : 클러치
G : 유압회로와 제어밸브

비를 한다. 엔진으로부터 「변속OK」라는 지시가 떨어지는 즉시 변속을 한다. 이 제어는 가로배치 6HP부터 도입되었다. 이때 감시해야 할 「실제 토크」는 에어컨의 컴프레서 작동이나 올터네이터 부하에 따라 바뀌지만, 엔진ECU는 순간마다 실제 토크를 계산함으로서 그것을 보증해 변속기로 보낸다. 엔진이 보내는 정보의 정확도가 의문시되는 것이 현재의 협조제어이다.

또한 ABS/ESC(차량자세제어) 시스템의 정보를 변속에 이용할지 어떨지는 자동차 업체가 판단한다. 「이런 상황에서는 변속조작보다도 브레이크를 우선한다」는 식으로 원칙을 세우는 것이다. 마찬가지로 모든 제어동작을 차량전체를 감시하는 ECU가 중앙에서 집중관리할지 아니면 변속기나 EPS(전동 파워 스티어링)에는 어느 정도 개별적인 제어권한을 부여할지(로컬제어)에 대한 판단도 자동차 업체 쪽에 있다.

9HP의 기계적 특징은 두 개의 도그 클러치를 갖고 있다는 점이다. 이것은 유성기어 세트 자체를 「연결」

용한 것이다. 하지만 ZF제품의 9HP가 탑재된 모델이라도, 예를 들면 크라이슬러의 지프 체로키와 랜드로버의 레인지로버 이보크에서는 변속 타이밍이나 제어 모두 미묘하게 다르다. 엔진의 토크특성이나 변속시간, 변속 타이밍 같은 영역은 자동차 업체가 설정하는 것이다.

예전의 상용차량용 AMT는 각 기어의 싱크로(Synchro)에 장착하는 액추에이터의 고장률이 「기어 단수의 곱셈」이 되는 것을 꺼려했던 결과로 도그 클러치를 사용했지만, 9HP에서는 소형화가 목적이다. 거친 도그 클러치를 「연결」「분리」하라는 지령은 엔진과의 협조제어이기 때문에 9HP 쪽은 어떠한 지령에도 대응할 수 있는 자세가 요구된다. 그 때문에 9HP가 가진 제어 소프트웨어는 모듈로 구성되어 있다. 자동차 업체가 자체적으로 만들지 않은 외판용 변속기는 어떤 엔진이나 어떤 제어를 희망하더라도 대응할 수 있어야 하기 때문에 ZF는 이전부터 모듈구성을 취하고 있다.

프트웨어를 추가하고 있지만, ZF는 플러그인 모듈화된 소프트웨어로 대응한다.

예를 들면 V6 엔진의 한 쪽 뱅크가 쉬었다가 다시 작동할 때 어떤 토크특성을 보이느냐에 따라 변속기 쪽 제어도 달라진다. 변속기 입장에서 보면 점화·연소는 쉬더라도 피스톤은 움직이기 때문에 복귀 순간의 최대토크와 진동을 완화시키는 제어가 요구된다. 앞으로 직렬4기통 엔진의 2기통 휴지를 크랭크샤프트를 분할시켜 할 경우, 변속기 쪽은 더욱 치밀하게 제어될 것이다.

승용차용 유단AT에 협조제어가 이루어지기 시작한 이후 10년이 지나는 동안 유압시스템과 소프트웨어는 항상 진화해 왔다. 6HP 시절에도 제1세대와 제2세대 사이에는 큰 진화가 있었다. 9HP는 더 빠른 속도로 진화의 길을 걸을 것이다.

Getrag

| 게트락 | 🇩🇪 독일 |

MT를 전문으로 하면서 DCT까지 생산하는 독일의 전문기업

Getrag은 세로배치/가로배치 MT 외에 POWERSHIFT라 하는 새로운 DCT 시리즈를 갖고 있다.
이것도 세로/가로를 갖추고 있다.

6DCT250의 최대 특징은 클러치와 변속동작을 전동화한 것이다. 클러치 동작용으로 2개의 브러시리스 모터를 사용하고, 변속을 위한 시프트 포크를 움직이기 위해 2개의 모터를 사용한다. 모터 회전력이 기어에 의해 감속되면서 두 개의 시프트 드럼에 전달된다. 전동화 때문에 모터 4개가 필요하게 됐지만 유압펌프와 밸브 보디가 필요 없어졌다.

6DCT250
(POWERSHIFT)

르노, 포드 등이 사용

소배기량용 6단DCT

가로배치 POWERSHIFT의 소형용량 기종으로, 르노와 포드 등이 사용한다. 르노에서는 EDC라고 부른다. 변속 소요 시간은 290ms초. 토크용량이 크지 않기 때문에 클러치는 건식으로, 동일한 지름의 클러치가 세로로 배치되어 있다. 축은 안으로 들어가는 형태의 구조를 하고 있다. 건식 클러치는 셰플러제품(LuK제품)이다. 토크용량은 240~280Nm. 중량은 71~75kg. 전동 액추에이터를 사용하기 때문에 유량은 1.7~1.9ℓ로 상당히 작다. 차기모델인 7DCT300은 7단에 습식클러치 방식이 될 것 같다.

Specifications [6DCT250]

발진장치		건식단판 클러치
기어 단수		전진6단 / 후진1단
토크용량		250Nm
기어비	1단	3.916
	2단	2.428
	3단	1.435
	4단	1.021
	5단	0.866
	6단	0.702
	후진	3.507
종감속 기어비		1차3.950 2차4.388
상대변속비(총 변속비폭)		5.58

(르노 클리오)

6DCT450/451
(POWERSHIFT)

3축으로 구성된 6단DCT
유압에 의한 변속

Application Ford Focus, Ford C-Max

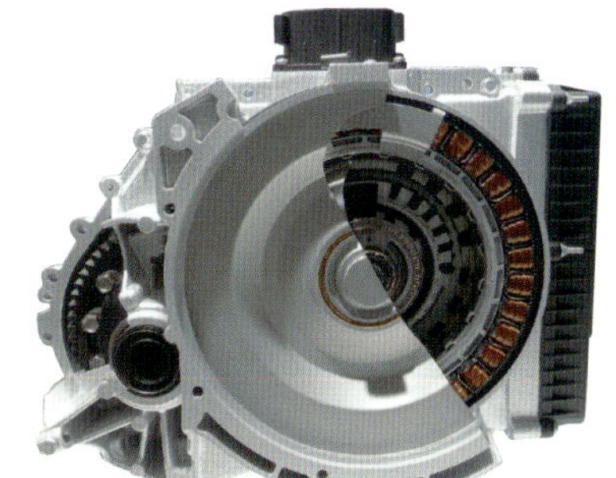

6/7HDCT451이라고 하는 모터를 장착한 하이브리드용 6/7단 DCT도 개발 중으로, CO_2 배출량을 10% 절감할 수 있다고 한다.

포드 포커스 등이 사용하는 Getrag의 대용량 가로배치 DCT가 6DC450이다. 토크용량이 약간 큰 6DC470도 제품화되었지만 현재는 6DCT450으로 일원화되었다. 습식 듀얼 클러치를 사용하는데 전동이 아니라 유압 액추에이터로 변속한다. 디젤에도 대응가능. 토크용량 450Nm에 무게는 81kg(듀얼 매스 댐퍼 미포함), 전장은 397.7mm이다. 4WD에도 대응하고 있다.

Specifications [6DCT451]

발진장치	습식다판 클러치	
기어 단수	전진6단 / 후진1단	
토크용량	450Nm	
기어비	1단	3.917
	2단	2.429
	3단	1.436
	4단	1.021
	5단	0.867
	6단	0.702
	후진	3.507
종감속 기어비	1차3.850	2차4.278
상대변속(총 변속비폭)	5.58	

(포드 포커스)

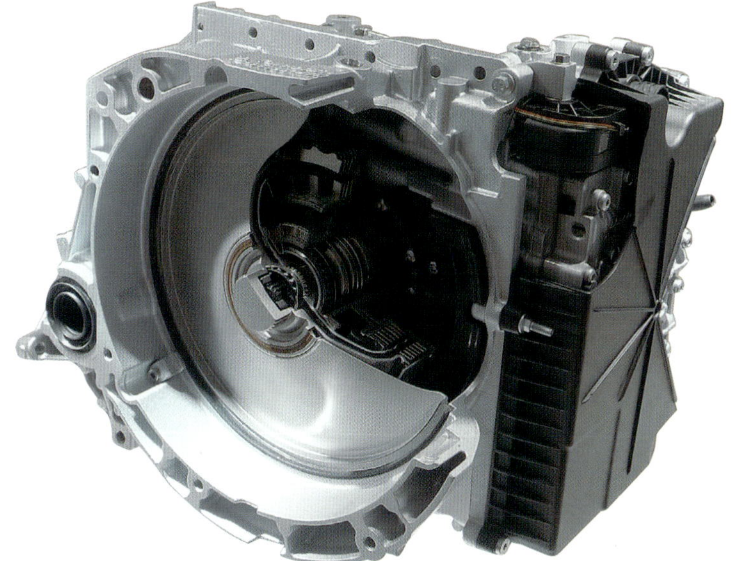

450Nm이나 되는 큰 토크에 대응하기 위해 건식이 아니라 습식 클러치를 사용한다. DC5000이라고 하는 습식 듀얼 클러치의 무게는 9kg. 외경은 254mm.

7000rpm의 고속회전 엔진까지도 대응이 가능. 미쓰비시 랜서 에볼루션 X의 트윈 클러치 SST도 이 6DCT451을 바탕으로 만들어졌다. 6DCT250과 똑같이 3축으로 구성되어 있다. 변속은 전동이 아니라 유압으로 한다.

7DCI700

(POWERSHIFT)

W-CLT

FL

BMW M3/M5에 탑재

가로배치 7단DCT

| Application | | BMW M3/M5 |

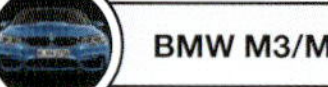

BMW M3나 M5 같은 스포츠카에 사용되는 세로배치 DCT가 7DCI700으로, 큰 토크에 대응할 수 있다. 이전 기종은 토크용량이 600Nm인 7DCI600이었다(BMW M3가 채택). DC는 듀얼 클러치, I는 Inline(직렬)을 뜻한다. 2조의 클러치는 동심원 상의 안팎으로 배치되며, 입력 축(이너와 아우터)과 카운터샤프트 3축으로 구성된다. 5단이 직결이고 6/7단이 오버 드라이브이다(7DCI600은 7단이 직결이었다).

Specifications [7DCI700]

발진장치	습식다판 클러치	
기어 단수	전진7단 / 후진1단	
토크용량	700Nm	
기어비	1단	4.806
	2단	2.593
	3단	1.701
	4단	1.277
	5단	1.000
	6단	0.844
	7단	0.671
	후진	3.727
종감속 기어비	3.462	
상대변속비(총 변속비폭)	7.16	

(BMW M3)

Left
side

Right
side

습식 동축(同軸) 듀얼 클러치. 변속이나 클러치 모두 유압구동 방식이다. 토크 용량은 700Nm. 무게는 78~82kg. 전장이 660~678mm. 1~3단이 더블 콘 싱크로, 4~7단이 싱글 콘 싱크로. 오일량은 7.8 ℓ 이다.

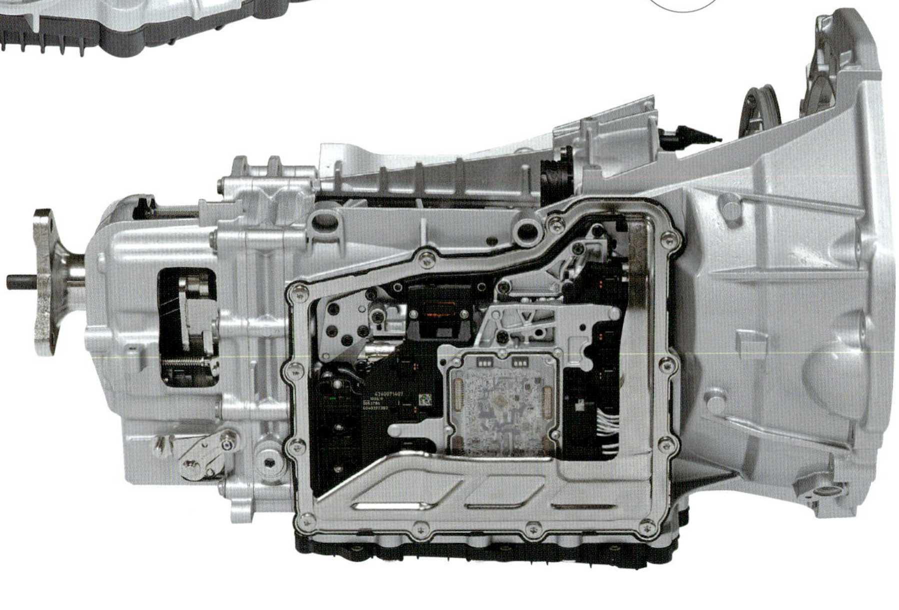

7DCL750
(POWERSHIFT)

페라리 456 이탈리아에 탑재
트랜스액슬에도 대응

Application — Ferrari 458 Italia, Carifornia T

페라리 458 이탈리아, 캘리포이나T의 변속기는 이 7DCL750을 바탕으로 만들어졌다. DCL의 L은 Longitudinal(세로배치)의 두문자이다. 페라리는 F1 기어박스라고 부른다. 1차(입력) 샤프트는 안쪽이 홀수 기어, 바깥쪽이 짝수 기어이다. 여기서부터 세컨더리(카운터) 샤프트1로 전달되고 계속해서 전방으로 출력을 되돌리기 위한 세컨더리 샤프트2로 디퍼렌셜 기어를 구동한다. 이로서 4축이 된다. 전장을 단축시키기 위해 세컨더리 샤프트를 2개로 분할했기 때문에 5축이나 되는 복잡한 구성을 하고 있다.

Specifications [7DCL750]

발진장치	습식다판 클러치	
기어 단수	전진7단 / 후진1단	
토크용량	750Nm	
기어비	1단	3.08
	2단	2.19
	3단	1.63
	4단	1.29
	5단	1.03
	6단	0.84
	7단	0.69
	후진	NA
종감속 기어비	5.14	
상대변속비(총 변속비폭)	4.46	

(페라리 458 이탈리아)

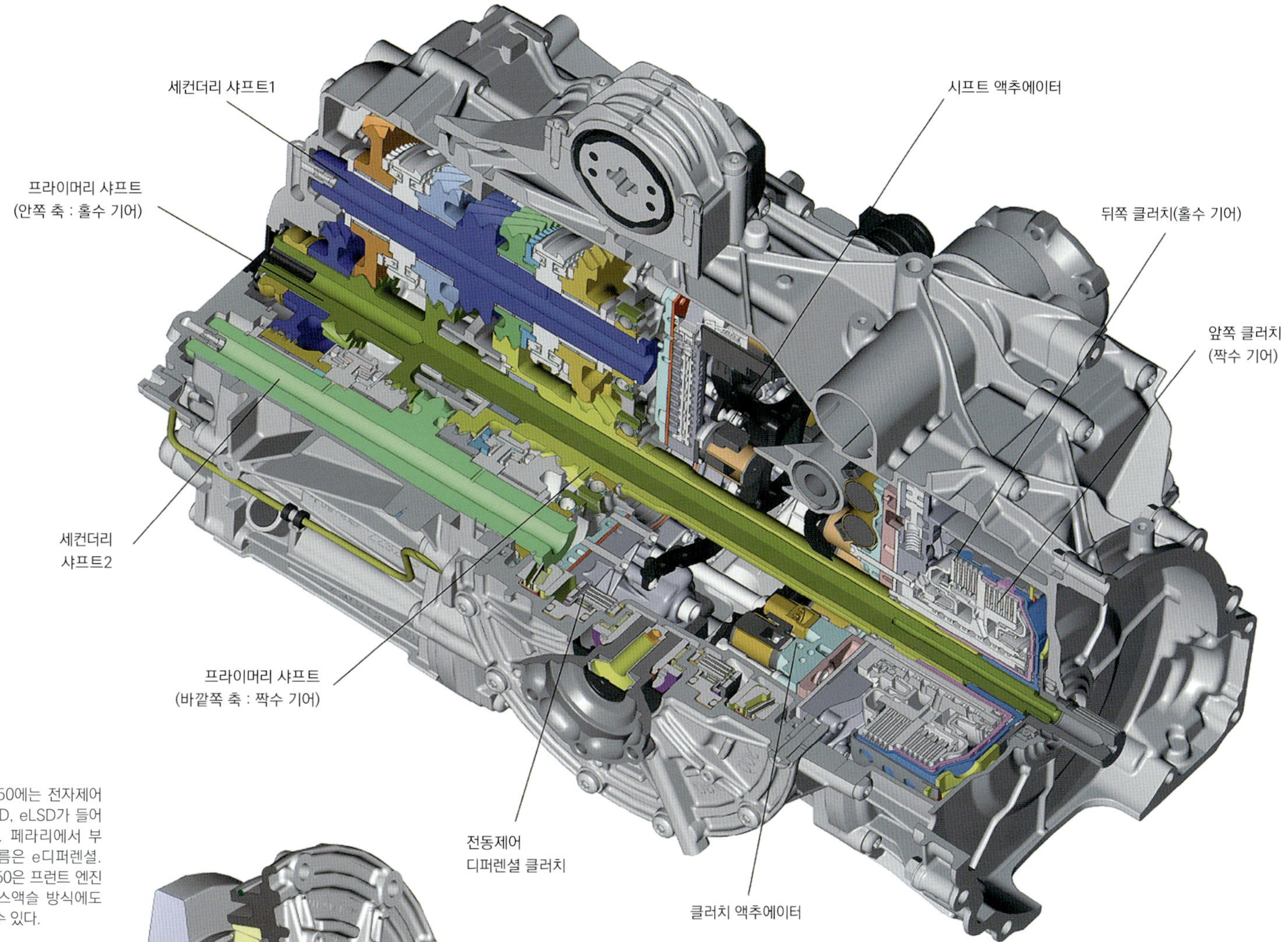

7DCL750에는 전자제어 방식 LSD, eLSD가 들어가 있다. 페라리에서 부르는 이름은 e디퍼렌셜. 7DCL750은 프런트 엔진의 트랜스액슬 방식에도 대응할 수 있다.

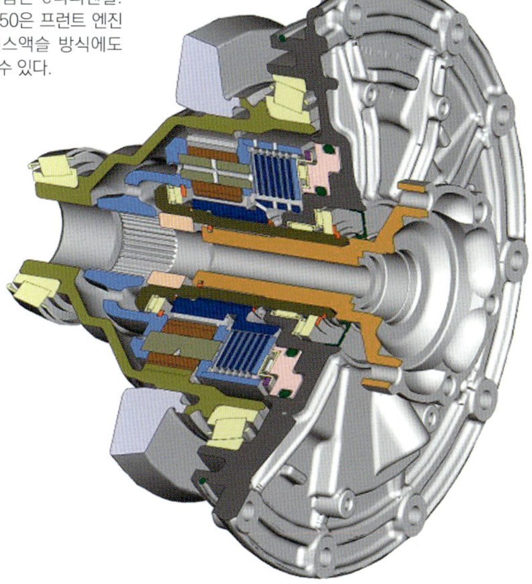

토크용량은 750Nm. 최고 회전속도는 9500rpm. 건조중량은 128~133kg. 전장은 695~880mm. 1~7단까지 트리플 콘 싱크로이다. 메르세데스 벤츠 SLS AMG의 변속기도 7DCL750이 토대이다.

Aichikikai

| 아이치기카이 | 🇯🇵 일본 |

주로 닛산 차량에 탑재하는 수동변속기 전문기업

FR 스포츠카를 생산하는 닛산. 그 MT를 만드는 곳이 아이치기계공업이다.
아이치의 MT 제품들 중에서 특징이 서로 다른 2가지 기종에 대해 살펴보겠다.

Specifications [R31A]

발진장치	토크 컨버터			
기어 단수	전진6단 / 후진1단			
토크용량	?			
기어비	1단	3.794	5단	1.000
	2단	2.324	6단	0.794
	3단	1.624	후진	3.446
	4단	1.271		
총감속 기어비	3.08			
상대변속비(총 변속비폭)	6.05			

(렉서스 RC)

클러치 페달에 설치된 스위치로 페달조작을 감지하고 변속위치 센서에서 오는 정보와 묶어서 엔진 회전속도를 제어한다. 기존에 요구되었던 힐&토 같은 복잡한 조작 없이 부드럽게 하향변속을 할 수 있다.

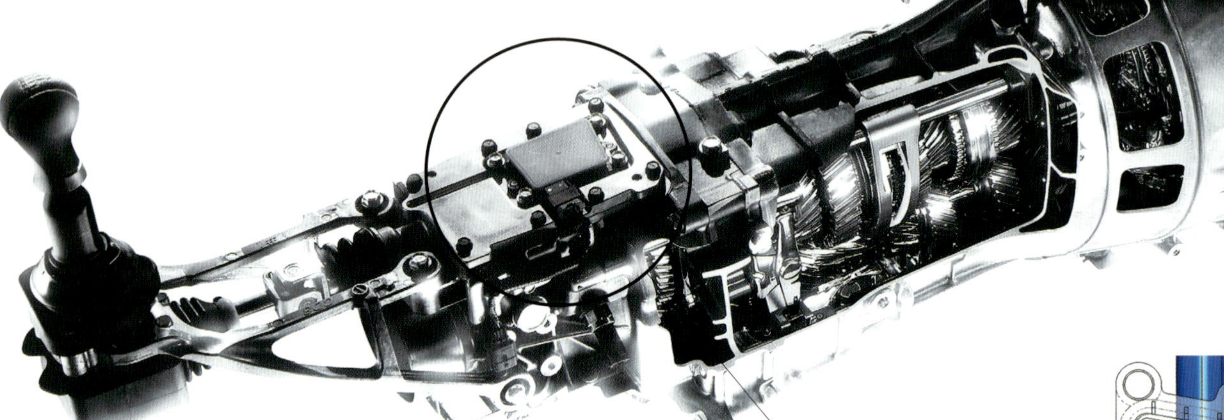

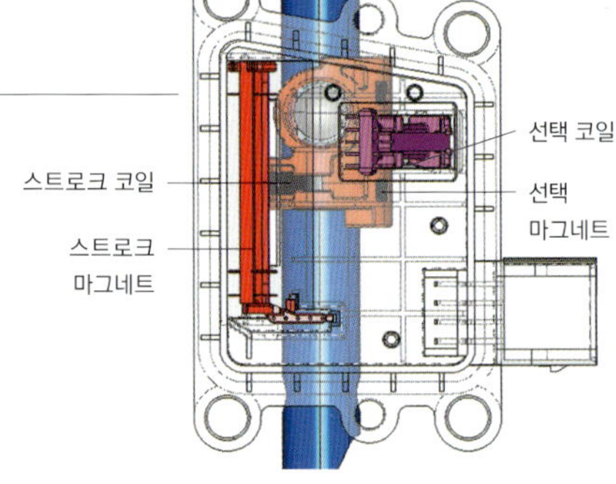

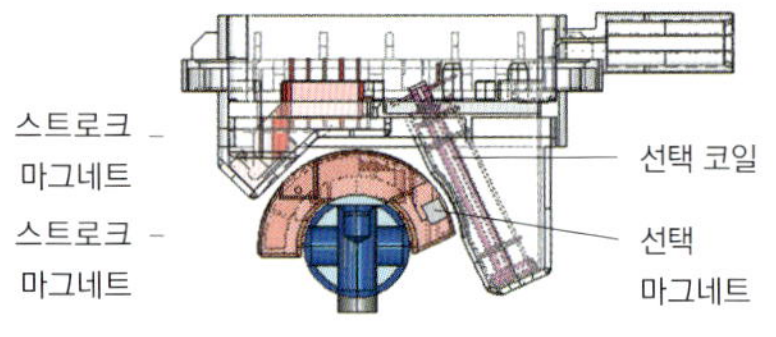

6 MT

D-CLT

FL

R31A

회전동기 기구를 갖춘

스포츠 변속기

Application Nissan FAIRLADY Z, SKYLINE COUPE etc.

축간거리는 85mm. 220~450Nm을 소화한다. 2007년 6월에 일부를 개량해 닛산 스카이라인 쿠페에 탑재하고 있다. 이후 2008년 12월에 Z34형 페어레이디Z에 탑재하기 시작된 모델부터는 선대 Z33형과 기본설계는 동일하면서 마찰손실 저감이나 각 부분을 가볍게 하는 등의 최적화를 통해 세계 최초로 하향변속할 때 엔진회전속도를 자동적으로 동기(同期)시키는 싱크로 회전제어 기능이 들어갔다.

GR6

GT-R의 성능을 최대로 끌어내는 DCT

닛산GT-R의 등장에 맞춰 전용으로 만들어진 변속기로, 2007년 10월에 생산을 시작했다. VR38DETT의 뛰어난 응답성을 살리기 위해 DCT로만 설정하고, 더 나아가 스티어링 컬럼의 패들 시프트로만 수동조작하게 했다. 축간거리는 85mm, 최대허용 토크용량은 588Nm. 습식다판 듀얼 클러치는 보르그 워너 제품이다. 토크 튜브를 매개로 차량실내 후방에 배치되는, 소위 말하는 트랜스 액슬 구조배치를 하고 있다.

Specifications [GR6]

발진장치	습식다판 클러치	
기어 단수	전진6단 / 후진1단	
토크용량	588Nm	
기어비	1단	4.056
	2단	2.301
	3단	1.595
	4단	1.248
	5단	1.001
	6단	0.796
	후진	3.383
종감속 기어비	3.700	
상대변속비(총 변속비폭)	5.10	

(닛산 GT-R)

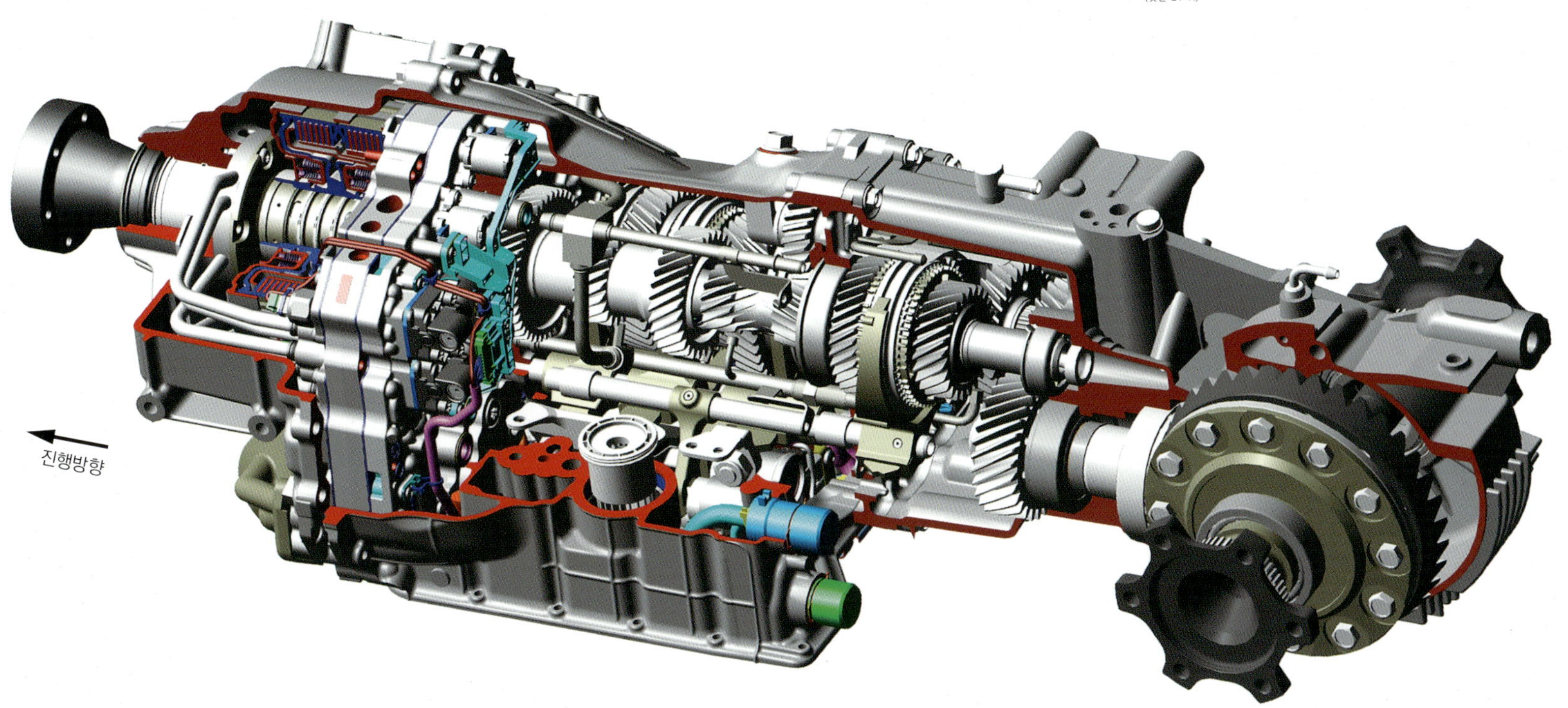

GR6의 기어트레인 구조배치 모습으로, 우측이 진행방향이다. 위쪽이 입력 측 프라이머리, 아래쪽이 출력 측 세컨더리로, 짝수기어가 아우터 샤프트(전방), 홀수기어+후진이 이너 샤프트(후방) 배치로 되어 있다.

듀얼 클러치 어셈블리. 좌측이 진행방향으로, 전방에 홀수기어, 뒤쪽에 짝수기어 클러치 세트가 배치되어 있다. 클러치/마찰 플레이트는 각각 6세트씩이다. 가장 빠를 때는 0.2초 내에 기어변속이 가능(R레인지).

TREMEC

| 트레멕 | 미국 |

미국 자동차의 수동변속기를 전적으로 생산하는 전문기업

보르그 워너의 MT를 독립적으로 제조하기 위해 만든 트레멕은 MT 전문기업으로,
미국 3대 자동차업체에 광범위하게 수동변속기를 공급한다.

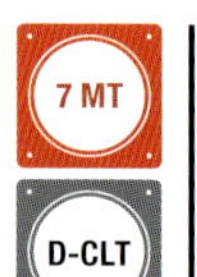

7 MT

 D-CLT

RL

TR-6070

신형 C7 콜벳 전용의

7단 변속기

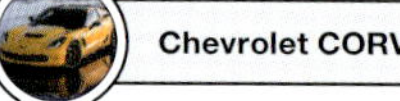

GM 최초의 7단MT는 C7콜벳 전용으로 설계되었다. 표준모델과 고성능판인 Z51용과는 다른 기어비를 채택해 Z51용 MEL에서는 전체적으로 기어비가 낮다. 조합하는 클러치는 이중 형태의 트윈 플레이트. 닛산의 싱크로 회전제어와 유사한, 액티브 레볼루션 매칭이라 불리는 장치는 변속할 때 회전속도를 맞춰주는 장치로서, 표준으로 장착된다. 토크 수용용량은 약 600Nm. 3.8ℓ의 오일을 주입한 상태에서의 무게는 68.8kg이다.

Specifications [TR-6070]

발진장치	건식단판 클러치	
기어 단수	전진7단 / 후진1단	
토크용량	600Nm	
기어비	1단	2.66
	2단	1.78
	3단	1.30
	4단	1.00
	5단	0.74
	6단	0.50
	7단	0.42
	후진	2.53
종감속 기어비	3.42	
상대변속비(총 변속비폭)	6.33	

(Chevrolet CORVETTE)

TR-6060

미국 머슬카에 주로

사용되는 MT

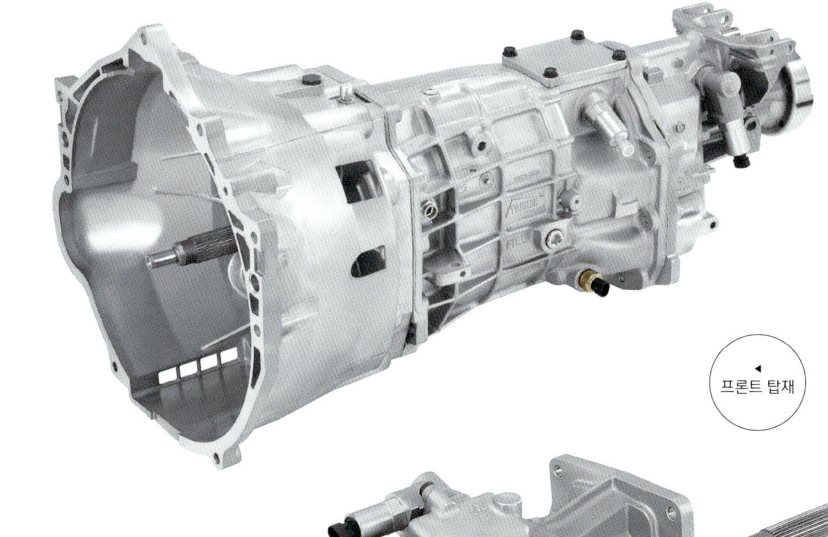

프론트 탑재

GM 카마로나 캐딜락 외에 포드나 클라이슬러의 고성능 차량에도 공급되는, 미국 자동차 중에서 토크가 높은 차량에 주로 사용되는 대표 변속기이다. 폭넓은 차종에 사용하는 만큼 직결 4단 외에 다양한 기어비가 준비되어 있다. 변속 이동거리의 단축과 변속감각의 향상을 위해 모든 기어 세트에 이중 또는 삼중의 카본 싱크로나이저가 사용된다. 시리즈 중 최대로 수용 가능한 토크 용량은 800Nm 이상이다.

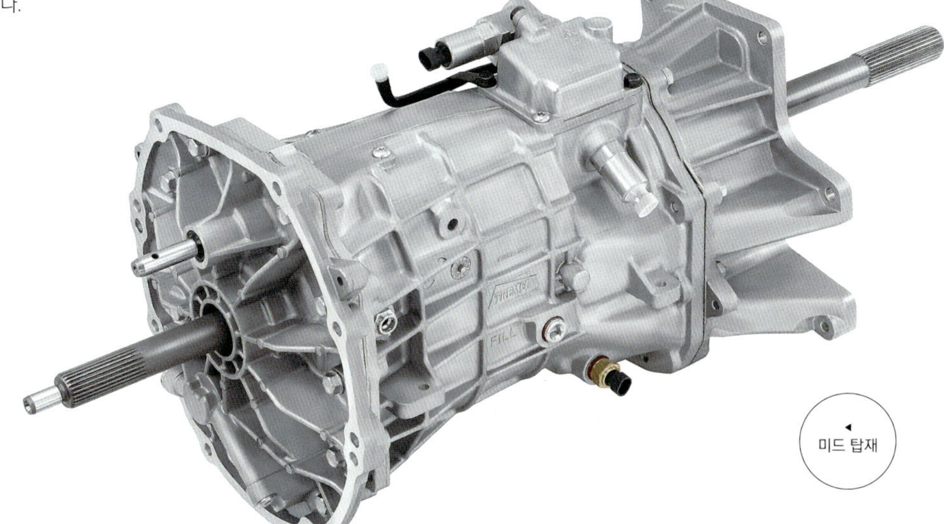

미드 탑재

Specifications [TR-6060]

발진장치	건식단판 클러치		
기어 단수	전진6단 / 후진1단		
토크용량	810Nm		
기어비	1단	3.01	5단	0.84
	2단	2.07	6단	0.57
	3단	1.43	후진	3.28
	4단	1.00		
종감속 기어비	4.57		
상대변속비(총 변속비폭)	3.73		

(Cadillac ATS-V)

Specifications [TR-3160]

발진장치	건식단판 클러치
기어 단수	전진6단 / 후진1단
토크용량	450Nm
기어비	1단	4.12
	2단	2.62
	3단	1.81
	4단	1.30
	5단	1.00
	6단	0.80
	후진	2.53
종감속 기어비	3.27
상대변속비(총 변속비폭)	5.15

(Cadillac ATS)

TR-3160

중형용량 토크에 대응하는

세로배치 MT

트레멕(Transmission Technologies Corporation)은 미국의 MT전문 제작업체로서 승용차용 외에도 상용차, 레이스카용, AMT에 DCT, 클러치나 하이드로릭 시스템 등 폭넓은 구동시스템 부품을 개발, 공급하고 있다. TR-3160은 토크 수용용량 450Nm인 중형급 MT로, 기술적 내용으로 보면 상위 기종인 TR-6060과 거의 동등하다. 중량은 약 50kg으로 가벼운 편이다.

듀얼 클러치의 구조와 단속(斷續) 메커니즘

2개의 MT를 이중으로 조합시킨 것 같은 구조의 DCT, 그 핵심은 제어이다.
애초에는 MT구조 거의 그대로에 유압 액추에이터를 이용했지만,
손실을 줄이고 구조를 최적화하거나 액추에이터를 전동화하기 위한 노력이 진행 중이다.

본문 : 다카하시 잇페이

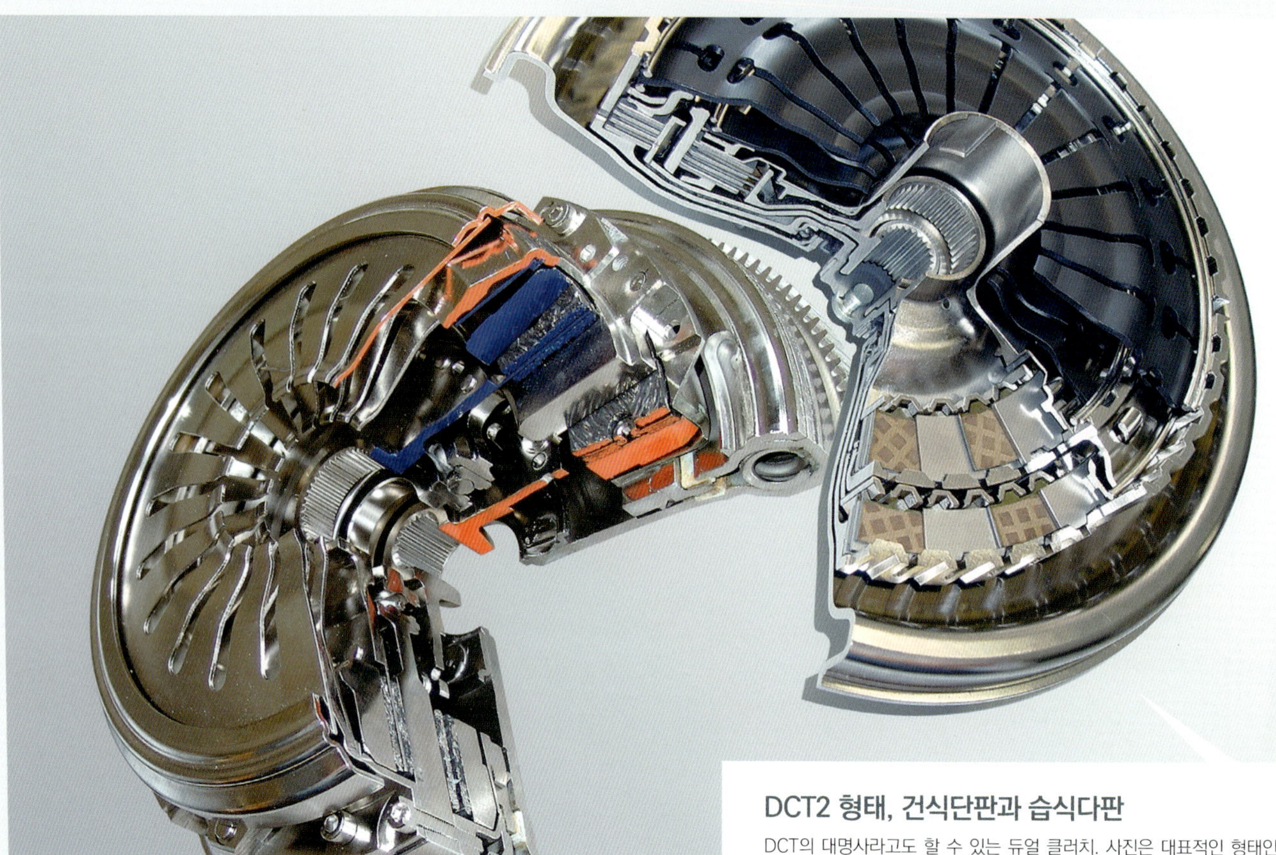

DCT2 형태, 건식단판과 습식다판

DCT의 대명사라고도 할 수 있는 듀얼 클러치. 사진은 대표적인 형태인 건식단판의 종렬배치 구조(왼쪽)와 습식다판의 이경(異徑)삽입(동심원) 구조배치(오른쪽)이다. 한정된 공간에 장착해야 하기 때문에 기본적으로 건식은 종렬, 습식에는 삽입배치 방식을 취한다. 건식보다 습식이 높은 부하를 소화할 수 있지만, 오일을 순환시키기 위한 오일펌프가 필요하다는 점 등, 각각 일장일단이 있기 때문에 요구되는 조건에 따라 구분해서 사용하고 있다.

DCT는 직접적인 느낌 때문에 고성능 차종에 많이 사용되며, 최신의 첨단기술을 투입하는 경우가 많다. 하지만 약간 거칠게 표현하면 기본적인 구조가 MT(또는 AMT)를 두 개 겹쳐놓은 것과 같다. 사실 MT나 AMT와 기술적, 구조적인 유사점이 많다는 점은 DCT가 가진 큰 이점 중 하나이기도 하다.

물론 단순하게 MT 두 개를 연결만 해서는 커지기만 한다. 그래서 채택된 것이 클러치와 입력 축을 이중구조화한 특징적인 구조이다. 이렇게 준비된 2개 분량의 변속 요소를 통해 항상 다음에 필요로 하는(할 것인) 기어를 입력 축에 연결시킨 형태로 대기시킬 수 있게 되었다. MT는 물론 AMT도 갖지 않은, DCT만이 가진 특징이다.

DCT의 어려움은 그에 대한 제어이다. 대기시켜야 하는 기어의 선택 등과 같은 변속 알고리즘도 그렇지만, 개중에서도 중요하고 난이도가 높은 것이 클러치의 제어이다. 예전 80년대에 포르쉐가 DCT의 원형이라고 할 수 있는 장치를 레이싱 카에서 사용했었음에도 불구하고, 일반 자동차용으로 등장하는데 있어서 21세기를 기다려야 했던 이유가 여기에 있었다고 해도 과언이 아니다. 이것은 클러치 제어에 있어서 알기 쉬운 해결책 같은 신기술이 없었던 데서도 엿볼 수 있다. 클러치 제어를 가능하게 했던 것은 액추에이터나 ECU 등의 성능향상이라는 착실한 기술의 발전이다.

물론 DCT 제어는 현재에도 최첨단 기술이고 필요로 하는 노하우가 많기 때문에 셰플러 같은 일부 업체가 큰 점유율을 차지하고 있다. 그리고 AT 외에도 다른 형식의 변속기가 고효율을 추구하는 것 처럼, DCT도 액추에이터의 전동화 등과 같이 MT에게서 물려받은 효율을 더욱 향상시키기 위해 변함없이 진화해 나가고 있다.

폭스바겐 DQ200의 변속 다이어그램

폭스바겐의 FF용 DCT인 DQ200 형식에 사용되고 있는 유압방식 제어장치(우측상단)와 그 제어에 이용되는 센서, 스위치 종류 등의 입력계통과 제어출력 항목을 나타낸 그림(우측). DCT로서는 비교적 초기 제품에 해당하는데, 클러치 제어부터 기어 선택까지 모두 유압이 이용된다. 제어유압은 전동식 펌프를 통해 만들어지며, 안정적인 유압을 확보하기 위해 축압기(어큐뮬레이터)를 갖추고 있다. 클러치와 기어부분에 센서가 많이 있다는 것도 흥미롭다. 근래에는 에너지 손실을 더 줄이기 위해 전동방식의 직동식 액추에이터를 이용하게 되었으며, 센서종류도 일체화되는 경향에 있다.

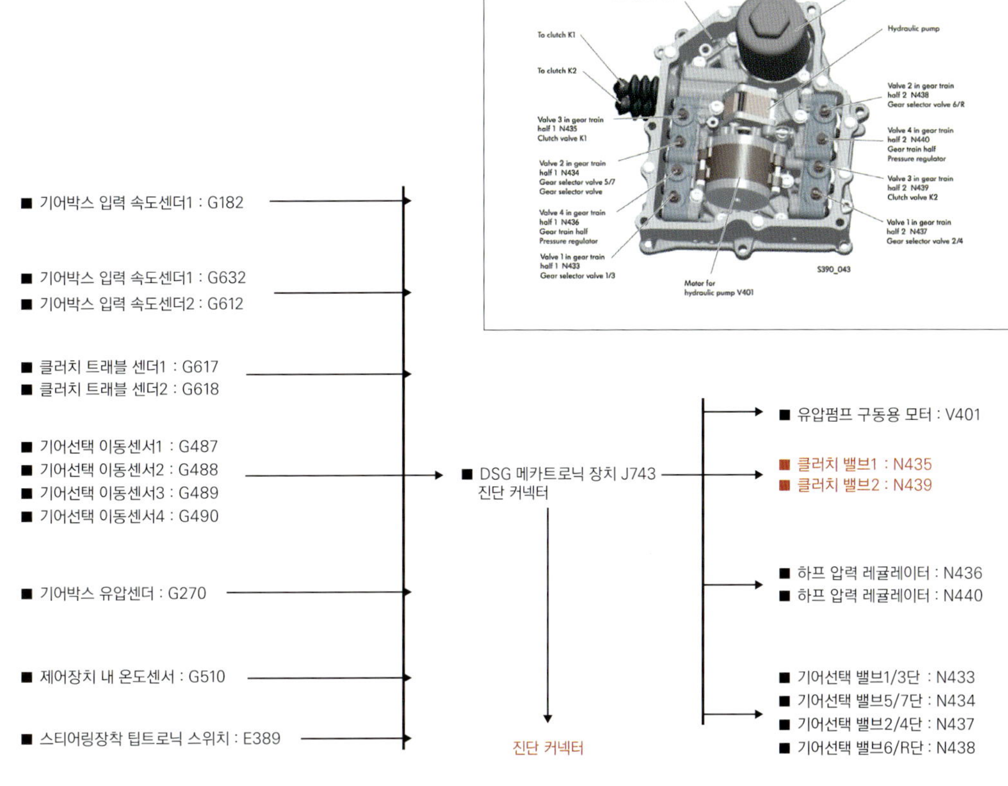

■ 기어박스 입력 속도센더1 : G182

■ 기어박스 입력 속도센더1 : G632
■ 기어박스 입력 속도센더2 : G612

■ 클러치 트래블 센더1 : G617
■ 클러치 트래블 센더2 : G618

■ 기어선택 이동센서1 : G487
■ 기어선택 이동센서2 : G488
■ 기어선택 이동센서3 : G489
■ 기어선택 이동센서4 : G490

■ 기어박스 유압센더 : G270

■ 제어장치 내 온도센서 : G510

■ 스티어링장착 팁트로닉 스위치 : E389

→ DSG 메카트로닉 장치 J743 진단 커넥터

진단 커넥터

→ ■ 유압펌프 구동용 모터 : V401

■ 클러치 밸브1 : N435
■ 클러치 밸브2 : N439

■ 하프 압력 레귤레이터 : N436
■ 하프 압력 레귤레이터 : N440

■ 기어선택 밸브1/3단 : N433
■ 기어선택 밸브5/7단 : N434
■ 기어선택 밸브2/4단 : N437
■ 기어선택 밸브6/R단 : N438

셰플러의 건식 클러치 구조와 작동 사례

당김방식인 건식단판 클러치 2세트를 종렬로 배치한 듀얼 클러치의 상반신 절단 그림. 각각의 클러치 세트에 대응하는 유압식 오퍼레이팅 실린더가 입력 축과 같은 축에 배치된 모습(좌측 실린더가 클러치2, 우측 실린더가 클러치1을 담당) 그리고 각각의 상태를 볼 수 있다. 클러치1에는 클러치 페이싱(Facing)의 마모에 맞춰 스트로크 양을 자동으로 조정하는 장치가 보인다. 이것은 일반적인 MT의 장치와 똑같다. 이렇게 MT에 있는 장치를 그대로 유용하는 것도 DCT의 강점 중 하나이지만, 근래에는 단순한 MT구조의 유용뿐만 아니라 액추에이터 제어를 전제로 구조를 최적화하는 개발도 진행 중이다. 초기 DCT에서는 MT 같은 릴리스 포크를 매개로 액추에이터가 조작했지만, 그림 속의 클러치2처럼 클러치 부분을 직접 실린더로 조작하는 방법이 증가하고 있다. 클러치1에서는 입력 축 중심을 관통하는 당김 로드가 이용된다.

클러치1, 2 분리

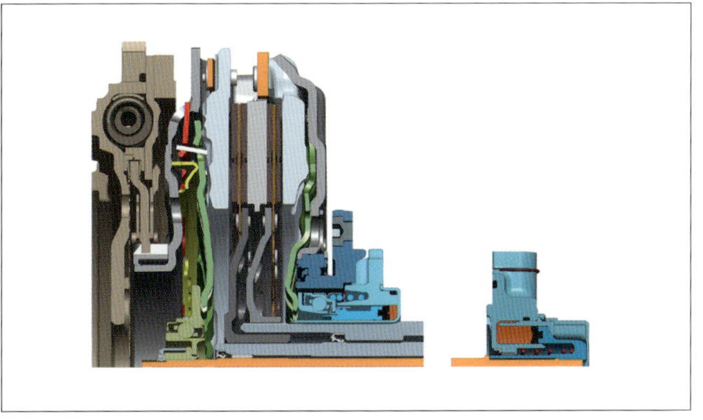

클러치2 분리

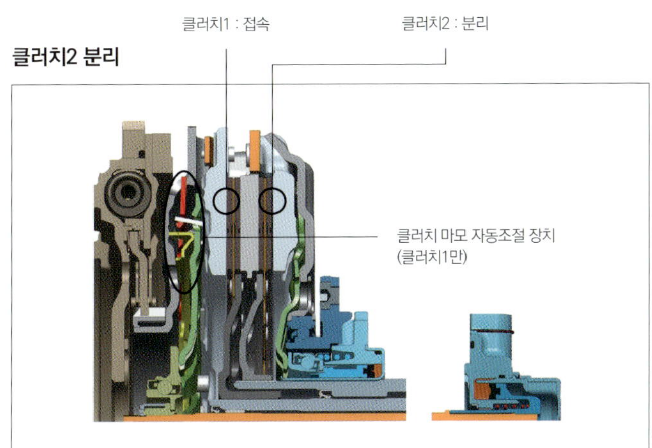

클러치1, 2 접속

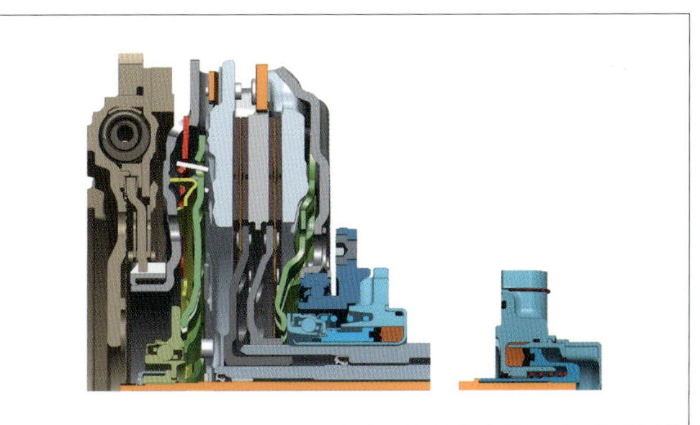

Honda

| 혼다 | 🇯🇵 일본 |

세계 최초로 토크 컨버터를 장착한 DCT 등의 독자성을 자랑

토크 컨버터를 장착한 8단 DCT나 탈 내연기관이라는 개념에 기초한 EVT 등, 독자적인 철학을 보여주는 혼다.
지금까지의 4단 AT를 대신할 경자동차용 신세대 CVT가 등장.

8DCT

TRQ-C

FT

토크 컨버터와 클러치
2세트를 조합

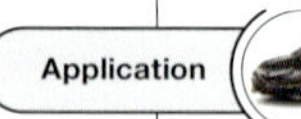

Application　Acura TLX

북미에 판매되는 중형 세단 어큐라 TLX에 탑재되고 있는 8단DCT. 세계 최초로 DCT에 토크 컨버터를 장착해 강력하고 부드러운 출발성능을 구현했다. 일반적인 DCT에 비해 최고 차체가속도에 도달하는 시간이 약 1초 단축되었다. 또한 저관성화(아래사진 해부참조)의 폐로로 인해 발생하는, 기어가 부딪치는 소리의 대책으로 클러치에 트윈 토션 댐퍼를 사용. 메인 샤프트의 회전변동을 58% 줄이는 등, 직접적인 감각은 향상시키고 기어 부딪치는 소음을 제거하는데 성공.

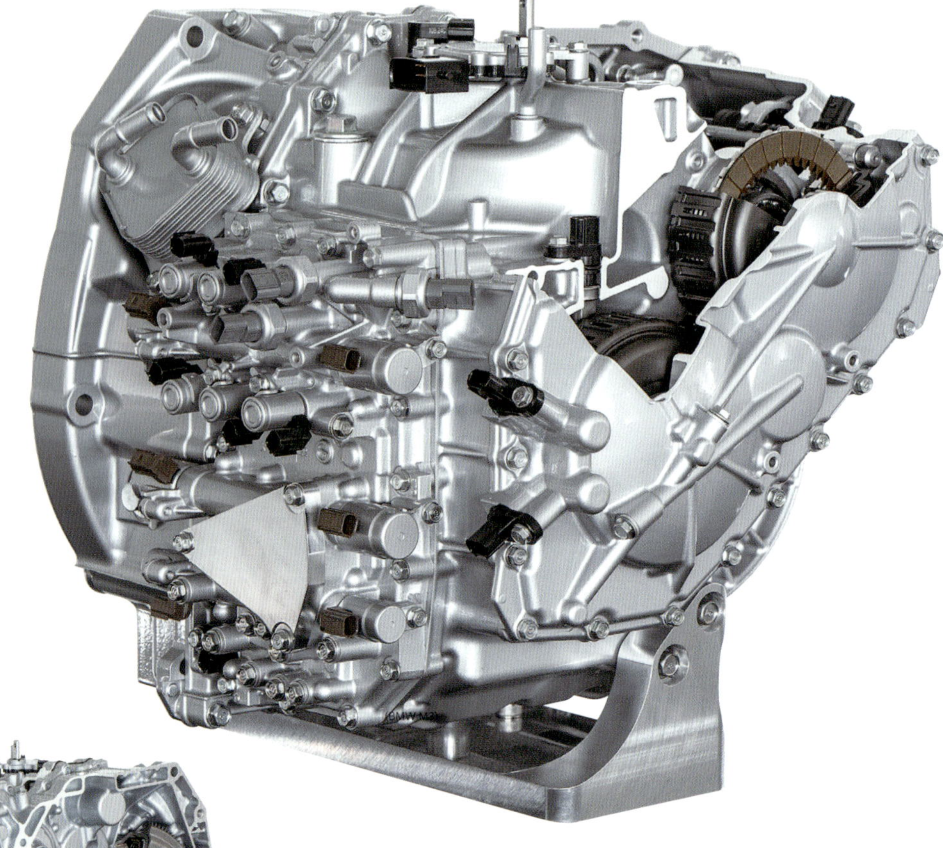

Specifications [어큐라 TLX용 8DCT]

발진장치	토크 컨버터
기어 단수	전진8단 / 후진1단
토크용량	미공개
기어비	1단　3.08
	2단　2.18
	3단　1.61
	4단　1.22
	5단　0.96
	6단　0.74
	7단　0.62
	8단　0.48
	후진　2.22
종감속 기어비	3.42
상대변속비(총 변속비폭)	6.33

(어큐라 TLX)

▲
Another
angle

DCT에서 일반적인 직렬(Tandem) 클러치가 아니라 지름이 작은 싱글 클러치를 각 축에 배치해 관성을 낮춤으로서 신속한 변속을 실현하고 있다. 좌측상단 사진(소)은 토크 컨버터 쪽에서 본 모습.

i-DCD

양산차량에 장착되는

DCT+전동모터의 야심작

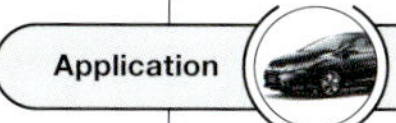

모터와 DCT를 조합시켜 HEV용으로 만드는, 혼다이기에 가능한 독특한 시스템. 가장 큰 특징은 7단 기어세트 중에서 1단이 유성기어로 되어 있어서 모터출력(회생력)을 다른 기어세트에 자유롭게 배분할 수 있다는 점이다. 동기 모터의 특성을 살려 모터 출력을 회전속도 제어와 함께 묶어서 고효율화를 겨냥하고 있다. 이로 인해 큰 모터를 사용하지 않고도 변속기 쪽에서의 증폭을 통해 충분한 토크를 얻을 수 있다.

Specifications [i-DCD]

발진장치	건식단판 클러치	
기어 단수	전진7단 / 후진1단	
토크용량	미공개	
기어비	1단	4.148
	2단	2.007
	3단	1.481
	4단	1.098
	5단	0.810
	6단	0.605
	7단	0.446
	후진	3.211
총감속 기어비	4.842	
상대변속비(총 변속비폭)	9.300	

(혼다 그레이스)

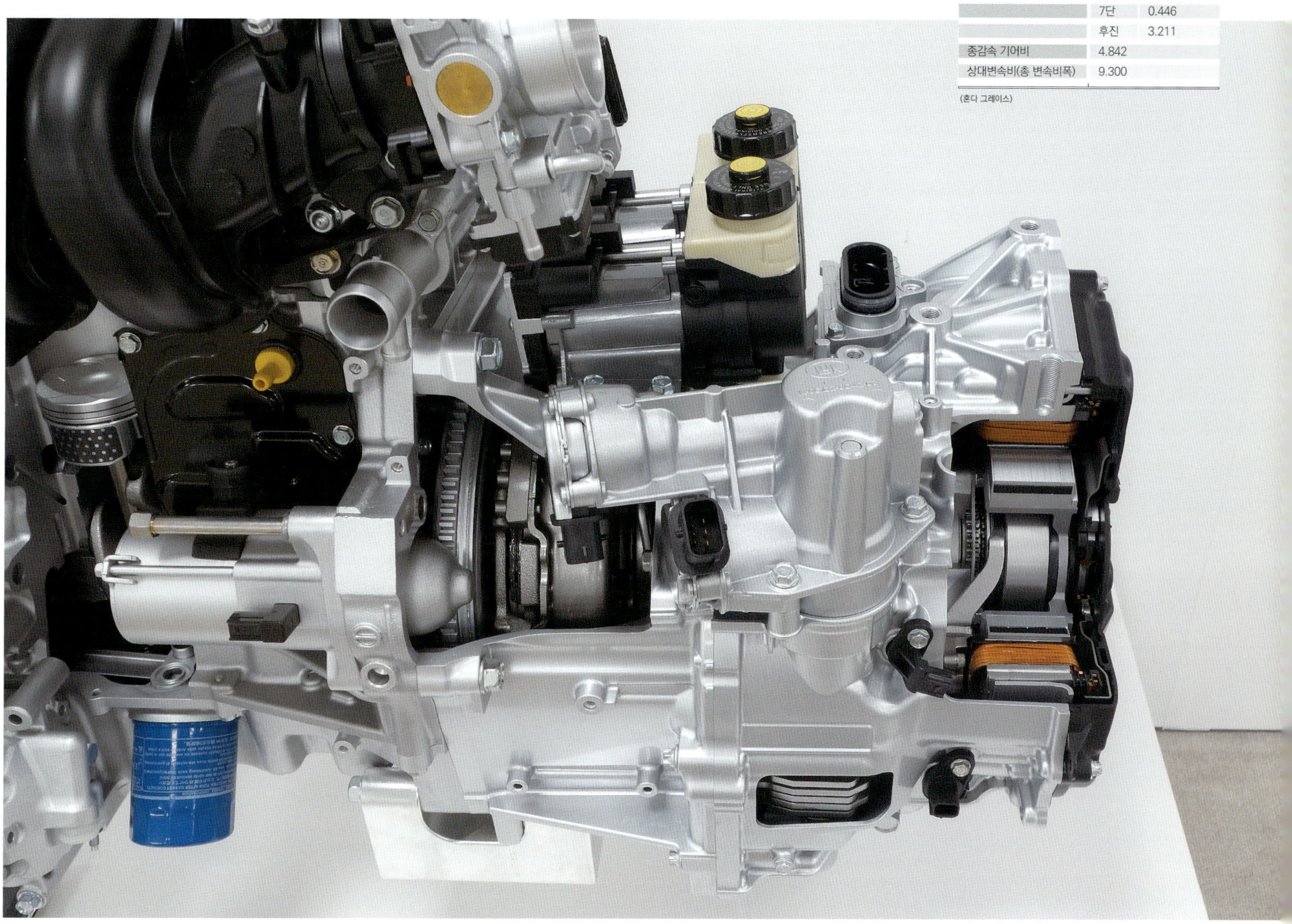

유성기어에 세트로 들어간 모터. 상시물림 기어에 비해 공간을 줄일 수 있어서 변속기 전장단축에 큰 도움이 된다.

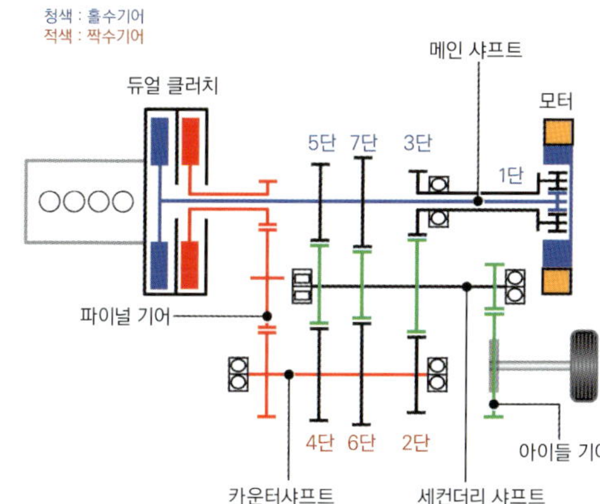

카운터샤프트와 아이들러 기어를 조합시킨 특수한 3축 구조. 1단 유성기어의 출력 축을 바꿈으로서 주행상태에 맞는 모터출력과 회생을 꾀하고 있다.

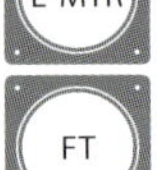

i-MMD

엔진과 모터의 특성을
완전히 구분

Application　　Honda ACCORD

어코드 하이브리드에 적용된 전기방식 변속기. 개념은 도요타의 THS-Ⅱ에 가깝지만 모터 사용영역을 크게 함으로서 통상시에는 엔진출력과 섞어서 쓰지 않는 것이 특징이다. 80km/h 이상에서 모터효율이 떨어지는 영역에서는 엔진 단독으로만 출력이 나도록 전환된다. 엔진과 모터의 조합을 클러치로만 할 정도로, THS-Ⅱ처럼 유성기어를 사용하지 않는 아주 간소한 구조를 하고 있다.

Specifications [i-MMD]

발진장치	전기모터
기어 단수	전진무단 / 후진무단
토크용량	미공개
모터구동	2.450
엔진구동	0.803
종감속 기어비	3.421
상대변속비(총 변속비폭)	미공개

(혼다 어코드)

동급 경쟁차종인 도요타 캠리와 비교하면 엔진은 -13kW, 모터는 +19kW로, 제원 상으로도 확실히 모터를 주요동력으로 사용하는 것을 알 수 있다.

엔진용, 모터용, 최종감속용 3가지 기어를 갖고 있다. 엔진출력은 기본적으로 0.803의 기어비를 갖는 기어를 통해 1단 감속으로만 최종기어에 전달된다.

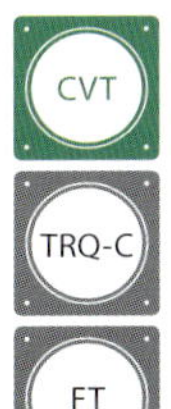

CVT

EARTH DREAMS TECHNOLOGY
혼다의 차세대 파워 트레인 기술

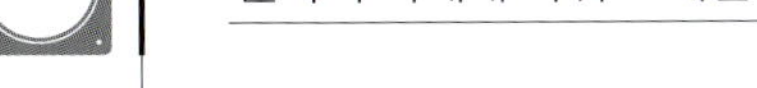

Application — **N family**

기존의 4단AT를 대체하기 위해 작고 가볍게 만드는데 주안점을 두고 자체적으로 개발한 경자동차용 CVT. 금속벨트를 이용하여 변속장치 상부에 평행축 방식의 1차 감속장치를 설치하고 전진용 기어세트와 클러치, 후진용 기어세트와 클러치를 번갈아서 배치하는 식으로 소형화에 성공. 기어세트의 사양구분에 따라 무과급엔진, 과급기 엔진 양쪽에 대응할 뿐만 아니라 4WD와의 조합도 가능하게 했다. N-ONE을 필두로 혼다의 경자동차에 순차적으로 채용되고 있다.

입력 축과 출력 축의 거리를 가능한 근접시켜 기존의 경자동차용 4단AT보다 길이를 4mm 단축시켰다. 유압제어용 솔레노이드를 변속기 본체 아래에 배치함으로서 벌크헤드에 대한 간섭을 억제하면서 실내길이를 늘리는데 기여하고 있다.

Specifications [S07A 엔진용 CVT]

발진장치	토크 컨버터	
기어 단수	전진8단 / 후진1단	
토크용량	–	
기어비	전진	3.680~0.674
	후진	2.722~1.248
종감속 기어비	4.894	
상대변속비(총 변속비폭)	5.460	

(혼다 N-박스 슬래시)

Mazda

| 마쯔다 | 일본 |

미스카이액티브의 사상이 변속기에도 침투

달리는 즐거움을 브랜드 이미지로 내세우고 있는 마쯔다는 많은 모델에 6단AT 제품들을 사용하고 있다.

또한 AT에도 직선적이고 직접적인 감각을 우선시하고 있다.

로드스터에 탑재될 것으로 보여는 자사제품의 세로배치 MT에도 기대가 모아지고 있다.

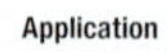

스카이액티브 드라이브

모든 변속기의

장점을 융합시켜 적용

Application Mazda CX-3, DEMIO, AXELA, ATENZA, CX-5

DCT나 CVT를 철저하게 비교, 검토한 다음, 양쪽의 장점을 살릴 목적으로 개발한 신세대 AT. 가장 큰 특징은 넓은 잠금영역(Lock-up Range)으로, JC08모드에서는 기존의 5단AT가 전체의 49% 영역에서 록업되었는데 반해 스카이액티브에서는 82%까지 넓어졌다. 연비향상에 도움을 되는 것은 물론이고 직접적인 감각을 주는데도 기여한다. 270Nm(가솔린)에 대응하는 중형사양과 450Nm(디젤)에 대응하는 대형사양을 갖추고 있다.

Specifications [스카이액티브 드라이브]

발진장치	토크 컨버터		
기어 단수	전진6단 / 후진1단		
토크용량	미공개		
기어비	1단	3.529	5단	0.742
	2단	2.025	6단	0.594
	3단	1.348	후진	2.994
	4단	1.000		
종감속 기어비	4.060		
상대변속비(총 변속비폭)	5.94		

(마쯔다 데미오)

스카이액티브 MT

소형화와 고효율을 추구한
신생 변속기

대부분의 모델에 MT가 준비가 되어 있다는 것도 마쯔다의 특징이다. 아텐자나 악셀라에는 2단과 3단의 입력 기어를 같이 사용하는 3축 방식을 적용. 나아가 후진 아이들 축을 없애고 1단과 같이 사용하게 하는 등, 부품수를 적극적으로 줄임으로서 기존제품보다 약 3kg이나 가볍게 하는데 성공. 또한 신형 데미오를 비롯한 소배기량 차량용으로 2축 방식도 새로 설계했다. 대용량 방식에서 후진 기어가 상시적으로 맞물리는 방식인데 반해, 선택접동식을 적용해 마찰손실을 억제시키고 있다.

Specifications [마쯔다 데미오용 스카이액티브 MT]

발진장치	건식단판 클러치	
기어 단수	전진6단 / 후진1단	
토크용량	미공개	
기어비	1단	3.230
	2단	1.652
	3단	1.088
	4단	0.775
	5단	0.580
	6단	0.490
	후진	3.454
종감속 기어비	3.850	
상대변속비(총 변속비폭)	6.59	

(마쯔다 데미오)

SKYACTIV-MT for FR

2015년 봄에 발표한 마쯔다 로드스터는 6단 스카이액티브-MT를 탑재하고 있다. 즉 마쯔다가 자체 제작한 세로배치MT를 새로 개발해 장착한 것이다. 2014년에 선보인 섀시의 콘셉트를 보면 변속기의 벨 하우징(Bell Housing)이 마쯔다가 제작한 현행모델보다 약간 길게 보인다. 심지어는 차량무게가 현행 모델보다 100kg이나 가벼워진 데에는 당연히 변속기도 한 몫을 담당했다.

Subaru

| 스바루(후지중공업) | 🇯🇵 일본 |

철저한 연구를 통해 CVT에 대한 완성도를 향상

자동변속기로는 철저하게 CVT를 선택. 스포츠 주행에도 대응하는 독자적 제품 「리니어트로닉(Lineartronic)」을 갖추고 있다.

한편 고성능 스포츠카에는 숙성된 6단MT를 준비해 스바루 매니아들의 정열에 대응하고 있다.

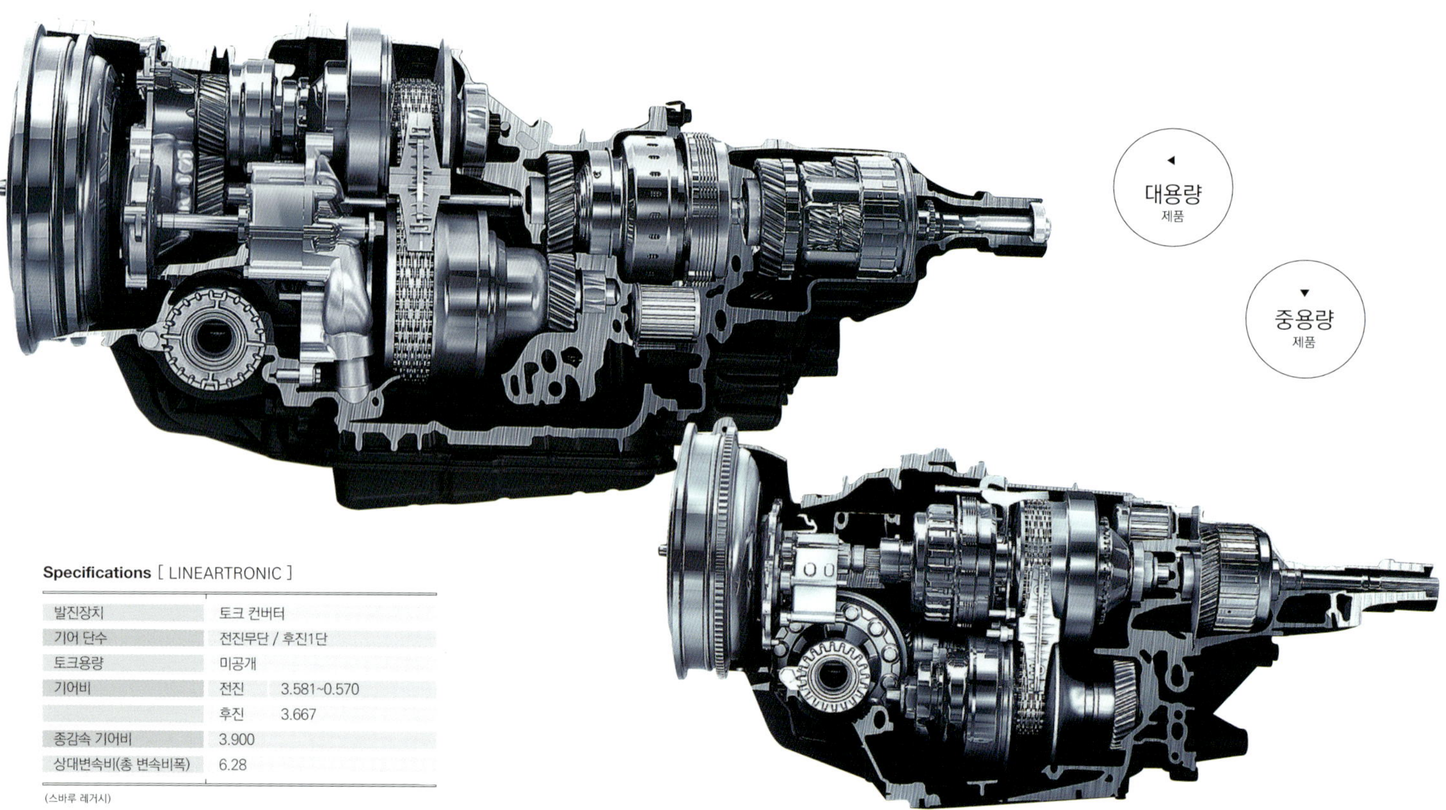

대용량 제품

중용량 제품

Specifications [LINEARTRONIC]

발진장치	토크 컨버터	
기어 단수	전진무단 / 후진1단	
토크용량	미공개	
기어비	전진	3.581~0.570
	후진	3.667
종감속 기어비	3.900	
상대변속비(총 변속비폭)	6.28	

(스바루 레거시)

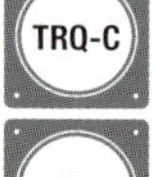

리니어트로닉

체인으로 풀리를 구동하는

스바루만의 특제품 CVT

스바루가 자랑하는 리니어트로닉의 최대 특징은 체인방식의 금속제 벨트에 있다. 풀리에 접촉하는 잠금 핀과 여러 개의 잠금 핀들을 서로 연결해 체인을 형성하는 링 플레이트로 구성되며, 종래의 금속벨트보다 감는 지름을 작게 함으로서 제품 전체를 작게 만들었다. 나아가 전달손실까지 줄인다. 350Nm 정도까지 소화하는 중용량 제품과 그 이상의 큰 토크에 대응하는 고용량 제품이 준비되어 있으며, 후자는 스포츠 리니어트로닉이라고도 한다. 불린다.

리니어트로닉 HEV

독특한 토크 흐름 특성을 나타내는

모터 일체형 HEV용 변속기

XV 하이브리드에 사용되고 있는 리니어트로닉은 모터와 일체화된 제품이다. 토크 컨버터에서 2차 풀리까지는 기본방식을 유용. 모터는 1차 풀리와 직결해 뒤쪽에 배치. 2차 풀리 하부에는 다판 클러치가 설치되어 있다. 변속기 케이스 설계는 최소한으로 변경되었으며, 크기는 대용량 제품인 리니어트로닉과 거의 비슷하다. 다만 모터나 클러치가 새로 설계되었기 때문에 무게는 35kg 정도 무겁다.

Specifications [리니어트로닉 하이브리드]

발진장치	전기모터	
기어 단수	전진무단 / 후진1단	
토크용량	미공개	
기어비	전진	3.420~0.544
	후진	3.502
종감속 기어비	3.700	
상대변속비(총 변속비폭)	6.29	

(스바루 XV 하이브리드)

6단MT

수평대향 엔진을

즐기게 해주는 MT

수평대향 4기통+4WD에 사용되는 6단MT는 정통 2축+후진 아이들러 방식으로, 축간거리는 85mm이다. 신형WRX에서는 변속레버에 가까운 메인 로드 상에 중립전용의 디텐트(Detent)장치를 추가해 중립위치에서의 유격을 줄임으로서 절도감을 향상시켰다.

Specifications [6단 MT]

발진장치	토크 컨버터			
기어 단수	전진6단 / 후진1단			
토크용량	미공개			
기어비	1단	3.636	5단	1.062
	2단	2.375	6단	0.842
	3단	1.761	후진	3.545
	4단	1.346		
종감속 기어비	3.900			
상대변속비(총 변속비폭)	4.32			

(스바루 WRX STI)

Suzuki

| 스즈키 | 🇯🇵 일본 |

핵심은 소형경량

CVT가 주류를 이루고 있는 현대의 경자동차 시장에서 스즈키 알토는 개발도상국용의 저렴한 기종에는 5단AMT를 장착.

5단MT와 더불어 작고 가벼운 변속기로 탈바꿈하고 있다. 물론 CVT로 라인업하고 있는 등, 사용자의 다양한 목소리에 폭넓게 대응하고 있다.

5 AMT
D-CLT
FT

자동 기어변속

개발도상국용 변속기를
일본에 도입

Application   **Suzuki ALTO**

신형 알토는 CVT가 주류를 이루고 있지만 저렴한 기종에는 5단MT와 5단AMT인 「AGS」를 장착하고 있다. AGS는 모두 해외판매 모델에 사용했던 장치들로, MT를 바탕으로 하면서 2단과 3단의 기어비를 약간 변경. 주차 폴(Parking Poll)과 주차기어가 맞물려 고정되는 장치를 갖추고 있으며, AT나 CVT와 똑같은 「P 기어」를 갖고 있다. 전동유압식 액추에이터와 컨트롤러를 하나로 합쳐 변속기와 일체화함으로서 알토의 최대 특징인 소형경량화를 더 한층 강화시켰다.

Specifications [Auto Gear Shift]

발진장치	건식단판 클러치		
기어 단수	전진5단 / 후진1단		
토크용량	미공개		
기어비	1단	4.300	5단	0.837
	2단	2.588	후진	3.272
	3단	1.608		
	4단	1.093		
종감속 기어비	4.388		
상대변속비(총 변속비폭)	5.14		

(스즈키 알토)

변속기 상부에 오일 리저버 탱크, 일체형 컨트롤러, 유압발생장치, 어큐뮬레이터를 조그맣게 배치. 바탕이 된 5단MT와 거의 차이가 없는 크기에다 무게는 10kg 증가에 그쳤다.

승용차와 마찬가지로 대형트럭 세계에서도 변속기의 다단화가 진행 중이다. 그 이유는 엔진의 다운사이징에 따른 고효율 추구에 있지만, 문제는 대형트럭용 변속기의 다단화가 문자 그대로 대형 작업이기 때문이다. 레인지&스플리터(Range & Splitter) 방식을 이용하기 때문에 10단이나 12단 등의 단수를 가진 변속기 같은 경우, 노련한 운전자라도 변속조작이 쫓아가지를 못하는 것이다. 대형트럭이 처한 환경을 살펴봐도 운전자 부족에 따른 경험부족 운전자의 증가로 인해 익숙하지 않은 조작으로 클러치나 변속기의 손상, 연비 저하에 대한 우려가 있다.

그래서 유용한 해결방법으로 주목 받는 것이 AMT이다. 엔진회전속도와 주행상황, 운전자의 조작에 따른 요구토크 등을 통해 ECU가 연산한 다음 최적의 기어를 클러치 단속을 포함해 자동적으로 선택함으로서 효율을 높일 뿐만 아니라 수명을 연장시키고 운전 편리성, 연비향상까지 가능해진 것이다. 와브코는 AMT를 공급하는 독립 전문기업으로서, 세계적으로 시장을 선도하는 기업이다. 30년 이상의 경험으로 축적한 하드웨어 기술과 소프트웨어 기술을 메이커나 서플라이어에게 제안해 2015년 시점에서 250만대 이상의 판매실적을 자랑한다.

AMT는 3가지 방식으로 공급한다. 주문자 요구방식 AMT솔루션, OptiDrive 그리고 하이드로릭AMT이다. 전자 두 가지는 에어컴프레서가 있는 대형 트럭용이고 후자는 에어시스템이 없는 중형트럭용으로서, 볼륨이나 차량크기, 종류 등에 따라 다양한 대체 수단을 갖고 있다는 점이 특징이다.

상용차의 AMT 최신 제품 – 와브코(WABCO)

대형트럭 세계에서 진행되고 있는 AMT 바람. 이유는 운전자 지원과 유지보수 비용의 저감.
AMT 납품업체의 선두주자인 와브코의 기술적 해법을 살펴보겠다.

본문 : MFi　　그림 : WABCO

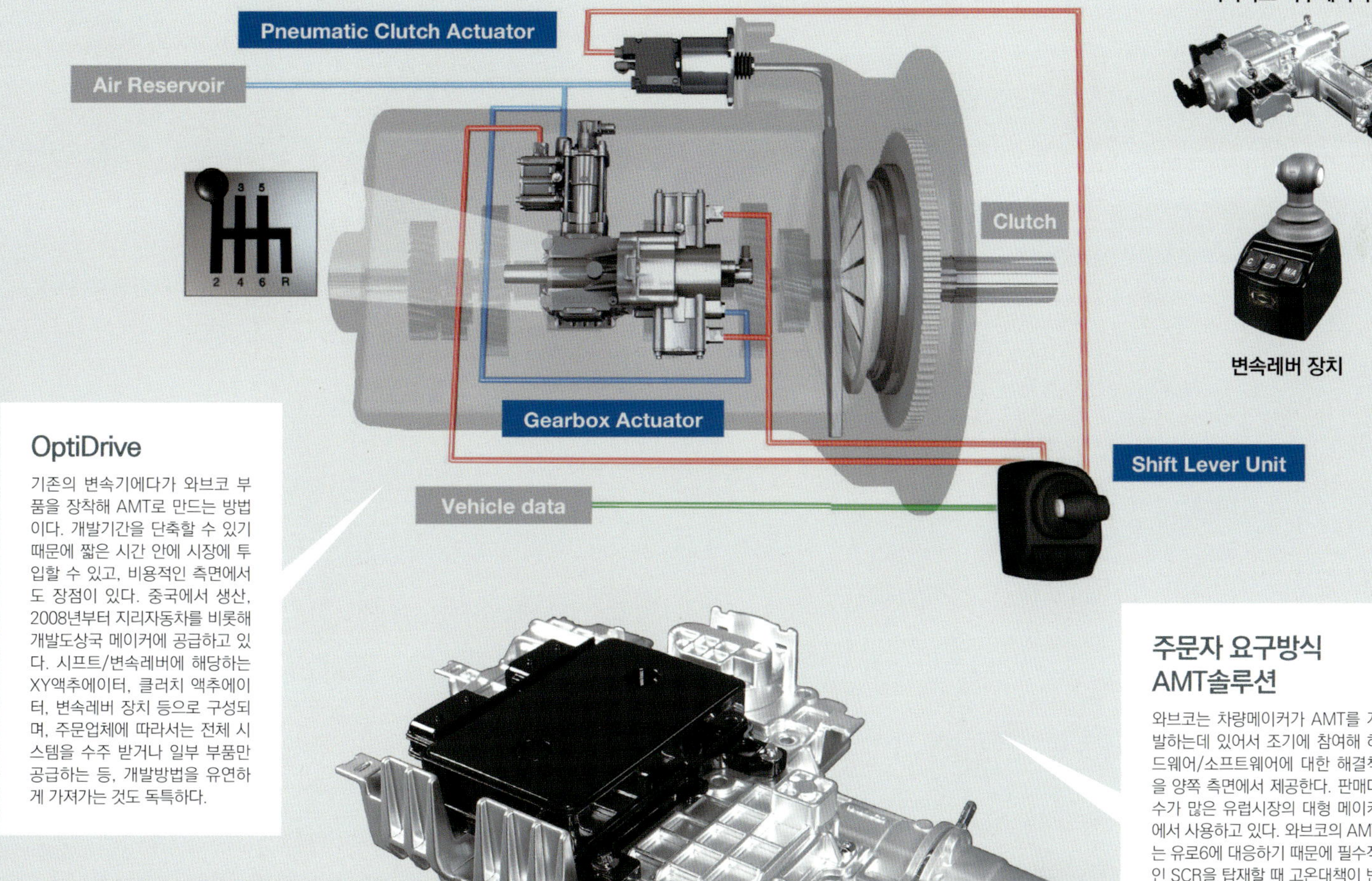

OptiDrive

기존의 변속기에다가 와브코 부품을 장착해 AMT로 만드는 방법이다. 개발기간을 단축할 수 있기 때문에 짧은 시간 안에 시장에 투입할 수 있고, 비용적인 측면에서도 장점이 있다. 중국에서 생산, 2008년부터 지리자동차를 비롯해 개발도상국 메이커에 공급하고 있다. 시프트/변속레버에 해당하는 XY액추에이터, 클러치 액추에이터, 변속레버 장치 등으로 구성되며, 주문업체에 따라서는 전체 시스템을 수주 받거나 일부 부품만 공급하는 등, 개발방법을 유연하게 가져가는 것도 독특하다.

주문자 요구방식 AMT솔루션

와브코는 차량메이커가 AMT를 개발하는데 있어서 조기에 참여해 하드웨어/소프트웨어에 대한 해결책을 양쪽 측면에서 제공한다. 판매대수가 많은 유럽시장의 대형 메이커에서 사용하고 있다. 와브코의 AMT는 유로6에 대응하기 때문에 필수적인 SCR을 탑재할 때 고온대책이 반영된다. 트럭의 고압공기를 이용하는 장치인 만큼 O링이나 다른 부품에서 공기가 누설되는 것을 방지하는 대책이 중요하다. 또한 하이브리드 기술과 같이 이용하는 것도 가능하다.

GM/Ford

제너럴모터스(GM) / 포드 | 🇺🇸 미국

큰 토크를 감당할 수 있는 전통의 토크 컨버터 방식 AT변속기들

현재의 유단AT는 모두 GM의 하이드러매틱(Hydra-matic)과 보르그 워너 제품이 원조이다.

미국의 AT를 모르고서는 자동변속기를 논할 수 없다.

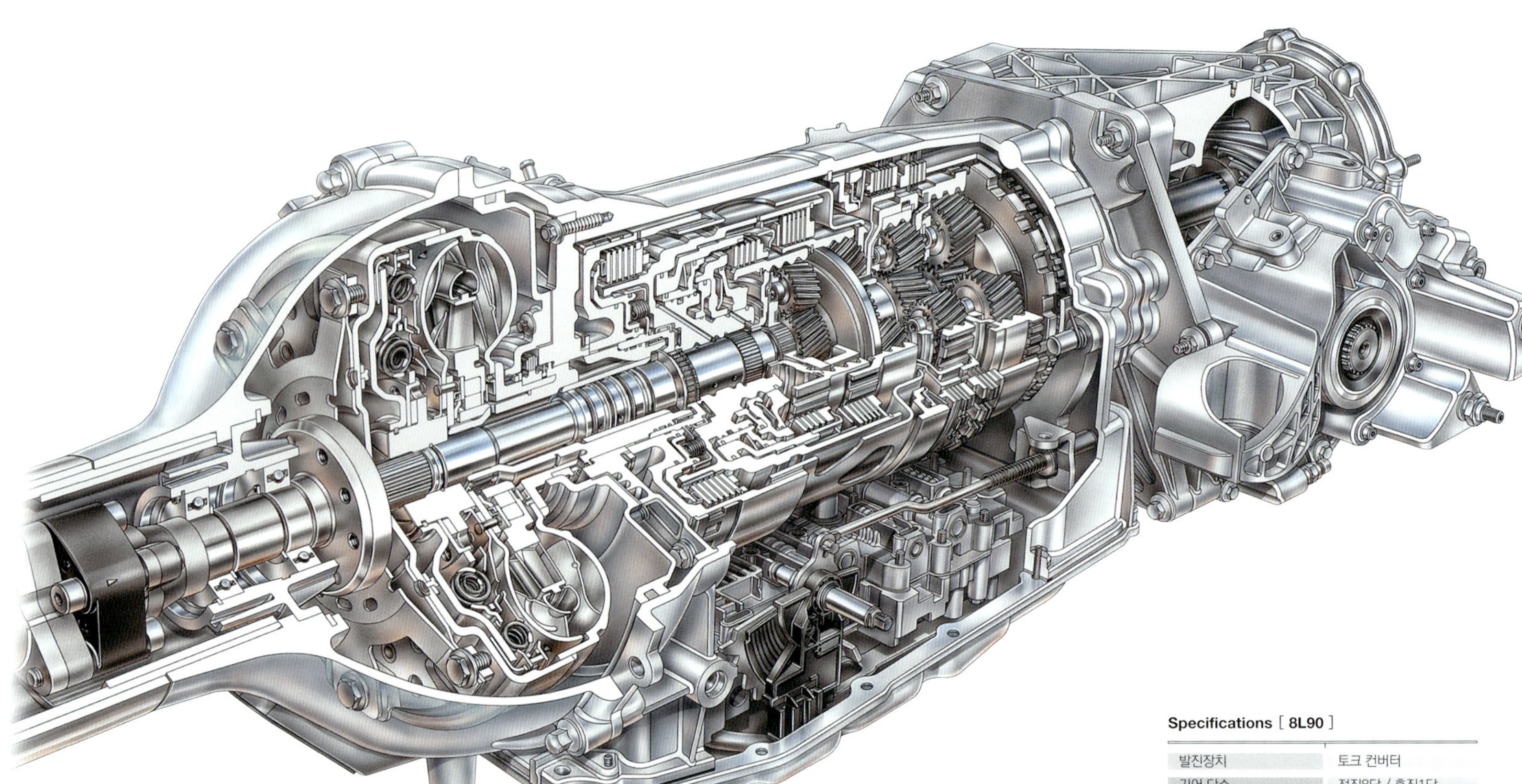

8 AT

TRQ-C

RL

GM 8L90

강대한 토크에 대응하는

미국제품 최초의 8단AT

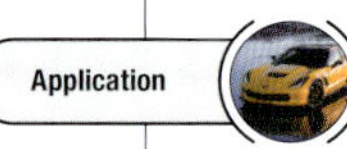

Application · Chevrolet CORVETTE, Cadillac ATS-V etc.

미국제품은 변속기에 대해 보수적 경향이 강하지만 다단화 흐름에는 별다른 저항 없이 이미 8단AT를 사용하고 있다. 포르쉐 911의 PDK보다 빠른 변속이 가능하다고 주장하면서 일단은 콜벳에 탑재하고 있다. 기어박스의 수용토크는 최대 1000Nm나 되는 대용량으로, 캐딜락이나 GMC의 중량급SUV에도 탑재예정. 마그네슘까지 같이 사용한 케이스 덕분에 기존 6단에 비해 4kg이 가벼워졌고, 연비도 5% 정도 개선되었다.

Specifications [8L90]

발진장치	토크 컨버터	
기어 단수	전진8단 / 후진1단	
토크용량	1000Nm	
기어비	1단	4.56
	2단	2.97
	3단	2.08
	4단	1.69
	5단	1.27
	6단	1.00
	7단	0.85
	8단	0.65
	후진	3.82
종감속 기어비	2.41	
상대변속비(총 변속비폭)	7.02	

(쉐보레 콜벳)

GM 6L 시리즈

GM 브랜드의
핵심 AT 변속기

Application Chevrolet CAPRICE,CAMARO,Cadillac ATS,CTS etc.

수용토크 373Nm인 6L 45부터 746Nm인 6L 90까지 폭넓은 라인업을 갖추고 있는 GM의 핵심 AT. 일렉트로닉 하이드러매틱(Electronic Hydra-Matics)이라 불리는 전자제어AT 방식의 제2세대 FR용 장치의 총칭이다. 6L 45는 4WD 트랜스퍼를 내장한 사양을 갖추고 있으며, 2000년대 중반에 F30 3er를 비롯한 BMW의 중형급 차종에도 탑재되었다. 4단 이상의 기어비는 모든 시리즈 공통으로, 작금의 다단AT와도 통합 만큼 합리적이다.

Specifications [6L90]

발진장치	토크 컨버터		
기어 단수	전진6단 / 후진1단		
토크용량	720Nm		
기어비	1단	4.027	5단	0.852
	2단	2.364	6단	0.667
	3단	1.532	후진	3.064
	4단	1.152		
종감속기어비	3.230		
상대변속비(총 변속비폭)	6.037		

(캐딜락 CTS-V)

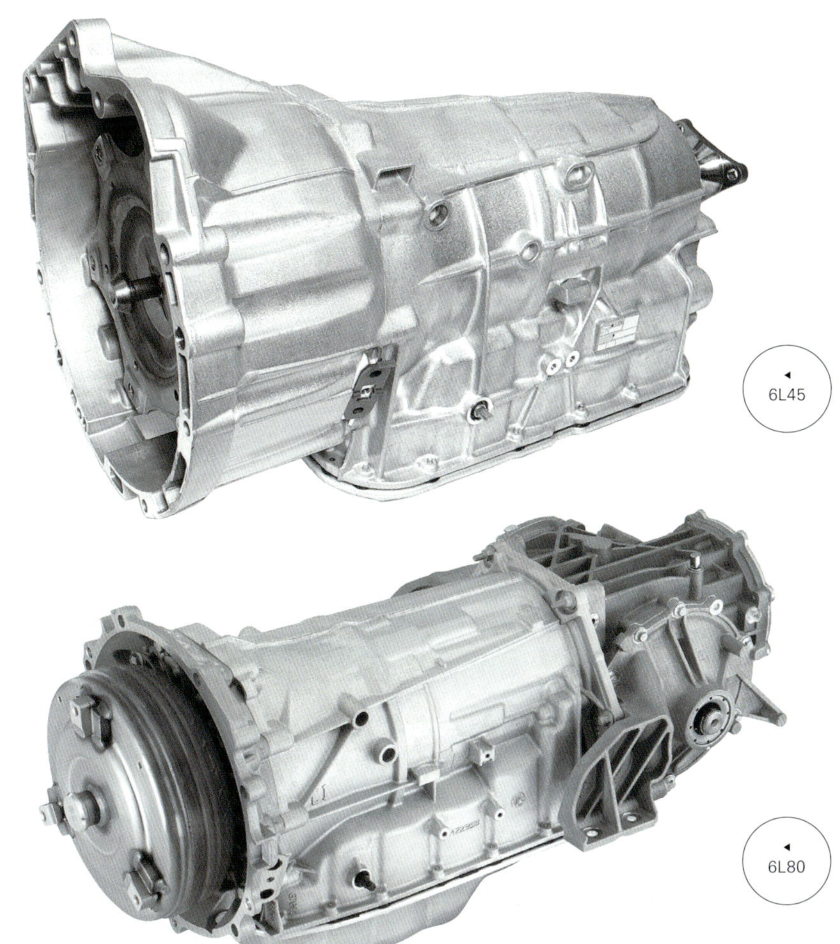
6L45

6L80

▲ 6T30
▼ 6T75

GM/포드
6단 AT

전 세계적으로 활약하는
미국제 FWD용 자동변속기

Application Chevrolet SONIC, Buick VERANO, Ford EDGE, Lincoln MKZ etc

2002년에 공동개발이 결정된 GM과 포드의 FWD용 가로배치 AT시리즈. 소용량 6T30, 6T40, 6T45, 6T50(포드에서는 6F35)와 대용량 6T50, 6T75, 6T80(포드에서는 6F50, 6F55)이 제품화되어 있다. 시리즈 최대인 6T80은 515Nm의 토크를 감당한다. GM과 포드는 이미 차세대 다단AT에 대해서도 공동개발에 합의한 상태로서, FWD용은 GM이 주체가 되어 9단AT를 만들 예정이다.

Specifications [GM-6T80]

발진장치	토크 컨버터		
기어 단수	전진6단 / 후진1단		
토크용량	515Nm		
기어비	1단	4.484	5단	1.000
	2단	2.872	6단	0.742
	3단	1.842	후진	2.882
	4단	1.414		
종감속기어비	3.16		
상대변속비(총 변속비폭)	6.038		

(캐딜락 XTS)

Daimler

| 다임러 |  독일 |

최선을 지향하면서 자체제작AT에 진력하는 전통기술

계속적으로 대형 세단을 만드는 메르세데스 벤츠는 AT의 자체제작이라는 독자적 길을 걷고 있다.

세계 최초의 기존형 9단AT 개발을 비롯해 다단화에도 적극적인 자체로 임하고 있다.

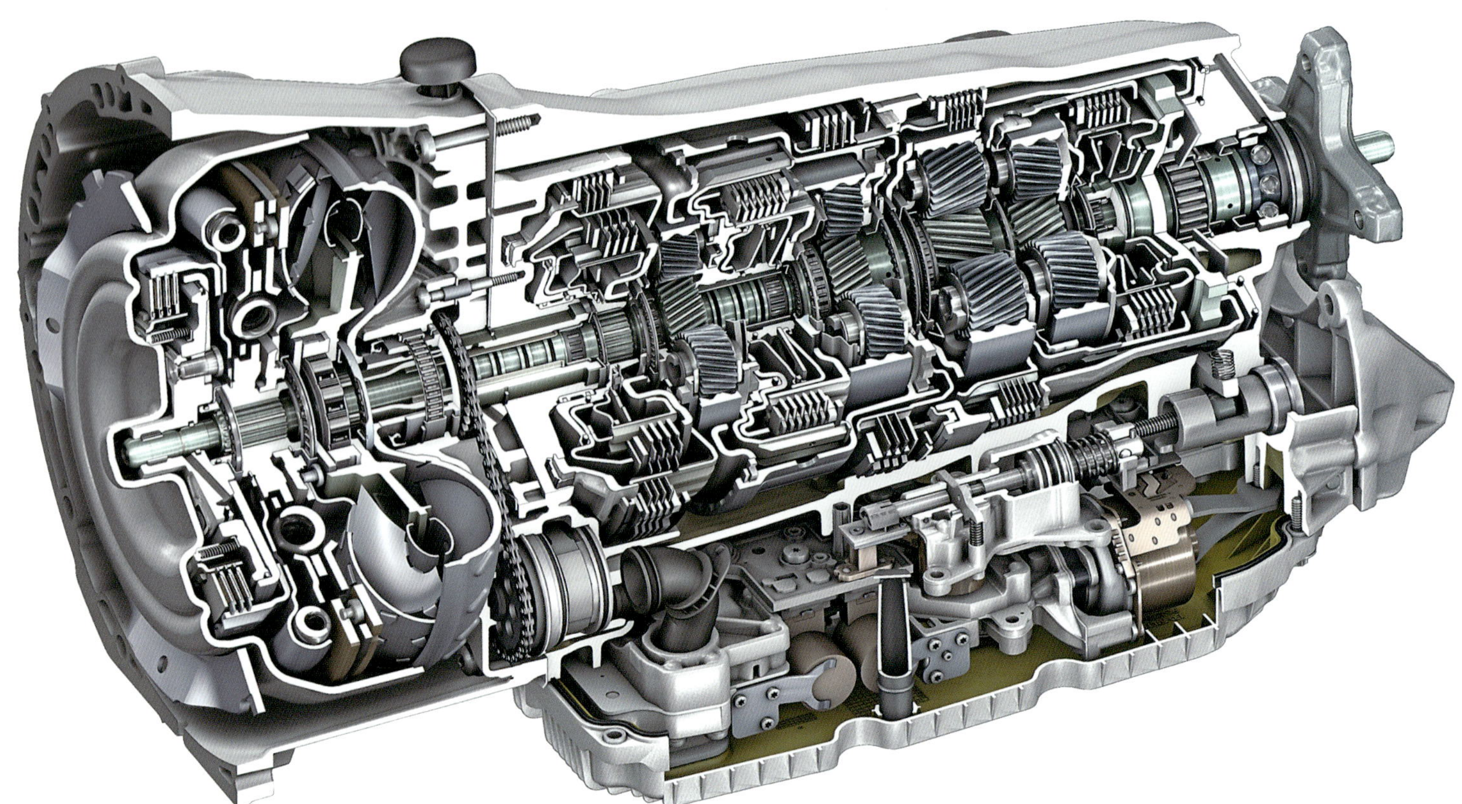

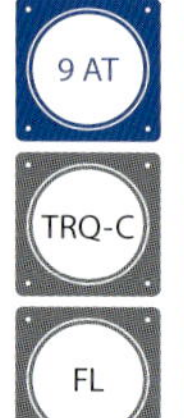
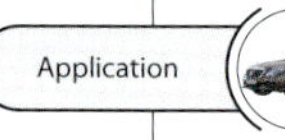

9 AT · TRQ-C · FL

Application · Mercedes-Benz E, S, CLS

9G-트로닉 (TRONIC)

초다단 유단AT의
대표주자

설계 최대허용 토크 1000Nm, 상대변속비 9.167이나 되는 고용량 광폭기어비의 초다단AT. 유성기어 세트는 4개로, 이것을 3세트의 브레이크와 3세트의 클러치를 통해 후진을 포함 10가지 변속이 가능하게 했다. 오일펌프는 메인 엔진 구동력으로 작동하는 것과는 별도로 요구에 의해 작동하는 전동 오일펌프를 설치. 아이들 스톱 때는 주요펌프를 대신해 대기(待機) 유압으로 공급한다.

Specifications [9G-TRONIC]

발진장치	토크 컨버터	
기어 단수	전진9단 / 후진1단	
토크용량	700Nm	
기어비	1단	5.50
	2단	3.30
	3단	2.31
	4단	1.66
	5단	1.21
	6단	1.00
	7단	0.86
	8단	0.72
	9단	0.60
	후진	4.93
종감속 기어비	3.850	
상대변속비(총 변속비폭)	6.59	

(메르세데스 벤츠 E250 블루텍)

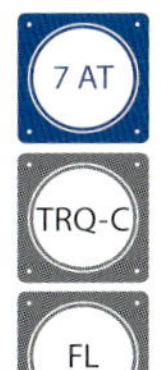

7G-트로닉 플러스

AT다단화의
선두에 섰던 선구자

Application		Mercedes-Benz C, E, S, CL, CLS, M etc.

2003년에 메르세데스의 V8 엔진 차량에 탑재되어 등장했던, 세계 최초의 7단AT. 당초 7G트로닉의 최대수용 토크는 735Nm이었기 때문에 V12 모델에는 탑재되지 못했지만, 그 후 구조를 대폭적으로 변경한 7G트로닉 플러스가 등장하면서 V12 트윈터보인 S600에도 장착되었다. 후진기어는 2단으로 만들어져 출발할 때와 마찬가지로 통상적으로는 높은 기어를 사용하며, 낮은 기어는 비상시에 사용한다.

Specifications [7G-TRONIC PLUS]

발진장치	토크 컨버터		
기어 단수	전진7단 / 후진1단		
토크용량	미공개		
기어비	1단	4.38	5단	1.00
	2단	2.86	6단	0.82
	3단	1.92	7단	0.73
	4단	1.37	후진	3.42/2.23
종감속 기어비	2.65		
상대변속비(총 변속비폭)	6.00		

(메르세데스 벤츠 C180 블루텍)

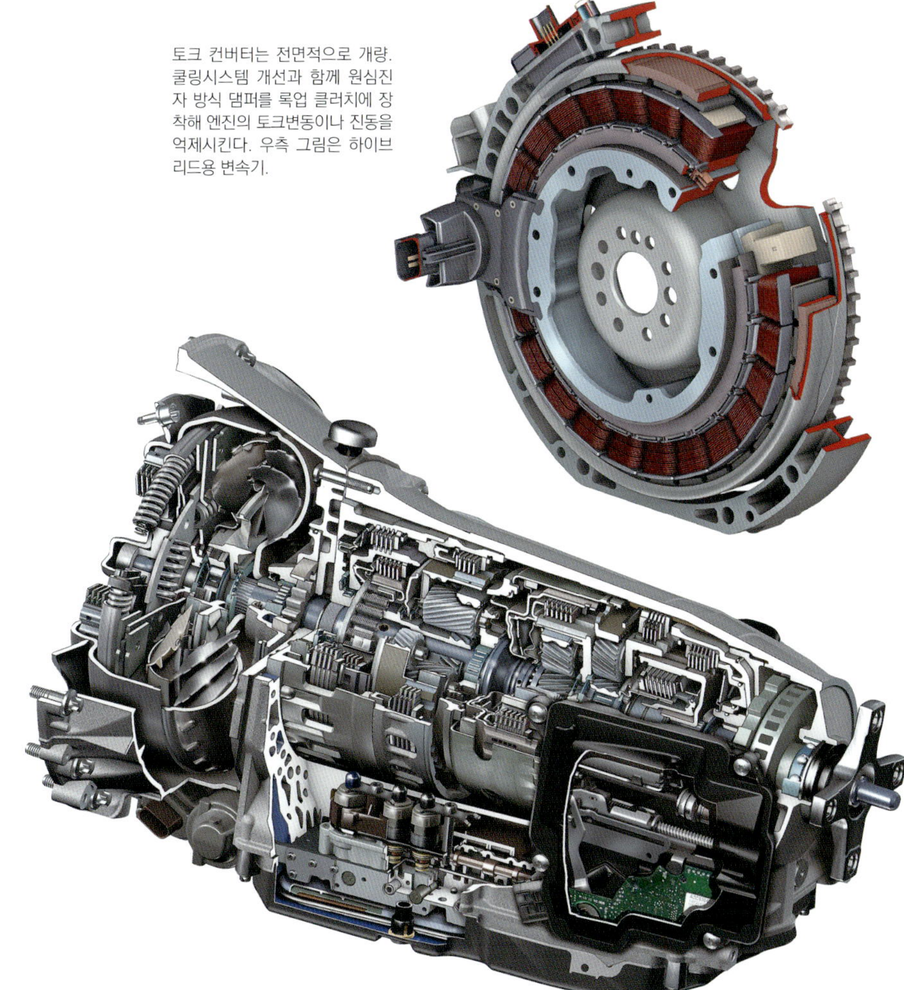

토크 컨버터는 전면적으로 개량. 쿨링시스템 개선과 함께 원심진자 방식 댐퍼를 록업 클러치에 장착해 엔진의 토크변동이나 진동을 억제시킨다. 우측 그림은 하이브리드용 변속기.

스피드 시프트 MCT

스타팅 디바이스로
클러치를 사용

Application		Mercedes-Benz C, E, S, CL, CLS, M etc.

유성기어AT의 발진장치는 거의 100%가 토크 컨버터이지만, 현재 유일한 예외가 메르세데스 벤츠의 고성능 모델에 사용되는 스피드 시프트 MCT이다. 변속기는 7G-트로닉이지만 토크 컨버터 대신에 습식 다판 클러치를 사용하는 것이 특징. 레이싱 스타트 때 진가를 발휘한다고 한다.

Specifications [SPEEDSHIFT MCT]

발진장치	습식다판 클러치	
기어 단수	전진7단 / 후진2단	
토크용량	미공개	
기어비	1단	4.38
	2단	2.86
	3단	1.92
	4단	1.37
	5단	1.00
	6단	0.82
	7단	0.73
	후진	3.42/2.23
종감속 기어비	2.82	
상대변속비(총 변속비폭)	6.00	

(메르세데스 벤츠 SLK55 AMG)

7G-DCT

소형차량에 도입한
자동변속기는 DCT

메르세데스 벤츠의 FWD차량인 A&B 클래스에는 전용 DCT
를 장착한다. DCT로는 전통적인 3축구조로 구성되어 있다. 클
러치는 높은 토크의 AMG사양을 감안했는지 습식다판 구조를
취하고 있다. 특이한 것은 후진방법으로, 3축 전체를 이용해
카운터샤프트의 한 쪽을 역회전시킴으로서 종감속 기어를 반
전시키는 독특한 시스템을 적용했다.

Specifications [7G-DCT]

발진장치	습식다판 클러치	
기어 단수	전진7단 / 후진1단	
토크용량	미공개	
기어비	1단	3.86
	2단	2.43
	3단	2.90
	4단	1.19
	5단	0.87
	6단	1.16
	7단	0.94
	후진	3.10
종감속 기어비	4.13	
상대변속비(총 변속비폭)	4.11	

(메르세데스 벤츠 A180)

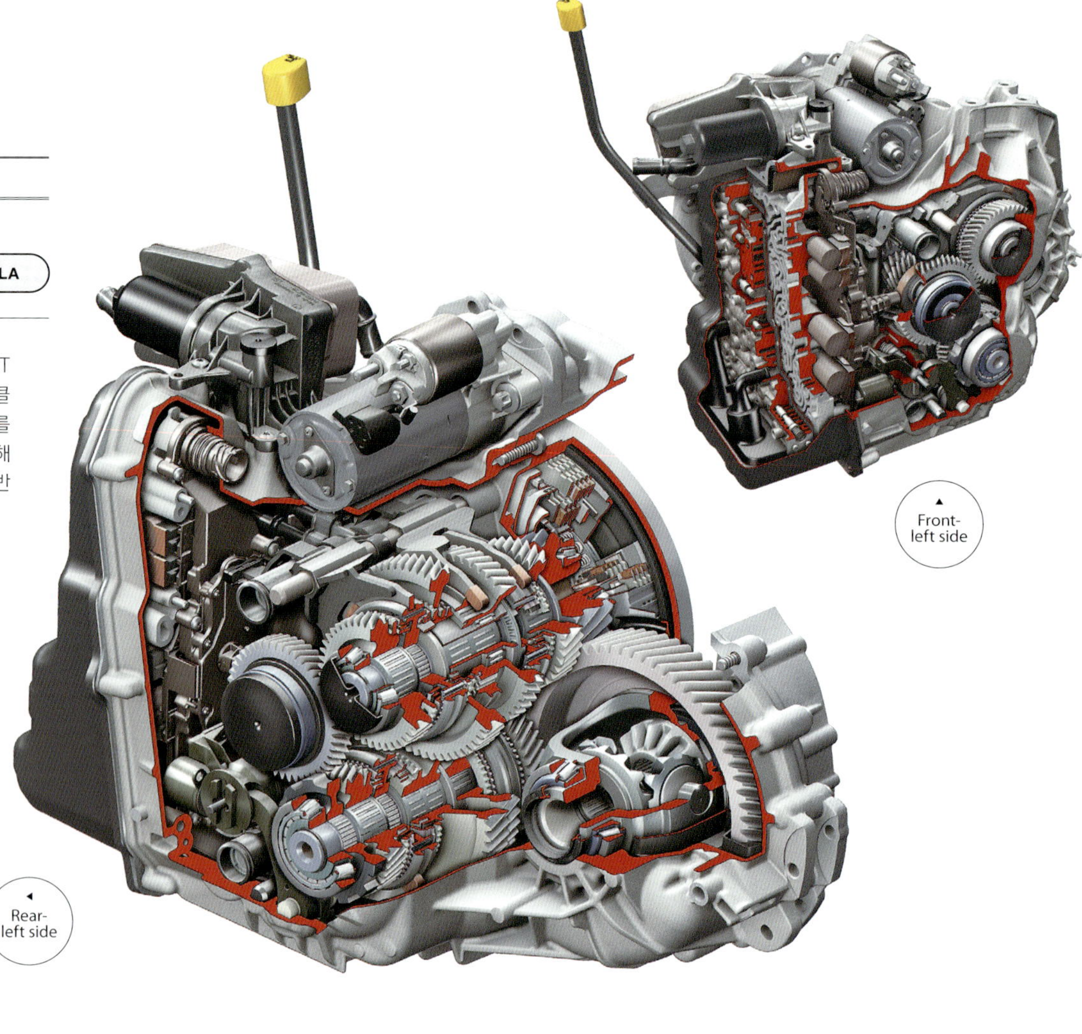

스피드 시프트 DCT

전체가 특별한
AMG-GT용 스페셜 DCT

AMG SLS를 대신해 메르세데스의 기함 스포츠카가 된 AMG-GT 전
용 변속기. 닛산 GT-R과 마찬가지로 트랜스액슬을 적용했기 때문에
변속기는 뒤쪽 디퍼렌셜과 일체로 배치된다. 기어세트가 액슬 전방이
아니라 뒤쪽 끝에 배치되는 것이 특징.

Specifications [SPEEDSHIFT DCT]

발진장치	토크 컨버터			
기어 단수	전진7단 / 후진2단			
토크용량	미공개			
기어비	1단	3.40	5단	1.03
	2단	2.19	6단	0.84
	3단	1.63	7단	0.72
	4단	1.29	후진	3.28
종감속 기어비	3.67			
상대변속비(총 변속비폭)	4.72			

(메르세데스 벤츠 SLS AMG)

TWINAMIC

6 DCT
D-CLT
RT

설마하던 RR차량
부활에 맞춰 등장

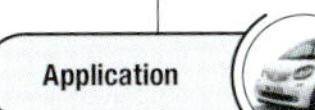

Application — Smart for two, for four, Renault TWINGO

닛산 스카이라인에 다임러 제품의 엔진&변속기를 장착했던 일은 기억에 새롭지만, 르노닛산과 다임러의 제휴는 다음 단계로 옮겨가 3세대 스마트와 트윙고를 공동개발하기로 결정. 2014년의 제네바쇼에서 먼저 트윙고가 발표되었다. 가장 주목 받은 것은 리어엔진&드라이브의 구조배치. 이 구조에 1.0ℓ 3기통 엔진과 새로 개발한 6단DCT를 사용한다.

Specifications [twinamic]

발진장치	건식단판 클러치	
기어 단수	전진6단 / 후진1단	
토크용량	?	
기어비	1단	?
	2단	?
	3단	?
	4단	?
	5단	?
	6단	?
	후진	3.10
종감속 기어비	4.13	
상대변속비(총 변속비폭)	4.11	

클러치는 건식의 동일지름 세로배치(LuK제품). FWD보다 더 공간적으로 여유가 없는 RR배치로, 열 방출 대책은 어떻게 되어 있을지가 흥미롭다.

현재 상태에서 상세한 것은 미정이지만 기어세트는 3축방식. 기존의 다임러나 게트락의 가로배치 변속기를 전용한 것이 아니라 새로 개발한 것은 확실한 것 같다.

Volkswagen

| 폭스바겐 | 독일 |

엔지니어링 우선주의 같은 DCT의 선구자

포르쉐가 레이스 용도로 개발한 트윈클러치 MT를 양산제품으로 시판한 것이 폭스바겐 그룹이다.

직렬3기통 · 1.0 ℓ 부터 V10 · 5.2 ℓ 용까지 DCT를 전체 모델에 장착하려는 계획이다.

DQ511

결국 10단 영역에 도달
MT 베이스로는 세계 최다단

| Application | 미정 |

듀얼 클러치를 이용해 MT를 자동변속기로 바꾸는 동시에 다단화까지 추진하던 VW이 드디어 10단 DSG를 발표. 전동 슈퍼차저를 적용한 새로운 TDI 엔진과 함께 차기 파사트 혹은 페이튼에 탑재될 것으로 여겨진다. 바탕이 된 것은 습식7단의 DQ500으로, 이 안에 3단 분량의 기어세트를 추가로 집어넣는 형태이다. 허용토크는 500Nm 이상. 기본적으로 2단 출발에 3~9단은 교차시키고, 10단은 연비특화 기어로 설정될 전망이다.

Specifications [DQ511]

발진장치	습식다판 클러치
기어 단수	전진10단 / 후진1단
토크용량	500Nm
기어비	미공개
종감속 기어비	미공개

7단 DQ500에 추가되는 것은 1조의 기어세트와 두 개의 시프트& 실렉트 액추에이터 뿐. 이것만으로는 10단을 구현할 수 없기 때문에 아마도 출력축을 전환시켜 3단을 추가적으로 만들어 내는 것으로 생각된다.

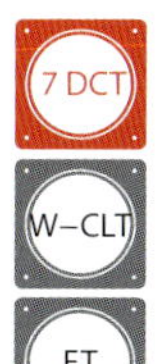

DQ500

다단화+고용량화를

추구한 진화형

  Volkswagen GOLF, SCIROCCO, TIGUAN, Audi A3, TT etc.

DQ200이 7단으로 탈바꿈한 후로부터 2년 후인 2010년에 발표된 대용량 가로배치 형식의 DSG(Direct Shift Gearbox, 시퀀셜 방식 변속기). 허용토크를 600Nm까지 늘렸음에도 불구하고 변속기의 전후 길이가 8mm 단축되어 작게 만들 수 있었다. DQ200에서는 건식이었던 듀얼 클러치가 2배 이상이나 되는 토크 입력에 대응하기 위해 습식으로 돌아갔다. 또한 1단과 후진은 별도의 드라이브샤프트가 각각을 담당하면서 부드러운 전진 · 후진 전환이 될 수 있도록 해준다.

Specifications [DQ500]

발진장치	습식다판 클러치			
기어 단수	전진7단 / 후진1단			
토크용량	600Nm			
기어비	1단	3.526	5단	0.788
	2단	2.526	6단	0.760
	3단	1.678	7단	0.634
	4단	1.021	후진	2.789
종감속 기어비	4.733/3.944			
상대변속비(총 변속비폭)	5.56			

(폭스바겐 티구안)

가로배치용 DSG에서 중요한 것은 전장을 줄이는 것이다. 잘못했다가는 기존의 MT보다 길어지는 것을 피할 수 없다. 이경삽입 구조 클러치를 적용함으로서 2조의 클러치를 짧은 공간에 집어넣는데 성공.

DQ250

역사에 새겨질

DCT의 효시

 Volkswagen GOLF, SCIROCCO, TIGUAN, Audi A3, TT etc.

2003년에 골프 Ⅳ · R32에 탑재되어 등장한, 세계 최초로 시판된 듀얼 클러치 방식의 수동변속기이다. 포르쉐가 80년대에 레이스 차량에 이용했던 PDK에서 아이디어를 이어받고, 보르그 워너의 라이선스를 통해 안팎으로 배치된 이경삽입 구조의 습식 듀얼 클러치를 확보하면서 구현한 시스템. 토크 수용용량 380Nm에 신뢰성을 갖추게 되면서, 현재도 C세그먼트 등급의 차종에 많이 사용되고 있다.

Specifications [DQ250]

발진장치	습식다판 클러치	
기어 단수	전진6단 / 후진1단	
토크용량	380Nm	
기어비	1단	2.923
	2단	1.791
	3단	1.142
	4단	0.777
	5단	0.800
	6단	0.638
	후진	3.263
종감속 기어비	4.769/3.444	
상대변속비(총 변속비폭)	4.58	

(폭스바겐 골프)

DQ200

DSG 패밀리 중에서
유일한 건식 클러치 사양

Application 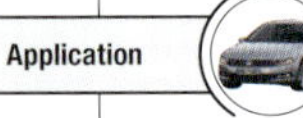 **Volkswagen POLO, GOLF, PASSAT, Audi A3 etc.**

오일에 의한 드랙(drag) 저항과 중량증가를 줄이기 위해 건식단판 클러치를 적용하고 3축배치로 7단화한 모델. 습식인 DQ250에 비해 20kg 이상이나 가벼워졌다. 클러치 세트는 LuK제품이며 DQ250의 습식과 달리 동일한 크기의 클러치 2조가 앞뒤로 배열. 건식이기 때문에 열에 민감한 측면이 있어서 초기에는 문제가 있기도 했다.

Specifications [DQ200]

발진장치	건식단판 클러치	
기어 단수	전진7단 / 후진1단	
토크용량	250Nm	
기어비	1단	3.764
	2단	2.272
	3단	1.531
	4단	1.121
	5단	1.176
	6단	0.951
	7단	0.795
	후진	2.045
종감속 기어비	4.769/3.444	
상대변속비(총 변속비폭)	4.58	

(폭스바겐 파사트)

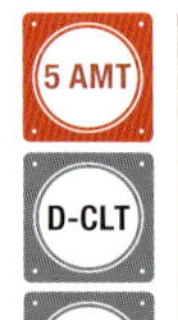
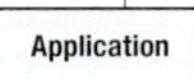

LuK제품의 건식 클러치 장치. 습식에 비해 구조가 단순하고 마찰도 적지만 그만큼 출발정지와 시프트 단속에 대한 제어가 어렵다. 또한 열 발산 측면에서도 습식보다 불리하며, 큰 토크를 수용하기에는 어려움이 있다.

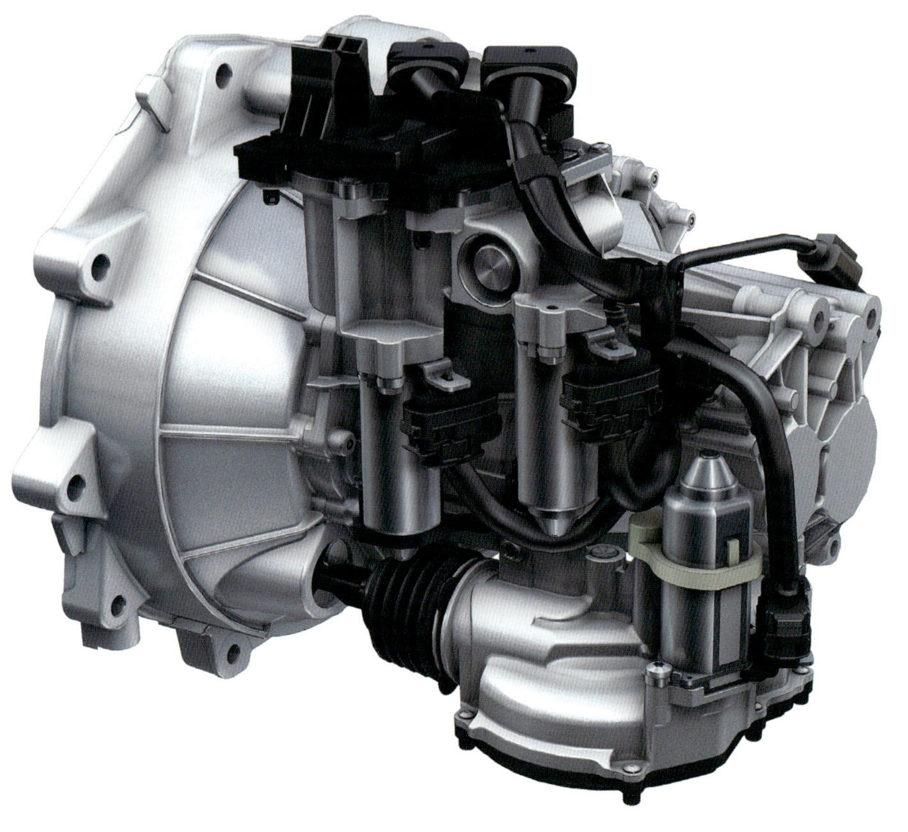

SQ100

전동 액추에이터를 이용하는
up! 전용 AMT

Application **Volkswagen up!, Skoda CITIGO, Seat Mii**

폭스바겐의 up!과 그 3기통 엔진에 장착되는 5단AMT. 자동변속MT는 전체 제품이 DSG로 옮겨가고 있는 VW에 있어서 유일한 예외로서, 사용하는 이유로는 기존의 MT 생산설비를 그대로 유용할 수 있다는 비용적인 측면과 DQ200에 비해 30kg이 가볍다는 이점 때문이다. 5단MT에 클러치용과 기억 선택용 액추에이터를 장착한 구조에, 액추에이터에는 에너지손실이 적은 전동방식을 사용한다.

Specifications [SQ100]

발진장치	건식단판 클러치그			
기어 단수	전진5단 / 후진1단			
토크용량	미공개			
기어비	1단	3.642	4단	0.959
	2단	2.142	5단	0.796
	3단	1.361	후진	3.416
종감속 기어비	4.166			
상대변속비(총 변속비폭)	4.58			

(폭스바겐 up!)

DL501

아우디용으로 개발된

세로배치 DGS

7 DCT
W-CLT
FL

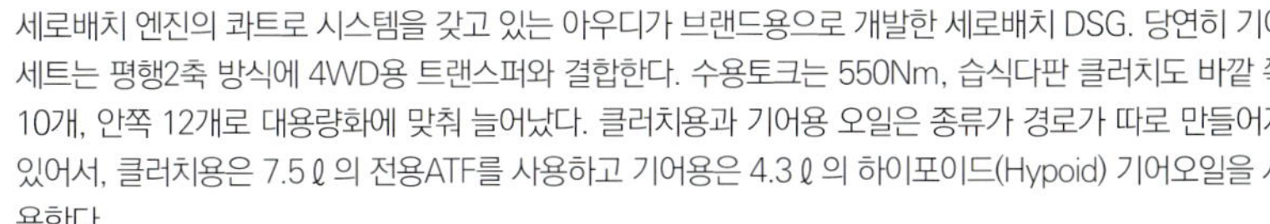

| Application | | Audi A4, A5, A6, A7, Q5 etc. |

세로배치 엔진의 콰트로 시스템을 갖고 있는 아우디가 브랜드용으로 개발한 세로배치 DSG. 당연히 기어 세트는 평행2축 방식에 4WD용 트랜스퍼와 결합한다. 수용토크는 550Nm, 습식다판 클러치도 바깥 쪽 10개, 안쪽 12개로 대용량화에 맞춰 늘어났다. 클러치용과 기어용 오일은 종류가 경로가 따로 만들어져 있어서, 클러치용은 7.5 ℓ 의 전용ATF를 사용하고 기어용은 4.3 ℓ 의 하이포이드(Hypoid) 기어오일을 사용한다.

Specifications [DL501]

발진장치	습식다판 클러치	
기어 단수	전진7단 / 후진1단	
토크용량	550Nm	
기어비	1단	3.692
	2단	2.150
	3단	1.406
	4단	1.025
	5단	0.787
	6단	0.625
	7단	0.519
	후진	2.944
종감속 기어비	4.093	
상대변속비(총 변속비폭)	7.11	

(아우디 A4)

(아우디 R8)

DL801

R8과 HURACAN에 탑재

미드쉽 전용 DSG

7 DCT
W-CLT
RL

| Application | | Audi R8, Lamborghini HURACAN |

미드십 구조의 아우디 R8에서는 DL501을 그대로 사용할 수 없기 때문에 전용 DGS를 개발했다. 엔진에서 나오는 출력은 일단 기어박스 뒤쪽 끝에 있는 클러치 장치로 들어간 다음, 거기서 듀얼 클러치를 매개로 2축 기어세트로 반전된다. 그리고 나서 사이드의 카운터샤프트를 거쳐 디퍼렌셜에 이르는 복잡한 3축 구성을 하고 있다. R8의 형제차량이라고 할 수도 있는 람보르기니 후라칸도 싱글 클러치 방식으로 바뀌어 DSG를 사용한다.

Specifications [DL801]

발진장치	습식단판 클러치					
기어 단수	전진7단 / 후진1단					
토크용량	미공개					
기어비	1단	3.133	4단	1.140	7단	0.653
	2단	2.588	5단	0.898	후진	2.647
	3단	1.880	6단	0.884		
종감속 기어비	4.458 / 3.588					
상대변속비(총 변속비폭)	4.80					

(아우디 R8)

Fiat

| 피아트 | 🇮🇹 이탈리아 |

소형차량을 자동변속화하기 위한 독특한 수단

소형차량을 효율적으로 또한 운전자의 느낌도 충분히 살리는 변속기를 만드는 피아트.

독특한 발상에서 탄생한 AMT와 DCT 두 방식을 주축으로 하고 있다.

5 AMT
D-CLT
FT

듀얼로직 (DUALOGIC)

셀레스피드(Selespeed)로 변신한

실용 AMT의 원조

Application **Fiat 500, Panda, Lancia Ypsilon etc.**

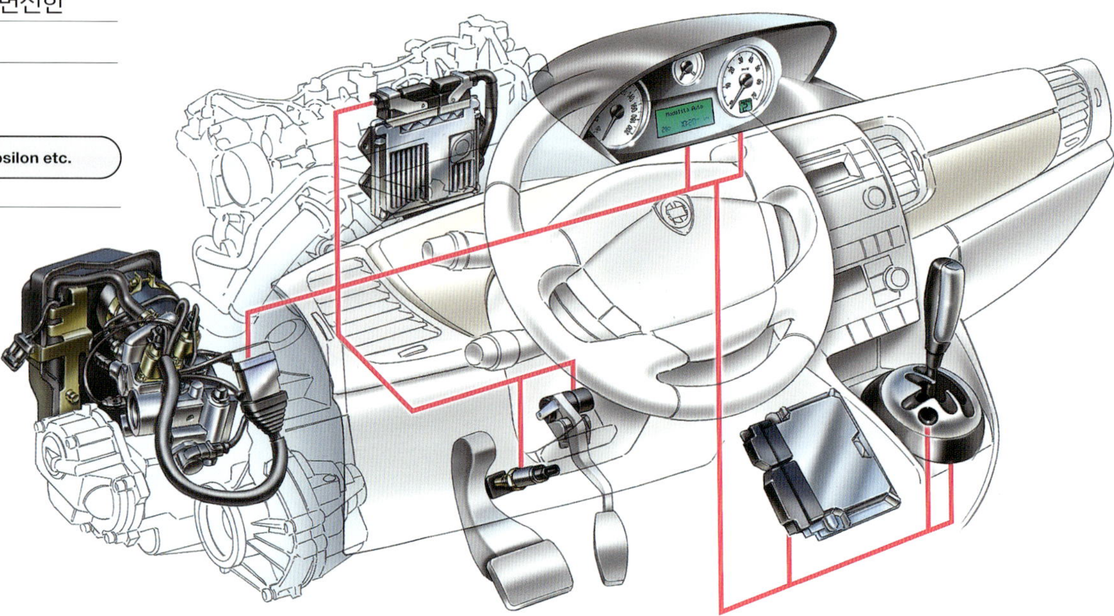

종합 공급업체인 마그네티 마렐리가 개발한 시스템을 피아트가 채택하면서 1999년에 알파로메오 156에 셀레스피드란 이름의 변속기로 탑재했다. 오늘날의 AMT 원조라고 할 수 있지만 기본적인 로직은 이스즈의 NAVI5를 토대로 했다고 하며, 이스즈의 특허가 만료되는 시점에서 발표된 경우가 있다. 기존의 MT에 클러치와 시프트용 액추에이터만 추가했을 정도로 간략한 구조가 특징이다.

Specifications [DUALOGIC]

발진장치	건식단판 클러치
기어 단수	전진5단 / 후진1단
토크용량	미공개
기어비 1단	4.100
2단	2.158
3단	1.345
4단	0.974
5단	0.766
후진	3.818
종감속 기어비	3.867
상대변속비(총 변속비폭)	5.35

(Chrysler YPSILON)

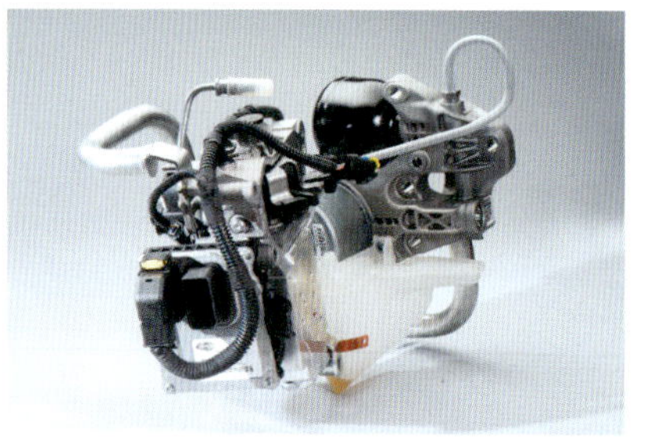

유압을 이용해 클러치를 제어한다. 전용 전동오일펌프로 발생킨 유압을 어큐뮬레이터에 축압(蓄壓)해 놓았다가 솔레노이드 밸브로 제어한다. 밀고 당기는 변속&선택은 솔레노이드 밸브로 직접 제어한다.

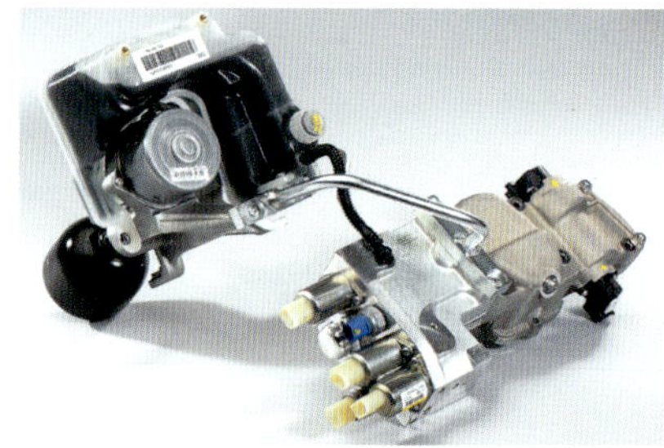

보기에도 매우 작고 간략한 시스템임을 알 수 있다. 당초에는 변속충격이나 공주(空走)느낌이 두드러졌지만 전자제어수들의 제어 등과 같은 제어가 발전하면서 유럽의 2페달 소형차 시장에서는 주류를 이루고 있다.

알파 TCT

FPT가 개발한

피아트판 DCT

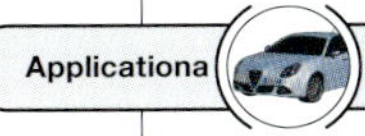

Applicationa　Alfa Romeo MiTo, GIULIETTA etc.

셀레스피드로 AMT의 선두를 달리기는 했지만 더 고효율에 세련된 시스템으로 발전시키기 위해 피아트 파워트레인 테크놀로지가 개발한 건식 DCT. 건식 클러치 형식으로는 큰 수용 토크 350Nm를 달성하기 위해 클러치 구조와 제어에 독자적인 것을 사용했다. 클러치 장치는 VW의 DQ200과 똑같은 LuK제품. 제어시스템은 보르그 워너와 마그네티 말레리가 공동개발한 것이다.

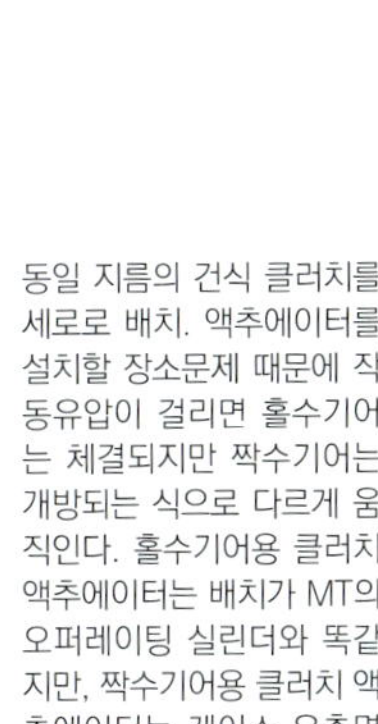

Specifications [Alfa TCT]

발진장치		건식단판 클러치
기어 단수		전진6단 / 후진1단
토크용량		미공개
기어비	1단	4.154
	2단	2.269
	3단	1.435
	4단	0.978
	5단	0.754
	6단	0.622
	후진	4.000
종감속 기어비		4.118
상대변속비(총 변속비폭)		6.68

(알파로메오 줄리에타)

동일 지름의 건식 클러치를 세로로 배치. 액추에이터를 설치할 장소문제 때문에 작동유압이 걸리면 홀수기어는 체결되지만 짝수기어는 개방되는 식으로 다르게 움직인다. 홀수기어용 클러치 액추에이터는 배치가 MT의 오퍼레이팅 실린더와 똑같지만, 짝수기어용 클러치 액추에이터는 케이스 우측면에 장착되어 있다.

DCT 특유의 중공 입력 축을 제외하면 통상적인 6단MT와 동일한 부품들을 사용한다. 7단 기어세트 공간은 비어 있어서 필요하면 언제라도 7단화가 가능. 기어변속 구동에는 전동유압을 이용하는 액추에이터를 사용한다.

Lamborghini

| 람보르기니 | 이탈리아 |

슈퍼스포츠가 선택한 수단은 AMT

자타가 인정하는 슈퍼스포츠카 메이커는 변속기 선택에 있어서도 빈틈이 없다.

화려함 보다는 성능, 결코 양보할 수 없는 철학을 느낄 수 있다.

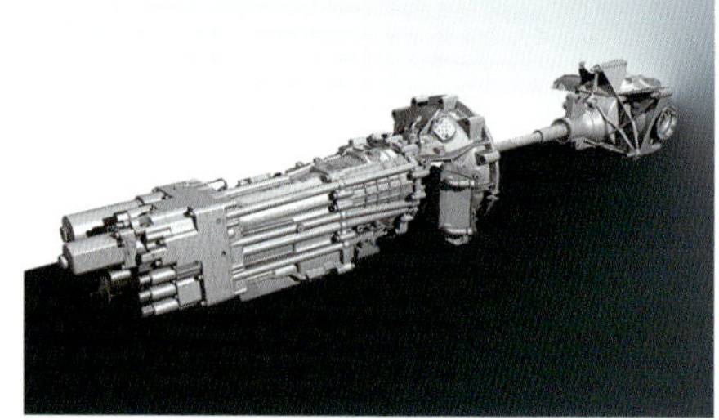

통상 2조로 변속하는 시프트로드를 4조로 장착. 앞단의 변속이 완료되기 전 다음 단의 변속을 시작하는, DCT에 가까운 변속 시퀀스를 하기 때문에 120ms초 라는 신속한 변속이 가능하다.

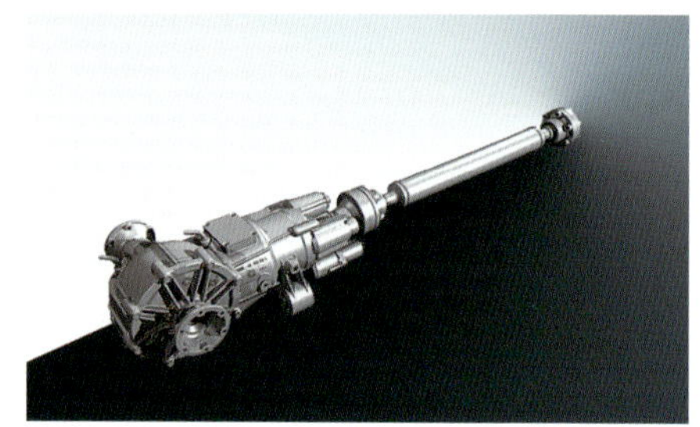

기어박스와 4WD 트랜스퍼는 이탈리아의 변속기 전문 서플라이어인 그라찌아노 엘리콘이 만든다. 엘리콘은 맥라렌 MP4-12C의 DCT 장치나 애스턴마틴 등의 트랜스퍼를 제작하는 것으로도 알려져 있다.

7 AMT

W-CLT

RL

ISR

카운타크한테서 물려받은

다루기 힘든 변속기

Application — Lamborghini AVENTADOR

람보르기니의 아이콘인 카운타크는 뒤쪽이 무거운 미드십 V12의 중량배분을 개선하기 위해 변속기를 엔진 앞쪽에 배치한 다음, 뒷바퀴를 향해 출력을 반전시켰다. 이 탑재방법은 후속 디아블로에서 채택된 4WD와도 궁합이 잘 맞아서 현재의 아벤타도르에 이르기까지 계속해서 이어져오고 있다. ISR은 이것을 싱글 클러치방식 AMT로 바꾼 것이다.

Specifications [ISR]

발진장치	습식다판 클러치	
기어 단수	전진7단 / 후진1단	
토크용량	미공개	
기어비	1단	3.91
	2단	2.44
	3단	1.81
	4단	1.46
	5단	1.18
	6단	0.97
	7단	0.84
	후진	2.93
종감속 기어비	3.54	
상대변속비(총 변속비폭)	4.65	

(람보르기니 아벤타도르)

PSA

| PSA(푸조 시트로엥) | 🇫🇷 프랑스 |

현재 보유한 자원을 유효하게 활용하는 프랑스의 합리주의

엔진의 다운사이징과 합리화에도 적극적으로 임했던 PSA. 변속기에도 똑같은 자세를 유지하면서

소형차량에는 MT와 이것을 발전시킨 AMT, 고급모델에는 유단AT를 적용하는 결단을 내린다.

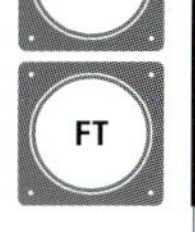
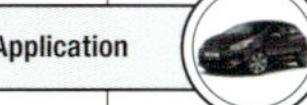

EGS/ETG

차종을 불문하고
폭넓게 사용되는 AMT

| 1. 입력 축 | 2. 출력 축 | 3. 전동유압 액추에이터 제어 시스템 |
| 4. ECU | 5. 액추에이터 | 6. S-Cam | 7. 기어 실렉터 |

Application — Citroen C4 PICASSO, Peugeot 208, 308 etc.

전통적으로 소형차량에 특화되었고 그 때문에 AT수요가 적은 PSA는 자동변속기에 대한 대응이 늦어져 유단AT나 DCT를 사용하기에는 비용적으로도 어려워졌다. 그래서 기존 MT 구조를 그대로 두고 약간의 시스템을 추가하는 것만으로 자동변속이 가능한 AMT를 센소드라이브(SensoDrive)라는 이름으로 2003년부터 선보였다. 경쟁업체인 르노가 CVT와 DCT를 같이 사용하는데 반해 크리프(Creep)기능을 추가한 6단사양인 EGT로 진화시켜 계속 사용한다.

Système S-Cam
S-Cam system

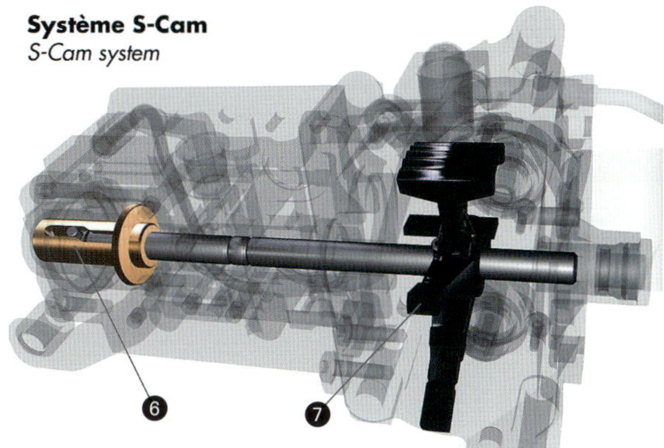

Specifications [ETG]

발진장치		건식단판 클러치
기어 단수		전진5단 / 후진1단
토크용량		미공개
기어비	1단	3.416
	2단	1.809
	3단	1.281
	4단	0.975
	5단	0.767
	후진	3.583
종감속 기어비		4.692
상대변속비(총 변속비폭)		4.45

(푸조 208)

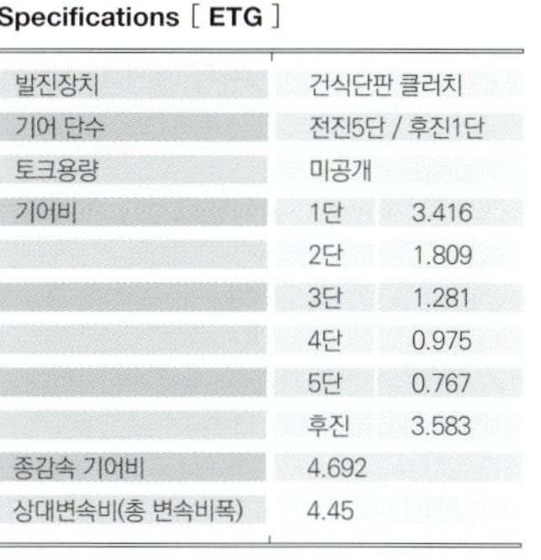

Hyundai/KIA

| 현대 / 기아 | | 대한민국 |

아시아 메이커의 신흥강자는 변속기도 자사에서 개발

MT부터 유단AT, DCT 심지어는 CVT에 이르기까지 모든 변속기를 자사에서 생산하는 것은
일본의 혼다와 한국의 현대뿐이다. 짧은 역사에도 불구하고 기술력을 자랑한다.

Specifications [Kappa CVT]

발진장치	토크 컨버터	
기어 단수	전진무단 / 후진1단	
토크용량	137Nm	
기어비	전진	미공개
	후진	미공개
종감속 기어비	미공개	

CVT
TRQ-C
FT

카파(Kappa) CVT

자체적으로 개발한
소형차량용 고효율 CVT

Application 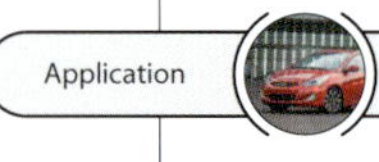 **Hyundai ACCENT, Kia MORNING, RAY etc.**

현대·기아그룹은 현대 파워텍이라는 변속기 전문 R&D부분을 갖고 있으면서 다양한 유단AT 외에 CVT까지도 개발·생산하고 있다. 금속벨트 방식으로 수용 토크용량은 약 140Nm. 부변속기가 딸린 건 조중량은 66kg으로, 일본제 CVT와 비교해도 손색없는 수치이다. 모터탑재를 고려한 하우징을 갖고 있는 HEV-CVT도 갖추고 있어서 자사뿐만 아니라 다른 메이커에 공급하는 것도 추진하고 있다.

7 DCT
D-CLT
FT

7단DCT

건식클러치 DCT가 제2세대로 진화

Application 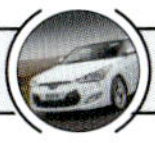 **Hyundai VELOSTER, Kia CEE'D**

2012년에 등장해 현대의 소형 스포츠카인 벨로스터에 탑재된 6단DCT가 2014년 파리쇼에서 7단으로 발전할 것이라는 발표가 있었다. 그때까지 NA모델에만 장착했던 것을 7단으로 바꾸면서 터보모델에도 차종을 확대할 예정이다. 그에 따라 수용 토크용량도 270Nm 정도까지 올라가게 되었다. 액추에이터는 클러치와 기어용 모두 전동이며, 건식 클러치 장치는 LuK제품을 계속 사용한다.

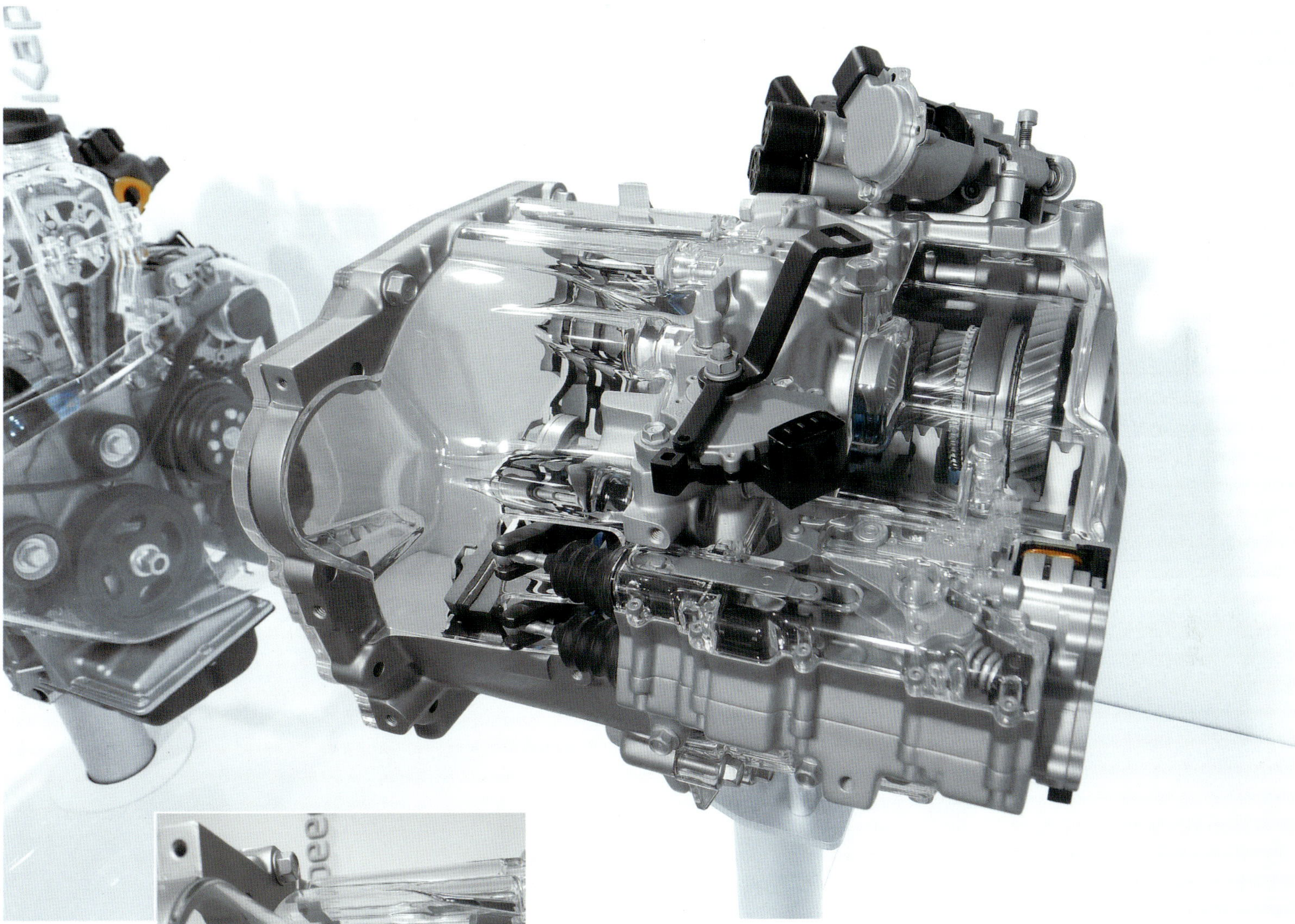

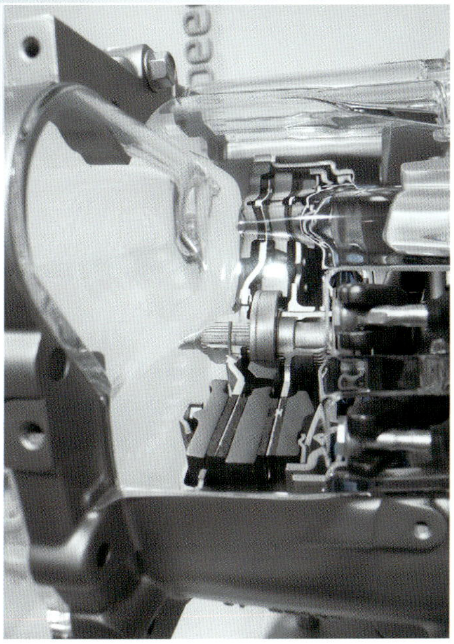

주력차종인 소나타 2015년 모델에도 1.6ℓ 직접분사 터보엔진과 7단DCT가 사용되었다. 기존 모델보다 6~7%의 연비향상을 강조함으로서, 현대에서는 DCT를 스포츠성보다 연비 · 환경 측면에서 이점이 있다고 어필하고 있는 것 같다.

Specifications [**7 speed DCT**]

발진장치	건식단판 클러치	
기어 단수	전진7단 / 후진1단	
토크용량	미공개	
기어비	1단	미공개
	2단	미공개
	3단	미공개
	4단	미공개
	5단	미공개
	6단	미공개
	7단	미공개
	후진	미공개
종감속 기어비	미공개	

Specifications

여기서는 각 모델에 어떤 엔진과 변속기가 탑재되어 있는지, 차종 별로 엔진 사양과 변속기어비를 정리했다.
또한 각 메이커의 사양은 본국 사양을 채택하고 있기 때문에 국내사양과는 다른 경우가 있다. OEM 차량은 제외했다.

MT/AMT/DCT

makes	model	grade	weight	engine power	engine torque	1st	2nd	3rd	4th	5th	6th	7th	reverse	final ratio	note
Toyota	COLLORA AXIO	1.5G	1080	80/6000	138/4400	3.545	1.904	1.233	0.855	0.725	–	–	3.250	3.941	
		1.5X	1070	80/6000	138/4400	3.545	1.904	1.233	0.855	0.725	–	–	3.250	3.941	
	COLLORA FIELDER	1.5G/1.5X	1120	80/6000	138/4400	3.545	1.904	1.233	0.855	0.725	–	–	3.250	3.941	
	86	GT	1230	147/7000	205/6400-6600	3.626	2.188	1.541	1.213	1.000	0.767	–	3.437	4.100	
		G	1210	147/7000	205/6400-6600	3.626	2.188	1.541	1.213	1.000	0.767	–	3.437	3.727	
		RC	1190	147/7000	205/6400-6600	3.626	2.188	1.541	1.213	1.000	0.767	–	3.437	3.727	
	IQ	130G MT	950	69/6000	118/4400	3.538	1.913	1.310	1.029	0.875	0.743	–	3.333	3.736	
	VITZ	RS	1020	80/6000	138/4400	3.166	1.904	1.392	1.031	0.815	–	–	3.250	4.312	
	AURIS	RS	1270	106/6200	180/3800	3.538	1.913	1.392	1.029	0.818	0.700	–	3.333	4.538	
	LANDCRUISER 70	van	2120	170/5200	360/3800	4.529	2.464	1.490	1.000	0.881	–	–	4.313	4.100	
		pickup	2220	170/5200	360/3800	4.529	2.464	1.490	1.000	0.881	–	–	4.313	4.300	
Nissan	NV350 CARAVAN	van/wagon	1660-1730	96/5600	178/4400	4.225	2.341	1.458	1.000	0.796	–	–	4.225	4.625	
		van/wagon	1790	96/5600	178/4400	4.225	2.341	1.458	1.000	0.796	–	–	4.225	4.375	
		van/wagon	1820-1890	95/3200	356/1400-2000	3.841	2.352	1.529	1.000	0.839	–	–	2.764	4.111	
		van/wagon	1950	95/3200	356/1400-2000	3.841	2.352	1.529	1.000	0.839	–	–	2.764	3.900	
	SKYLINE COUPE	SP	1680	245/7000	363/5200	3.794	2.324	1.624	1.271	1.000	0.794	–	3.446	3.692	
		S	1660	245/7000	363/5200	3.794	2.324	1.624	1.271	1.000	0.794	–	3.446	3.692	
	FAIRLADY Z	ST	1530	247/7000	365/5200	3.794	2.324	1.624	1.271	1.000	0.794	–	3.446	3.692	
		S	1520	247/7000	365/5200	3.794	2.324	1.624	1.271	1.000	0.794	–	3.446	3.692	
		base	1500	247/7000	365/5200	3.794	2.324	1.624	1.271	1.000	0.794	–	3.446	3.692	
		nismo	1530	247/7000 261/7400	365/5200 374/5200	3.794	2.324	1.624	1.271	1.000	0.794	–	3.446	3.692	
	X-TRAIL	20GT	1660-1680	127/3750	360/2000	3.727	2.043	1.322	0.947	0.723	0.596	–	3.641	4.266	
	GT-R	–	1960-1970	404/6400	632/3200-5800	4.056	2.301	1.595	1.248	1.001	0.796	–	3.383	3.700	DCT
Honda	VAMOS	G 2WD	990	33/5500	59/5000	4.083	2.500	1.680	1.133	0.911	–	–	4.300	5.714	
		G 4WD	1030	33/5500	59/5000	4.083	2.500	1.680	1.133	0.911	–	–	4.300	F 5.714 R 6.230	
	HOBIO	G 2WD	980	33/5500	59/5000	4.083	2.500	1.680	1.133	0.911	–	–	4.300	5.714	
		G 4WD	1020	33/5500	59/5000	4.083	2.500	1.680	1.133	0.911	–	–	4.300	F 3.272 R 6.230	
	FIT	13G	1000	73/6000	119/5000	3.461	1.869	1.235	0.948	0.809	–	–	3.307	4.625	
		RS	1050	97/6600	155/4600	3.461	1.869	1.303	1.054	0.853	0.727	–	3.307	4.625	
	CR-Z	–	1140	88/6600	145/4800	3.142	1.869	1.303	1.054	0.853	0.688	–	3.307	4.111	
Subaru	FORESTER	2.0i	1440	109/6200	196/4200	3.818	1.947	1.296	1.029	0.825	0.738	–	4.072	4.444	
	IMPREZA	1.6i	1260	85/5600	148/4000	3.454	1.888	1.296	0.972	0.738	–	–	3.333	4.444	
	BRZ	RA racing/S	1230	147/7000	205/6400-6600	3.626	2.188	1.541	1.213	1.000	0.767	–	3.437	4.100	
		R	1210	147/7000	205/6400-6600	3.626	2.188	1.541	1.213	1.000	0.767	–	3.437	(base) 3.727 (P.pack) 4.100	
		RA	1190	147/7000	205/6400-6600	3.626	2.188	1.541	1.213	1.000	0.767	–	3.437	(base) 3.727 (P.pack) 4.100	
	WRX STI	–	1480-1490	227/6400	422/4400	3.636	2.375	1.761	1.346	1.062	0.842	–	3.545	3.900	
Mazda	DEMIO	13S	1010	68/6000	121/4000	3.583	1.904	1.218	0.918	0.717	–	–	3.454	4.105	
		XD	1080	77/4000	220/1400-3200	3.230	1.652	1.088	0.775	0.580	0.490	–	3.454	3.850	
	AXELA	15C/15S	1240-1270	82/6000	144/3500	3.700	1.947	1.300	1.029	0.837	0.680	–	3.724	4.388	
		20S	1280	114/6000	196/4000	3.363	1.947	1.300	0.971	0.795	0.680	–	3.385	4.105	
		XD	1430	129/4500	420/2000	3.357	1.826	1.565	1.147	0.893	0.745	–	4.091	(1-2) 3.850 (3-6/rev) 2.961	
	ATENZA	XD 2WD	1510/1520	129/4500	420/2000	3.357	1.826	1.565	1.147	0.893	0.745	–	4.091	(1-2) 3.850 (3-6/rev) 2.961	
		XD 4WD	1580/1590	129/4500	420/2000	3.357	1.826	1.565	1.147	0.893	0.745	–	4.091	(1-2) 4.105 (3-6) 3.120 (rev) 2.928	
	ROADSTER	RS RHT	1160	125/7000	189/5000	3.815	2.260	1.640	1.177	1.000	0.787	–	3.603	4.100	
Mitsubishi	GALANT FORTIS/ SPORTBACK	RALLIART	1530	177/6000	343/3000	3.655	2.368	1.754	1.322	0.983	0.731	–	4.011	4.062	DCT
	LANCER EVOLUTION X	GSR	1550-1600	221/6500	422/3500	3.655	2.368	1.754	1.322	0.983	0.731	–	4.011	4.062	DCT
		GSR/SR	1420-1530	221/6500	422/3500	2.857	1.950	1.444	1.096	0.761	–	–	2.892	4.687	
Daihatsu	COPEN	–	850	47/6400	92/3200	3.181	1.842	1.250	0.916	0.750	–	–	3.142	5.545	
	MIRA	X "Special"	750-800	43/7200	65/4000	3.416	1.947	1.250	0.916	0.750	–	–	3.142	(2WD) 4.933 (4WD) 5.545	
Suzuki	HUSTLER	A/G	750-820	38/6000	63/4000	4.300	2.470	1.521	1.093	0.897	–	–	3.272	4.937	
	ALTO	F	690-750	40/6500	63/3500	4.300	2.470	1.521	1.093	0.897	–	–	3.583	(2WD) 4.526 (4WD) 4.937	
	JIMNY	XG/XC	980/990	47/6500	103/3500	5.106	3.017	1.908	1.264	1.000	–	–	5.151	4.300	
	JIMNY SIERRA	–	1050	65/6000	118/4000	4.425	2.304	1.674	1.190	1.000	–	–	5.151	3.416	
	SWIFT	XG/XL/RS	960	67/6000	118/4800	3.454	1.857	1.280	0.966	0.757	–	–	3.272	4.388	
	SWIFT SPORT	–	1040	100/6900	160/4400	3.615	2.047	1.518	1.156	0.918	0.794	–	3.481	3.944	
	ESCUDO	XG	1600	122/6000	225/4000	4.545	2.354	1.693	1.241	1.000	–	–	4.431	3.727	
Ford usa	FIESTA	S/SE/ Titanium	1151-1169	89/6350	152/5000	3.846	2.038	1.280	0.950	0.756	–	–	3.615	4.070	
		S/SE	1168-1192	89/6350	152/5000	3.917	2.429	1.436	1.021	0.867	0.700	–	3.507	(1/2/5/6) 3.89 (3/4/R) 4.35	DCT
		ST	1244	147/6350	274/4200	3.72	2.05	1.36	1.03	0.82	0.69	–	3.80	3.820	

makes	model	grade	weight	engine power	engine torque	1st	2nd	3rd	4th	5th	6th	7th	reverse	final ratio	note
	FOCUS	S/SE/Titanium	1319–1324	119/6500	198/4450	3.67	2.14	1.45	1.03	0.81	–	–	3.73	3.820	
		S/SE	1331–1317	119/6500	198/4450	3.917	2.429	1.436	1.021	0.867	0.700	–	3.507	(1/2/5/6) 3.85 (3/4/R) 4.28	DCT
		ST	1462	188/5500	366/2500	3.23	1.95	1.32	1.02	1.12	0.94	–	4.60	4.060	
	MUSTANG	2.3	1602	231/5500	434/2500–4500	4.236	2.538	1.665	1.238	1.000	0.704	–	3.40	3.31 (P.pack) 3.55	
		V6	1599	223/6500	380/4000	4.236	2.538	1.665	1.238	1.000	0.704	–	NA	3.15 (opt) 3.55	
		V8	1681	324/6500	542/4250	3.657	2.430	1.686	1.315	1.000	0.651	–	NA	3.31 (opt) 3.55 (P.pack) 3.73	
		GT500	1746–1801	494/6500	856/4000	2.66	1.82	1.30	1.00	0.77	0.50	–	NA	3.310	
Ford eu	KA	–	940	69/5500	102/3000	3.909	2.158	1.480	1.121	0.897	–	–	3.818	3.438	
	FIESTA	1.0 Ti-VCT	1045–1055	59/6300	105/4100	3.583	1.926	1.281	0.951	0.756	–	–	3.615	4.560	
		1.0 EcoBoost	1091–1101	92/6000	170/1400–4500	3.583	1.926	1.206	0.878	0.689	–	–	3.615	3.610	
		1.0 EcoBoost	1112–1122	74/6000	170/1400–4000	3.917	2.429	1.436	1.021	0.867	0.702	–	3.507	?	DCT
		1.25 Duratec	1045–1055	60/5800	114/4200	3.583	1.926	1.281	0.951	0.756	–	–	3.615	4.060	
		1.4 Duratec	1044–1054	71/5750	128/4200	3.583	1.926	1.281	0.951	0.756	–	–	3.615	4.060	
		1.6 Duratec	1108–1117	77/6300	150/4200–4500	3.917	2.429	1.595	1.135	0.867	0.702	–	3.9	4.105	
		1.6 Ti-VCT	1089–1098	77/6300	150/4200–4500	3.920	2.430	1.440	1.020	0.870	0.700	–	3.510	4.100	DCT
		1.5 Duratorq	1108–1118	55/3750	185/1750	3.583	1.926	1.206	0.878	0.689	–	–	3.615	3.370	
		1.6 Duratorq	1108–1117	70/3800	200/1750	3.583	1.926	1.206	0.878	0.689	–	–	3.615	3.37 3.05	
		ST	1163	134/5700	240/1600–5000	3.727	2.048	1.357	1.032	0.821	0.690	–	3.818	3.824	
	B-MAX	1.0 EcoBoost	1279	88/6000	170/1400–4500	3.583	1.926	1.281	0.951	0.756	–	–	3.615	4.059	
		1.4 Duratec	1275	66/5750	125/4000	3.583	1.926	1.281	0.951	0.756	–	–	3.615	4.250	
		1.5 Duratorq	1307	55/3750	185/1700	3.583	1.926	1.206	0.878	0.689	–	–	3.615	3.370	
		1.6 Duratorq	1310	70/3800	215/1750	3.583	1.926	1.206	0.878	0.689	–	–	3.615	3.370	
	ECOSPORT	1.0 EcoBoost	NA	92/6000	170/1400–4000	3.583	1.926	1.281	0.951	0.756	–	–	3.615	4.250	
		1.5 Duratec	NA	82/6300	140/4300	3.846	2.038	1.281	0.951	0.756	–	–	3.615	4.563	
		1.5 Duratorq	NA	90/3750	205/1750	3.583	1.926	1.281	0.951	0.756	–	–	3.615	3.610	
	FOCUS	1.0 EcoBoost	1276–1485	74/6000	170/1400–4000	3.583	1.926	1.281	0.951	0.756	–	–	3.620	4.250	
		1.0 EcoBoost	1306–1518	92/6000	170/1400–4500	3.727	2.048	1.357	1.032	0.821	0.690	–	3.820	4.070	
		1.5 EcoBoost	1325–1524	134/6000	240/1600–5000	3.727	2.048	1.357	1.032	0.821	0.690	–	3.820	4.070	
		1.6 Ti-VCT	1264–1485	92/6000	159/4000	3.583	1.926	1.281	0.951	0.756	–	–	3.620	4.250	
		1.5 TDCi	1338–1564	88/3600	270/1750–2500	3.727	2.048	1.258	0.919	0.738	0.622	–	3.818	3.611	
		1.5 TDCi		88/3600	270/1750–2500	3.583	1.952	1.194	0.829	0.943	0.756	–	4.843	3.933	DCT
		1.6 TDCi	1332–1535	84/3600	270/1750–2500	3.727	2.048	1.258	0.919	0.738	0.622	–	3.818	3.611	
		2.0 TDCi	1415–1628	110/3750	370/2000–3250	3.583	1.864	1.156	0.816	0.886	0.737	–	1.423	?	
		2.0 TDCi	1415–1628	110/3750	370/2000–3250	3.583	1.952	1.194	0.829	0.943	0.756	–	4.843	3.933	DCT
	C-MAX/GRAND C-MAX	1.0 EcoBoost	1391–1493	74/6000	170/1500–4000	3.727	2.048	1.357	1.032	0.821	0.690	–	3.818	4.067	
		1.6 Ti-VCT	1374	77/6000	150/4000–4500	3.545	2.045	1.414	1.108	0.878	–	–	3.615	4.070	
		1.6 EcoBoost	1385–1496	134/5700	240/1600–5000	3.727	2.048	1.357	1.032	0.821	0.690	–	3.818	4.067	
		1.6 Duratorq	1390–1504	85	270	3.73	2.05	1.26	0.92	0.74	0.62	–	3.82	3.61	
		2.0 Duratorq	1488–1575	120	320	3.58	1.95	1.24	0.87	0.94	0.79	–	5.1	3.69/2.68	
		2.0 Duratorq	1550–1634	120	340	3.58	1.95	1.19	0.84	0.94	0.79	–	4.84	4.07/2.91	DCT
	KUGA	1.6 EcoBoost	1580	110/5700	240/1600–2400	3.818	2.150	1.423	1.029	1.129	0.943	–	1.423	(1–4) 4.063 (5–6/R) 2.955	
		2.0 Duratorq	1605	103/3750	320/1750–2750	3.583	1.952	1.241	0.868	0.943	0.789	–	4.423	(1–4) 4.063 (5–6/R) 2.995	
		2.0 Duratorq	1692	120/3750	340/2000–3250	3.583	1.952	1.241	0.868	0.943	0.789	–	4.423	(1–4) 4.533 (5–6/R) 3.238	
		2.0 Duratorq	1707	120/3750	340/2000–3250	3.583	1.952	1.194	0.842	0.943	0.789	–	4.843	(1–4) 4.533 (5–6/R) 3.238	DCT
	MONDEO	1.0 EcoBoost	1454–1476	92/6000	170/1400–4500	3.727	2.048	1.357	1.032	0.821	0.690	–	3.818	4.270	
		1.5 EcoBoost	1484–1504	118/6000	240/1500–4500	3.727	2.048	1.258	0.919	0.738	0.622	–	3.818	3.070	
		1.6 TDCi	1492–1515	85/3600	270/1750–2000	3.727	2.048	1.258	0.919	0.738	0.622	–	3.818	3.61 3.35	
		2.0 TDCi	1577–1602	110/3500	350/2000–2500	3.583	1.864	1.156	0.816	0.886	0.737	–	NA	3.813 2.773	
		2.0 TDCi	1579–1609	132/3500	400/2000–2500	NA	NA	NA	NA	NA	NA	–	NA	4.357 2.905	DCT
	MUSTANG	2.3 EcoBoost	1620	231/5500	434/3000	4.236	2.538	1.665	1.238	1.000	0.834	–	3.40	3.310	
		5.0 Ti-VCT	1651	308/6500	524/4250	3.657	2.430	1.686	1.315	1.000	0.651	–	NA	3.550	
	S-MAX	1.6 EcoBoost	1602	118/5700	240/1600–4000	3.8	2.15	1.42	1.03	1.13	0.94	–	5.43	4.06/2.96	
		2.0 EcoBoost	1676	176/6000	340/1900–3500	3.82	2.15	1.41	1.03	1.19	0.97	–	5.28	3.93/2.68	DCT
		1.6 TDCi	1703	85/3600	270/1750–2500	3.58	1.95	1.25	0.87	0.94	0.79	–	5.1	4.06/2.96	
		2.0 TDCi	1690	103/3750	320/1750–2750	3.583	1.952	1.241	0.868	0.943	0.789	–	1.423	(1–4) 4.063 (5–6/R) 2.955	
		2.0 TDCi	1689	120/3750	340/2000–3250	3.583	1.952	1.194	0.842	0.943	0.789	–	4.067	(1–4) 4.067 (5–6/R) 2.905	DCT
		2.2 TDCi	1734	147/3750	420/1750–3000	3.39	1.91	1.19	0.83	0.65	0.54	–	3.23	4.27	
	GALAXY	1.6 EcoBoost	1734	118/5700	240/1600–4000	3.81	2.15	1.42	1.03	1.13	0.94	–	5.43	4.07/3.00	
		2.0 EcoBoost	1727	176/6000	340/1900–3500	3.82	2.15	1.41	1.03	1.19	0.97	–	5.28	3.93/2.68	DCT
		1.6 TDCi	1734	85/3600	270/1750–2500	3.58	1.95	1.24	0.87	0.94	0.79	–	5.10	4.06/2.96	
		2.0 TDCi	1733	103/3750	320/1750–2750	3.583	1.952	1.241	0.868	0.943	0.789	–	1.423	(1–4) 4.063 (5–6/R) 2.955	
		2.0 TDCi	1731	120/3750	340/2000–3250	3.583	1.952	1.194	0.842	0.943	0.789	–	4.067	(1–4) 4.067 (5–6/R) 2.905	DCT
		2.2 TDCi	1840	147/3500	420/1750–3000	3.39	1.91	1.19	0.83	0.65	0.54	–	3.23	4.27	
	RANGER	2.2 Duratorq	1791–2063	120/3700	375/1500–2500	5.441	2.839	1.721	1.223	1.000	0.794	–	4.935	3.31 3.55	
		3.2 Duratorq	2073–2083	147/3000	470/1500–2500	5.441	2.839	1.721	1.223	1.000	0.794	–	4.935	3.550	
	TOURNEO COURIER	1.0 EcoBoost	1185–1190	74/6000	170/1400–4000	3.583	1.926	1.281	0.951	0.756	–	–	3.615	4.056	
		1.5 TDCi	1205	55/3750	190/1700–2000	3.583	1.926	1.206	0.878	0.689	–	–	3.615	3.370	
		1.6 TDCi	1205	70/3800	215/1750–2500	3.583	1.926	1.206	0.878	0.689	–	–	3.615	3.370	
	TOURNEO CONNECT	1.0 EcoBoost	1420	74/6000	170/1400–4000	3.727	1.864	1.121	0.780	0.844	0.683	–	3.625	4.270	
		1.6 EcoBoost	1469–1523	110/5700	240/1600–4000	4.584	2.964	1.912	1.446	1.000	0.746	–	2.943	3.066	
		1.6 TDCi	1458–1512	70/3600	230/1500–2000	3.800	2.048	1.258	0.865	0.674	–	–	3.727	3.56 3.41	
		1.6 TDCi	1467–1521	85/3600	270/1750–2500	3.583	1.864	1.194	0.868	0.943	0.789	–	3.615	3.690	
	TOURNEO CUSTOM	2.2 TDCi	1900–2165	114/3500	385/1600	NA	NA	NA	NA	NA	NA	–	NA	NA	
Chevrolet	SPARK	1.2 Ecotec	1029	63/6400	113/4200	3.54	2.05	1.32	0.95	0.76	–	–	3.39	4.210	
	SONIC	1.4 turbo	–	103/4900	200/2500	3.82	2.05	1.30	0.96	0.74	0.61	–	3.55	3.650	
		1.4 turbo RS	–	103/4900	200/2500	4.27	2.35	1.48	1.07	0.88	0.74	–	3.82	4.176	
		1.8	–	103/6300	170/3800	3.72	1.96	1.32	0.94	0.75	–	–	3.30	3.950	
	CRUZE	1.4 turbo	1366	103/4900	200/2500	4.27	2.53	1.47	1.07	0.87	0.74	–	3.82	3.830	
		1.4 turbo Eco	1366	103/4900	200/2500	4.27	2.16	1.30	0.96	0.74	0.61	–	3.82	3.830	
		1.8	1403	103/6300	170/3800	3.82	2.16	1.47	1.07	0.87	0.74	–	3.54	3.940	
	SS	6.2	1796	310/5900	563/4600	3.01	2.07	1.43	1.00	0.71	0.57	–	3.28	3.700	
	CAMARO	LS/LT	1687–1821	241/6800	377/4800	4.48	2.58	1.63	1.19	1.00	0.75	–	3.67	3.270	
		SS-LS3	1773–1892	318/5900	569/4600	2.66	1.78	1.30	1.00	0.74	0.50	–	2.90	3.910	

makes	model	grade	weight	engine power	engine torque	1st	2nd	3rd	4th	5th	6th	7th	reverse	final ratio	note
		SS-L99	1773-1892	298/5900	556/4300	3.01	2.07	1.43	1.00	0.84	0.57	–	3.28	3.450	
		Z28	1732	376/6100	652/4800	2.66	1.78	1.30	1.00	0.80	0.63	–	2.90	3.910	
		ZL1	1869-1987	432/6000	754/4200	2.66	1.78	1.30	1.00	0.80	0.63	–	2.90	3.730	
	CORVETTE	–	1499-1529	339/6000	624/4600	2.66	1.78	1.30	1.00	0.74	0.50	0.42	2.90	3.420	
		Z06	1598-1625	485/6400	881/3600	2.29	1.61	1.21	1.00	0.82	0.68	0.45	2.70	3.420	
Buick	VERANO	2.0 Ecotec Turbo	1610	187/5300	353/2000	4.17	2.13	1.32	0.95	0.75	0.62	–	3.75	3.550	
	REGAL	GS FWD	1683	193/5300	400/3000-4000	3.92	2.04	1.32	0.95	0.76	0.62	–	3.75	3.760	
Cadillac	ATS	2.0 Turbo	1530-1620	203/5500	400/3000-4600	4.12	2.62	1.81	1.30	1.00	0.80	–	3.75	3.270	
	ATS-V	–	–	339/5750	603/3500	3.01	2.07	1.43	1.00	0.84	0.57	–	3.28	3.730	
Dodge	CHALLENGER	R/T	1852	277/5200	542/4400	2.97	2.10	1.46	1.00	0.74	0.50	–	2.90	3.900	
		SRT 392	1923	362/6100	644/4200	2.97	2.10	1.46	1.00	0.74	0.50	–	2.90	3.900	
		SRT Hellcat	2018	527/6000	881/4000	2.26	1.58	1.19	1.00	0.77	0.63	–	2.90	3.700	
	DART	AERO	1398	119/5500	250/2500-4000	3.90	2.11	1.36	0.97	0.75	0.62	–	4.00	4.110	
		AERO	1423	119/5500	250/2500-4000	4.15	2.26	1.44	0.97	0.75	0.62	–	4.00	3.830	DCT
		SE	1416	119/6400	200/4600	3.90	2.11	1.36	0.97	0.75	0.62	–	4.00	NA	
		SXT/Limited/GT	1436	138/6250	200/4800	3.90	2.11	1.36	0.97	0.75	0.62	–	4.00	NA	
	VIPER SRT	–	1526-1549	481/6200	814/5000	2.26	1.58	1.19	1.00	0.77	0.63 0.50	–	NA	3.550	
Jeep	COMPASS	Sport	1409	117/6400	191/5000	3.77	2.16	1.41	1.026	0.72	–	–	3.417	4.120	
		Sport	1407-1478	129/6000	224/4400	3.77	2.16	1.41	1.026	0.72	–	–	3.417	4.120	
	PATRIOT	Sport/Latitude	1421	117/6400	191/5000	3.77	2.16	1.41	1.026	0.72	–	–	3.417	4.120	
		Sport/Latitude	1423-1492	129/6000	224/4400	3.77	2.16	1.41	1.026	0.72	–	–	3.417	4.120	
	RENEGADE	1.4 Multiair Turbo	1381-1444	119/5500	250/2500-4000	4.154	2.118	1.361	0.978	0.756	0.622	–	4.00	4.438 3.579 3.833	
	WRANGLER	–	1403-1957	209/6400	353/4800	4.46	2.61	1.72	1.25	1.00	0.797	–	4.06	3.21 3.73 4.10	
Jaguar	F-Type	V6	1567	250/6500	332/3500-5000	4.110	2.315	1.542	1.179	1.000	0.846	–	3.727	3.310	
Land Rover	RANGEROVER EVOQUE	SD4	1595-1700	140/3500	420/1750	3.750	1.905	1.182	0.838	0.652	0.540	–	2.750	4.530	
	DISCOVERY SPORT	SD4	1765-1854	140/3500	420/1750	NA	NA	NA	NA	NA	NA	–	NA	NA	
	FREELANDER 2	TD4	1710-1785	110/4000	310/1750	3.750	1.905	1.182	0.838	0.652	0.540	–	3.436	4.530	
	DIFENDER	–	1740-1955	90/3500	360/2000	5.44	2.84	1.72	1.22	1.00	0.74	–	4.94	3.540	
Aston Martin	V12 VANTAGE S	–	1665	427/6750	620/5750	3.29	2.16	1.61	1.27	1.03	0.85	–	3.29	3.730	
	V8 VANTAGE S	–	1710	321/7300	490/5000	3.29	2.16	1.61	1.27	1.03	0.85	0.68	3.29	3.730	AMT
	V8 VANTAGE	–	1630	313/7300	470/5000	3.154	1.970	1.435	1.148	0.935	0.775	–	2.380	3.910	
Lotus	Elise	1.6	875	100/6800	160/4400	3.54	1.91	1.31	0.97	0.82	0.70	–	3.33	4.29	
		S	925	162/6800	250/4600	NA	NA	NA	NA	NA	NA	–	NA	NA	
	Exige	–	1080	257/7000	400/4500	3.54	1.91	1.41	1.09	0.97	0.86	–	3.83	3.78/3.24	
	Evora	3.5 V6	1380	206/6400	350/4600	3.54	1.91	1.41	1.09	0.97	0.86	–	3.83	3.78/3.24	
		S	1435	258/7000	400/4500	NA	NA	NA	NA	NA	NA	–	NA	NA	
Mercedes-Benz	A	180/200	1370	115/5300	250/1250-4000	4.31	2.44	1.35	0.94	0.82	0.70	–	3.38	3.350	
		180/200	1395	115/5300	250/1250-4000	3.86	2.43	2.90	1.19	0.87	1.16	0.94	3.10	4.130	DCT
		180 B-Eff.	1360	90/5000	200/1250-4000	3.94	2.04	1.09	0.76	0.67	0.59	–	3.12	3.670	
		220/250/Sport 4MATIC	1505	155/5500	350/1200-4000	3.86	2.43	2.67	1.05	0.78	1.05	0.84	3.38	4.600	DCT
		250/Sport	1445	155/5500	350/1200-4000	3.86	2.43	2.67	1.05	0.78	1.05	0.84	3.38	4.130	DCT
		45 AMG 4MATIC	1555	265/6000	450/2250-5000	3.86	2.43	2.67	1.05	0.78	1.05	0.84	3.38	4.130	DCT
		160/180 CDI	1200	80/4000	260/1750-2500	3.94	2.04	1.09	0.76	0.67	0.59	–	3.12	3.670	
		160/180 CDI	1200	80/4000	260/1750-2500	3.86	2.43	2.90	1.19	0.87	1.16	0.94	3.10	4.130	DCT
		180 CDI B-Eff.	1385	80/4000	260/1750-2500	3.94	2.04	1.09	0.76	0.67	0.59	–	3.12	3.350	
		200/220 CDI	1455	100/3200-4000	300/1400-3000	3.86	2.43	2.67	1.05	0.78	1.05	0.84	3.38	4.130	DCT
		200/220 CDI 4MATIC	1545	125/3400-4000	350/1400-3400	3.86	2.43	2.67	1.05	0.78	1.05	0.84	3.38	4.600	DCT
	GLA	200	1395	115/5300	250/1250-4000	4.31	2.44	1.35	0.94	0.82	0.70	–	3.38	3.670	
		200	1435	115/5300	250/1250-4000	3.86	2.43	2.91	1.19	0.87	1.16	0.94	3.10	4.600	DCT
		250/4MATIC	1505	155/5500	350/1200-4000	3.86	2.43	2.67	1.05	0.78	1.05	0.84	3.38	4.600	DCT
		45 AMG 4MATIC	1585	265/6000	450/2250-5000	3.86	2.43	2.67	1.05	0.78	1.05	0.84	3.38	4.130	DCT
		180 CDI	1440	80/4000	260/1750-2500	4.31	2.26	1.22	0.86	0.72	0.59	–	3.38	?	
		180 CDI	1470	80/4000	260/1750-2500	3.86	2.43	2.67	1.05	0.78	1.05	0.84	3.38	4.600	DCT
		200 CDI	1505	100/3200-4000	300/1400-3000	4.31	2.44	1.35	0.94	0.82	0.70	–	3.38	4.280	
		200/220 CDI/4MATIC	1535	125/3400-4000	350/1400-3400	3.86	2.43	2.67	1.05	0.78	1.05	0.84	3.38	4.600	DCT
	CLA	180/200	1395	115/5300	250/1250-4000	4.31	2.44	1.35	0.94	0.82	0.70	–	3.38	3.350	
		180/200	1430	115/5300	250/1250-4000	3.86	2.43	2.90	1.19	0.87	1.16	0.94	3.10	4.130	DCT
		180 B-Eff.	1390	90/5000	200/1250-4000	3.94	2.04	1.09	0.76	0.67	0.59	–	3.12	3.670	
		250/Sport	1490	155/5500	350/1200-4000	3.86	2.43	2.67	1.05	0.78	1.05	0.84	3.38	4.130	DCT
		250/Sport 4MATIC	1550	155/5500	350/1200-4000	3.86	2.43	2.67	1.05	0.78	1.05	0.84	3.38	4.600	DCT
		45 AMG 4MATIC	1585	265/6000	450/2250-5000	3.86	2.43	2.67	1.05	0.78	1.05	0.84	3.38	4.130	DCT
		180 CDI	1450	80/4000	260/1750-2500	3.94	2.04	1.09	0.76	0.67	0.59	–	3.12	3.670	
		180 CDI	1475	80/4000	260/1750-2500	3.86	2.43	2.67	1.05	0.78	1.05	0.84	3.38	4.130	DCT
		200 CDI	1500	100/3200-4000	300/1400-3000	3.94	2.04	1.09	0.76	0.67	0.59	–	3.12	3.350	
		200 CDI	1525	100/3200-4000	300/1400-3000	3.86	2.43	2.67	1.05	0.78	1.05	0.84	3.38	4.130	DCT
		200 CDI 220 CDI/4MATIC	1580	130/3400-4000	350/1400-3400	3.86	2.43	2.67	1.05	0.78	1.05	0.84	3.38	4.600	DCT
	B	180/B-Eff./200	1395	115/5300	250/1250-4000	4.31	2.44	1.35	0.94	0.82	0.70	–	3.38	3.350	
		180/200	1395	115/5300	250/1250-4000	3.86	2.43	2.90	1.19	0.87	1.16	0.94	3.10	4.130	DCT
		200 NG-drive	1505	115/5000	270/1250-4000	3.94	2.04	1.09	0.76	0.67	0.59	–	3.12	3.670	
		200 NG-drive	1535	115/5000	270/1250-4000	3.86	2.43	2.67	1.05	0.78	1.05	0.84	3.38	4.130	DCT
		220/250 4MATIC	1505	155/5500	350/1200-4000	3.86	2.43	2.67	1.05	0.78	1.05	0.84	3.38	4.600	DCT
		250	1465	155/5500	350/1200-4000	3.86	2.43	2.67	1.05	0.78	1.05	0.84	3.38	4.130	DCT
												–			
		160/180 CDI	1420	80/4000	260/1750-2500	3.94	2.04	1.09	0.76	0.67	0.59	–	3.12	3.670	
		160/180 CDI	1450	80/4000	260/1750-2500	3.86	2.43	2.90	1.19	0.87	1.16	0.94	3.10	4.130	DCT
		180 CDI B-Eff.	1395	80/4000	260/1750-2500	3.94	2.04	1.09	0.76	0.67	0.59	–	3.12	3.350	
		200/220 CDI	1485	100/3200-4000	300/1400-3000	3.94	2.04	1.09	0.76	0.67	0.59	–	3.12	3.850	
		200/220 CDI	1505	130/3600-3800	350/1400-3400	3.86	2.43	2.67	1.05	0.78	1.05	0.84	3.38	4.130	DCT

makes	model	grade	weight	engine power	engine torque	1st	2nd	3rd	4th	5th	6th	7th	reverse	final ratio	note
		200/220 CDI 4MATIC	1575	130/3600-3800	350/1400-3400	3.86	2.43	2.67	1.05	0.78	1.05	0.84	3.38	4.600	DCT
	C	180/200	1445	135/5500	300/1200-4000	4.75	2.46	1.62	1.24	1.00	0.79	–	4.47	2.650	
		180/200 B-TEC	1485	100/3800	300/1500-3000	5.65	2.92	1.82	1.33	1.00	0.79	–	5.32	2.650	
		220 B-TEC	1550	125/3000-4200	400/1400-2800	4.79	2.51	1.46	1.00	0.78	0.67	–	4.48	2.650	
	E	200	1615	135/5500	270/1200-4000	4.99	2.82	1.78	1.25	1.00	0.82	–	4.54	3.070	
		200/220 B-TEC/B-Eff.	1735	125/3000-4200	400/1400-2800	5.01	2.83	1.79	1.26	1.00	0.83	–	4.57	2.470	
		250 B-TEC	1785	150/3800	500/1600-1800	5.10	2.78	1.75	1.25	1.00	0.81	–	4.62	2.470	
	GLK	200	1735	135/5500	300/1200	5.01	2.83	1.79	1.26	1.00	0.83	–	4.57	3.270	
		200/220 CDI	1825	125/3000-4200	400/1400-2800	5.01	2.83	1.79	1.26	1.00	0.83	–	4.57	2.820	
	SLK	200	1435	135/5250	270/1800-4600	4.99	2.82	1.78	1.25	1.00	0.82	–	4.54	2.870	
		250	1475	150/5500	310/2000-4300	4.46	2.61	1.72	1.25	1.00	0.84	–	4.06	2.870	
		250 CDI	1570	150/3800	500/1600-1800	5.10	2.78	1.75	1.25	1.00	0.81	–	4.62	2.470	
	AMG-GT	–	1615	340/6000	600/1600-5000	3.400	2.190	1.630	1.290	1.030	0.840	0.630	2.790	3.670	
Porsche	BOXSTER	–	1330	195/6700	280/4500-6500	3.67	2.05	1.46	1.13	0.97	0.84	–	3.33	3.890	
		–	1360	195/6700	280/4500-6500	3.91	2.29	1.65	1.30	1.08	0.88	0.62	3.55	3.250	DCT
		S/GTS	1345	243/6700	370/4500-5800	3.31	1.95	1.41	1.13	0.95	0.81	–	3.00	3.890	
		S/GTS	1375	243/6700	370/4500-5800	3.91	2.29	1.65	1.30	1.08	0.88	0.62	3.55	3.250	DCT
	CAYMAN	–	1330	202/7400	290/4500-6500	3.67	2.05	1.46	1.13	0.97	0.84	–	3.33	3.890	
		–	1360	202/7400	290/4500-6500	3.91	2.29	1.65	1.30	1.08	0.88	0.62	3.55	3.250	DCT
		S/GTS	1345	250/7400	380/4750-5800	3.31	1.95	1.41	1.13	0.95	0.81	–	3.00	3.890	
		S/GTS	1375	250/7400	380/4750-5800	3.91	2.29	1.65	1.30	1.08	0.88	0.62	3.55	3.250	DCT
	911	carrera/S/GTS coupe/cabriolet/targa 4WD	1540	316/7500	440/5750	3.91	2.29	1.55	1.30	1.08	0.88	0.71	3.55	3.44 (front) 3.33	
		carrera/S/GTS coupe/cabriolet/targa 4WD	1560	316/7500	440/5750	3.91	2.29	1.65	1.30	1.08	0.88	0.62	3.55	3.44 (front) 3.33	DCT
		turbo/S/cabriolet	1665	412/6500-6750	700/2100-4250	3.91	2.29	1.58	1.18	0.94	0.79	0.62	3.55	3.44 (front) 3.33	DCT
		GT3	1430	350/8250	440/6250	3.75	2.38	1.72	1.34	1.11	0.96	0.84	3.42	3.970	DCT
	PANAMERA	–	1770	228/6200	400/3750	5.97	3.31	2.01	1.37	1.00	0.81	0.59	4.57	3.700	DCT
		4	1820	228/6200	400/3750	5.97	3.31	2.01	1.37	1.00	0.81	0.59	4.57	3.900	DCT
		S/4S/GTS	1925	309/6000	520/1750-5000	5.97	3.31	2.01	1.37	1.00	0.81	0.59	4.57	3.550	DCT
		turbo/S	1970	382/6000	700/2250-4500	5.97	3.31	2.01	1.37	1.00	0.81	0.59	4.57	3.150	DCT
	MACAN	S	1865	250/5500-6500	460/1450-5000	3.69	2.15	1.41	1.03	0.79	0.63	0.52	2.94	3.88 (front) 4.40	DCT
		S diesel	1880	190/4000-4250	580/1750-2500	3.69	2.15	1.34	0.97	0.74	0.57	0.46	2.94	4.13 (front) 4.67	DCT
		turbo	1925	294/6000	550/1350-4500	3.69	2.15	1.41	1.03	0.79	0.63	0.52	2.94	4.13 (front) 4.67	DCT
	918	–	1674	453/8500	528	3.91	2.29	1.58	1.19	0.97	0.83	0.67	3.55	3.090	DCT
Audi	A1	1.4 TFSI 92kW	1105	92/5000	200/1400-4000	3.615	1.947	1.281	0.973	0.778	0.646		3.181	3.625	
		1.4 TFSI 92kW/110kW	1155	110/5000	250/1500-3500	3.500	2.087	1.343	0.933	0.974	0.778	0.653	3.721	(1-4) 3.429 (5-7/R) 4.500	DCT
		1.4 TFSI 110kW	1145	110/5000	250/1500-3500	3.769	2.087	1.469	1.088	1.108	0.912	–	4.549	(1-4) 3.450 (5-6/R) 2.760	DCT
		1.8 TFSI	1180	141/5400	250/1250-5300	3.500	2.087	1.343	0.940	0.978	0.780	0.653	3.721	(1-4) 4.800 (5-7) 3.429 (R) 4.500	DCT
		1.4 TDI	1120	66/3250	230/1500-2500	3.769	1.955	1.281	0.927	0.740	–	–	3.182	3.625	
		1.4 TDI	1145	66/3250	230/1500-2500	3.765	2.273	1.531	1.122	1.176	0.951	0.795	4.176	(1-4) 3.227 (5-7/R) 4.167	DCT
		1.6 TDI	1175	85/3500-3800	250/1500-3200	3.778	2.118	1.269	0.865	0.660	–	–	3.600	3.158	
		1.6 TDI	1200	85/3500-3800	250/1500-3200	3.500	2.087	1.343	0.933	0.974	0.778	0.653	3.721	(1-4) 3.227 (5-7/R) 4.167	DCT
	S1	–	1315	170/6000	370/1600-3000	3.357	2.087	1.481	1.088	1.097	0.912	–	3.087	(1-4) 3.990 (5-6/R) 3.944	
	A3	1.2 TFSI	1180	81/4600-5600	175/1400-4000	3.615	1.947	1.281	0.973	0.778	0.646	–	3.182	4.056	
		1.2 TFSI 1.4 TFSI 92kW	1225	92/5000-6000	200/1400-4000	3.765	2.273	1.531	1.122	1.176	0.951	0.795	4.170	(1-4) 4.438 (5-7) 3.227 (R) 4.176	DCT
		1.4 TFSI	1205	92/5000-6000	200/1400-4000	3.615	1.947	1.281	0.973	0.778	0.646	–	3.182	4.056	
		1.4 TFSI 110kW	1225	110/5000-6000	250/1500-3500	3.778	2.118	1.360	1.029	0.857	0.733	–	3.600	3.647	
		1.4 TFSI 110kW 1.6 TDI	1280	81/3200-4000	250/1500-3000	3.500	2.087	1.343	0.933	0.974	0.778	0.653	3.721	(1-4) 4.800 (5-7) 3.429 (R) 4.500	DCT
		1.8 TFSI	1260	132/5100-6200	250/1250-5000	3.777	2.117	1.360	1.029	0.857	0.733	–	3.600	3.647	
		1.8 TFSI	1280	132/5100-6200	250/1250-5000	3.765	2.273	1.531	1.122	1.176	0.951	0.795	4.170	(1-4) 4.438 (5-7) 3.227 (R) 4.176	DCT
		1.8 TFSI quattro	1370	132/5100-6200	250/1250-5000	3.462	2.050	1.300	0.902	0.914	0.756	–	4.375	(1-4) 3.333 (5-6/R) 3.989	DCT
		1.6 TDI clean diesel	1260	81/3200-4000	250/1500-3000	4.111	2.118	1.360	0.971	0.733	0.592	–	4.000	3.389	
		1.6 TDI ultra	1240	81/3200-4000	250/1500-3000	3.778	1.944	1.269	0.971	0.773	0.625	–	3.600	3.158	
		2.0 TDI 110kW	1305	110/3500-4000	340/1750-3000	3.769	1.958	1.257	0.869	0.857	0.717	–	4.549	(1-4) 3.450 (5-6/R) 2.760	
		2.0 TDI 110kW	1320	110/3500-4000	340/1750-3000	3.462	1.905	1.125	0.756	0.763	0.622	–	3.989	(1-4) 4.375 (5-6/R) 3.333	DCT
		2.0 TDI 110kW clean diesel quattro	1385	110/3500-4000	340/1750-3000	3.769	1.958	1.257	0.869	0.857	0.717	–	4.549	(1-4) 3.875 (5-6/R) 3.100	
		2.0 TDI 135kW	1285	135/3500-4000	380/1750-3250	3.769	2.087	1.324	0.919	0.902	0.757	–	4.549	(1-4) 3.450 (5-6/R) 2.760	
		2.0 TDI 135kW	1285	135/3500-4000	380/1750-3250	3.462	1.913	1.125	0.756	0.763	0.622	–	3.989	(1-4) 4.375 (5-6/R) 3.333	DCT
	S3	–	1405	221/5500-6200	380/1800-5500	3.357	2.087	1.481	1.088	1.097	0.912	–	3.087	(1-4) 3.990 (5-6/R) 3.944	
		–	1425	221/5500-6200	380/1800-5500	2.923	1.833	1.308	0.969	1.037	0.813	–	3.444	(1-4) 3.264 (5-6/R) 1.769	
	A4	1.8 TFSI 88kW	1430	88/3650-6200	230/1500-3650	3.400	1.905	1.276	0.941	0.737	0.625	–	3.100	4.142	
		1.8 TFSI 125kW/quattro 2.0 TFSI 155kW	1530	155/4300-6000	350/1500-4200	3.778	2.050	1.321	0.970	0.757	0.625	–	3.333	3.693	
		2.0 TFSI 132kW/155kW	1530	155/4300-6000	350/1500-4200	3.778	2.050	1.321	0.970	0.811	0.692		3.333	3.304	

makes	model	grade	weight	engine power	engine torque	1st	2nd	3rd	4th	5th	6th	7th	reverse	final ratio	note
		2.0 TFSI 155kW/165kW	1570	155/4300-6000	350/1500-4200	3.692	2.150	1.406	1.025	0.787	0.625	0.519	2.944	4.093	DCT
		2.0 TFSI 165kW	1530	165/4500-6250	350/1500-4500	3.778	2.050	1.321	0.970	0.811	0.692	–	3.333	4.375	
		2.0 TFSI 200kW	1660	200/4780-6500	400/2150-4780	3.692	2.150	1.406	1.025	0.787	0.625	0.519	2.944	3.875	DCT
		2.0 TDI 88kW/100kW/120kW	1485	120/4200	380/1750-2500	3.778	2.050	1.321	0.970	0.757	0.625	–	3.333	3.304	
		2.0 TDI 105kW/110kW/130kW/140kW	1540	140/3800-4200	400/1750-3000	3.778	2.050	1.321	0.970	0.757	0.625	–	3.333	3.490	
		2.0 TDI quattro 105kW/110kW/130kW	1615	110/3250-4200	320/1500-250	3.778	2.050	1.321	0.970	0.757	0.625	–	3.333	3.693	
		2.0 TDI quattro 130kW	1595	130/4200	380/1750-2500	3.692	2.150	1.344	0.974	0.739	0.574	0.462	2.944	4.093	DCT
		2.0 TDI quattro 140kW	1655	140/3800-4200	400/1750-3000	3.692	2.150	1.344	0.974	0.739	0.574	0.462	2.944	4.375	DCT
		3.0 TDI 150kW	1575	150/3750-4500	400/1250-3500	3.778	2.050	1.276	0.912	0.692	0.571	–	3.333	3.304	
		3.0 TDI 180kW	1640	180/4000-4500	500/1400-3250	3.667	1.950	1.207	0.848	0.651	0.538	–	3.222	3.682	
		3.0 TDI quattro 180kW	1730	180/4000-4500	580/1750-2500	3.692	2.150	1.344	0.974	0.739	0.574	0.462	2.944	3.875	DCT
	S4	–	1660	245/5500-7000	440/2900-5300	3.367	2.158	1.520	1.133	0.919	0.778	–	3.222	3.682	
		–	1705	245/5500-7000	440/2900-5300	3.692	2.150	1.406	1.025	0.787	0.625	0.519	2.944	3.875	DCT
	RS4	–	1795	331/8250	430/4000-6000	3.692	2.238	1.559	1.175	0.915	0.745	0.617	2.944	4.375	DCT
	A5	1.8 TFSI 106kW/2.0 TFSI 165kW	1500	165/4500-6250	350/1500-4500	3.778	2.050	1.321	0.970	0.811	0.692	–	3.333	3.304	
		1.8 TFSI 125kW/2.0 TFSI 165kW quattro	1570	165/4500-6250	350/1500-4500	3.778	2.050	1.321	0.970	0.757	0.625	–	3.333	3.693	
		2.0 TDI 100kW/120kW	1585	120/3000-4200	400/1750-2750	3.778	2.050	1.321	0.970	0.757	0.625	–	3.333	3.304	
		2.0 TDI 110kW/130kW/140kW	1580	140/3800-4200	400/1750-3000	3.778	2.050	1.321	0.970	0.757	0.625	–	3.333	3.490	
		2.0 TDI quattro 130kW	1625	130/4200	380/1750-2500	3.692	2.150	1.344	0.974	0.739	0.574	0.462	2.944	4.093	DCT
		3.0 TDI 150kW	1595	150/3750-4500	400/1250-3500	3.778	2.050	1.276	0.912	0.692	0.571	–	3.333	3.304	
		3.0 TDI 180kW	1660	180/4000-4500	500/1400-3250	3.667	1.950	1.207	0.848	0.651	0.538	–	3.222	3.682	
		3.0 TDI 180kW	1750	180/4000-4500	580/1750-2500	3.692	2.150	1.344	0.974	0.739	0.574	0.462	2.944	3.875	DCT
	S5	–	1745	245/5500-6500	440/2900-5300	3.692	2.150	1.406	1.025	0.787	0.625	0.519	2.944	3.875	DCT
	RS5	–	1715	331/8250	430/4000-6000	3.692	2.238	1.559	1.175	0.915	0.745	0.617	2.944	4.375	DCT
	A6	1.4 TFSI 140kW	1535	140/4200-6200	320/1400-4100	3.778	2.050	1.276	0.941	0.784	0.667	–	3.333	3.560	
		2.0 TFSI 185kW	1595	185/5000-6000	370/1600-4500	3.188	2.190	1.517	1.057	0.738	0.557	0.433	2.750	4.410	DCT
		3.0 TFSI 245kW	1750	245/5500-6500	440/2900-5300	3.692	2.150	1.406	1.025	0.787	0.625	0.519	2.944	4.093	DCT
		2.0 TDI 110kW	1625	110/3000-4200	350/1500-3000	3.778	2.050	1.276	0.912	0.692	0.571	–	3.333	3.690	
		2.0 TDI 110kW/140kW	1725	140/3800-4200	400/1750-3000	3.188	2.190	1.517	1.057	0.738	0.508	0.386	2.750	4.234	DCT
		2.0 TDI 140kW	1690	140/3800-4200	400/1750-3000	3.778	2.050	1.276	0.912	0.692	0.571	–	3.333	3.690	
		3.0 TDI 160kW/200kW	1770	200/3500-4250	580/1250-3250	3.692	2.150	1.344	0.974	0.739	0.574	0.462	2.944	3.875	DCT
	S6	–	1895	331/5800-6400	550/1400-5700	3.692	2.150	1.406	1.025	0.787	0.625	0.519	2.944	4.093	DCT
	A7	3.0 TFSI 245kW	1810	245/5500-6500	440/2900-5300	3.692	2.150	1.406	1.025	0.787	0.625	0.519	2.944	4.093	DCT
		3.0 TDI 160kW/200kW	1830	200/3500-4250	580/1250-3250	3.692	2.150	1.344	0.974	0.739	0.574	0.462	2.944	3.875	DCT
	S7	–	1955	331/5800-6400	550/1400-5700	3.692	2.150	1.406	1.025	0.787	0.625	0.519	2.944	4.093	DCT
	Q3	1.4 TFSI 110kW	1385	110/5000-6000	250/1500-3500	3.769	2.087	1.324	0.977	0.975	0.814	–	3.476	(1-4) 4.549 (5-6/R) 4.562	
		1.4 TFSI 110kW	1405	110/5000-6000	250/1500-3500	3.462	2.05	1.3	0.902	0.914	0.756	–	3.6	(1-4) 3.987 (5-6/R) 4.8	DCT
		2.0 TFSI 132kW/162kW	1565	162/4500-6200	350/1500-4400	3.563	2.526	1.679	1.022	0.788	0.761	0.635	4.733	(1,4,5) 2.789 (2,3,6,7) 3.944	DCT
		2.0 TDI 110kW	1485	110/3500-4000	340/1750-2800	3.769	1.958	1.324	0.911	0.902	0.756	–	2.917	(1-4) 4.549 (5-6/R) 3.684	
		2.0 TDI 135kW	1605	135/3500-4000	380/1800-3250	3.923	2.050	1.750	1.226	0.943	0.769	0.574	3.368	(1-2) 4.947 (3-6) 4.267 (R) 3.048	
		2.0 TDI 135kW	1625	135/3500-4000	380/1800-3250	3.563	2.526	1.586	0.938	0.722	0.688	0.574	4.733	(1,4,5) 2.788 (2,3,6,7) 3.944	DCT
	RSQ3	–	1655	250/5300-6700	450/1600-5300	3.563	2.526	1.679	1.022	0.788	0.761	0.635	2.789	(1,4,5,R) 4.733 (2,3,6,7) 3.944	DCT
	Q5	2.0 TFSI 132kW/165kW	1720	165/4500-6250	350/1500-4500	3.778	2.050	1.321	0.970	0.811	0.692	–	3.333	4.375	
		2.0 TDI 110kW	1750	110/3250-4200	320/1500-3250	3.778	2.050	1.321	0.970	0.757	0.625	–	3.333	4.093	
		2.0 TDI 120kW/140kW 3.0 TDI 190kW	1880	190/4000-4500	580/1750-2500	3.692	2.150	1.344	0.974	0.739	0.574	0.462	2.944	4.657	DCT
		2.0 TDI 140kW	1815	140/3800-4200	400/1750-3000	3.778	2.050	1.321	0.970	0.757	0.625	–	3.333	4.375	
	TT	2.0 TFSI 169kW	1230	169/4500-6200	370/1600-4300	3.769	2.087	1.481	1.152	1.167	0.970	–	2.615	(1-4) 4.549 (5-6/R) 3.238	
		2.0 TFSI 169kW	1335	169/4500-6200	370/1600-4300	2.923	1.792	1.185	0.829	0.862	0.686	–	3.444	(1-4) 3.263 (5-6/R) 4.769	DCT
		2.0 TDI 135kW	1265	135/3500-4000	380/1750-3250	3.769	2.087	1.324	0.919	0.902	0.757	–	2.760	(1-4) 4.549 (5-6/R) 3.450	
	TTS														
	R8	4.2 FSI	1560	316/7900	430/4500-6000	3.313	2.053	1.423	1.069	0.853	0.703	–	2.813	3.462	
		4.2 FSI 5.2 FSI 386kW/404kW	1595	404/8000	540/6500	3.133	2.588	1.880	1.140	0.898	0.884	0.653	2.647	(1,4,5/R) 4.458 (2,3,6,7) 3.588	DCT
		5.2 FSI 386kW/404kW	1570	404/8000	540/6500	3.3133	2.588	1.880	1.140	0.898	0.884	0.653	2.65	4.461/3.59	DCT
BMW	1	114i/116i	1285	100/4400	220/1350	4.552	2.548	1.659	1.230	1.000	0.830	–	4.138	2.813	
		125i	1340	160/5000	310/1350-4800	3.683	2.062	1.313	1.000	0.809	0.677	–	3.348	3.909	
		M135i	1425	235/5800	450/1300-4500	4.110	2.315	1.542	1.179	1.000	0.846	–	3.727	3.077	
		116d/118d	1315	105/4000	320/1750-2500	4.002	2.109	1.380	1.000	0.781	0.645	–	3.647	3.077	
		125d	1385	160/4000	450/1500-2500	4.002	2.109	1.380	1.000	0.802	0.659	–	3.727	3.385	
	2	228i	1385	180/5000-6500	350/1250-4800	3.498	2.005	1.313	1.000	0.809	0.701	–	3.187	3.909	
		220i Active Tourer	1400	141/4700	280/1250-4600	3.923	2.136	1.393	1.028	0.821	0.690	–	3.538	3.923	
		216d Active Tourer	1365	85/4000	270/1750-2250	3.923	2.136	1.276	0.921	0.756	0.628	–	3.538	3.389	
		220d Active Tourer	1405	140/4000	400/1750-2500	3.538	1.923	1.219	0.881	0.810	0.674	–	3.831	3.778	
	3	316i	1485	100/4350	220/1350	4.552	2.548	1.659	1.230	1.000	0.830	–	4.138	3.077	

makes	model	grade	weight	engine power	engine torque	1st	2nd	3rd	4th	5th	6th	7th	reverse	final ratio	note
		320i	1390	125/4800	250/1500	4.552	2.548	1.659	1.230	1.000	0.830	–	4.138	2.813	
		320i xDrive/ 328i xDrive	1520	180/5000	350/1250-4800	4.110	2.315	1.542	1.179	1.000	0.846	–	3.727	3.385	
		335i xDrive/ 335i GT	1640	225/5800-6000	400/1200-5000	4.110	2.315	1.542	1.179	1.000	0.846	–	3.727	3.231	
		318d/320d	1420	135/4000	380/1750-2750	4.110	2.248	1.403	1.000	0.802	0.659	–	3.727	3.231	
		325d	1475	160/4400	450/1500-2500	4.110	2.248	1.403	1.000	0.802	0.659	–	3.727	3.462	
		320i GT	1540	135/5000-6250	270/1250-4500	4.323	2.459	1.659	1.230	1.000	0.849	–	3.938	3.231	
		328i GT	1570	180/5000	350/1250-4800	3.683	2.062	1.313	1.000	0.809	0.677	–	3.348	3.909	
		318d GT	1540	105/4000	320/1750-2500	4.002	2.109	1.380	1.000	0.781	0.645	–	3.647	3.385	
		320d GT	1565	135/4000	380/1750-2750	4.110	2.248	1.403	1.000	0.802	0.659	–	3.727	3.385	
	4	420i	1430	135/5000-6250	270/1250-4500	4.110	2.315	1.542	1.179	1.000	0.846	–	3.727	3.077	
		420i xDrive	1520	135/5000-6250	270/1250-4500	4.110	2.315	1.542	1.179	1.000	0.846	–	3.727	3.385	
		420d	1530	135/4000	380/1750-2750	4.110	2.248	1.403	1.000	0.802	0.659	–	3.727	3.231	
		425d	1490	160/4000	450/1500	4.110	2.248	1.403	1.000	0.802	0.659	–	3.727	3.462	
	5	520i/528i	1610	180/5000-6500	350/1250-4800	3.683	2.062	1.313	1.000	0.809	0.677	–	3.348	3.909	
		535i	1675	225/5800-6000	400/1200-5000	4.110	2.315	1.542	1.179	1.000	0.846	–	3.727	3.231	
		518d	1615	110/4000	360/1750-2500	4.110	2.248	1.403	1.000	0.802	0.659	–	3.727	3.231	
		520d	1620	140/4000	400/1750-2500	4.110	2.248	1.403	1.000	0.802	0.659	–	3.727	3.077	
		525d	1650	160/4400	450/1500-2500	4.110	2.248	1.403	1.000	0.802	0.659	–	3.727	3.462	
	Z4	18i/20i	1395	135/5000	270/1250-4500	3.683	2.062	1.313	1.000	0.809	0.677	–	3.348	3.727	
		28 i	1400	180/5000-6500	350/1250-4800	3.683	2.062	1.313	1.000	0.809	0.677	–	3.348	3.077	
		35i	1505	225/5800	400/1300-5000	4.055	2.396	1.582	1.192	1.000	0.872	–	3.677	3.077	
		35is	1525	250/5900	450/1500	4.780	3.056	2.153	1.678	1.390	1.203	1.000	4.454	2.563	DCT
	X1	18i	1430	110/6400	200/3600	4.323	2.456	1.659	1.230	1.000	0.848	–	3.938	3.727	
		20i	1485	135/5000-6250	270/1250-4500	3.683	2.062	1.313	1.000	0.809	0.677	–	3.348	3.909	
		20i xDrive/28i xDrive	1580	180/5000-6500	350/1250-4800	4.110	2.315	1.542	1.179	1.000	0.846	–	3.727	3.385	
		16d/18d	1480	105/4000	320/1750-2500	4.002	2.109	1.380	1.000	0.781	0.645	–	3.647	3.231	
		18d xDrive/ 20d xDrive	1575	135/4000	380/1750-2750	4.110	2.248	1.403	1.000	0.802	0.659	–	3.727	3.462	
		20d	1490	120/4000	380/1750-2750	4.110	2.248	1.403	1.000	0.802	0.659	–	3.727	2.929	
		25d	1585	160/4000	450/1500-2500	4.110	2.248	1.403	1.000	0.802	0.659	–	3.727	3.636	
	X3	20i	1720	135/5000-6250	270/1250-4500	4.110	2.315	1.542	1.179	1.000	0.846	–	3.727	3.636	
		18d	1660	110/4000	360/1500-2250	4.110	2.248	1.403	1.000	0.802	0.659	–	3.727	3.462	
		20d	1730	140/4000	400/1750-2250	4.110	2.248	1.403	1.000	0.802	0.659	–	3.727	3.727	
	X4	20d	1730	140/4000	400/1750-2250	4.110	2.248	1.403	1.000	0.802	0.659	–	3.727	3.727	
	M3/M4	–	1520	317/5500-7300	550/1850-5500	4.110	2.315	1.542	1.179	1.000	0.846	–	3.727	3.462	
	M3/M4	–	1560	317/5500-7300	550/1850-5500	4.806	2.593	1.701	1.277	1.000	0.844	0.671	4.172	3.462	DCT
	M5	–	1870	412/6000-7000	680/1500-5750	4.806	2.593	1.701	1.277	1.000	0.844	0.671	4.172	3.150	DCT
	M6	–	1875	412/6000-7000	680/1500-5750	4.806	2.593	1.701	1.277	1.000	0.844	0.671	4.172	3.154	DCT
Volkswagen	up!	1.0 60ps	855	44/5000	95/300-4500	3.640	1.960	1.270	0.960	0.800	–	–	3.42	3.941	AMT
		1.0 75ps	855	55/6200	95/3000-4500	3.640	1.960	1.270	0.960	0.800	–	–	3.420	4.170	AMT
	Polo	1.2 60ps	995	44/5200	108/3000	3.77	2.10	1.280	0.930	0.740	–	–	3.180	4.190	
		1.2 70ps	995	51/5400	112/3000	3.770	2.100	1.280	0.930	0.740	–	–	3.180	4.190	
		1.4 85ps	995	63/5000	132/3800	3.770	2.100	1.390	1.030	0.810	–	–	3.180	3.880	
			995	63/5000	132/3800	3.770	2.370	1.580	1.150	1.190	0.980	0.810	4.280	4.39/3.29	DCT
		1.2 TSI 90ps	1025	66/4800	160/1500-3500	3.770	1.960	1.280	0.930	0.740	–	–	3.180	3.63	
			1045	66/4800	160/1500-3500	3.770	2.370	1.580	1.110	1.140	0.940	0.780	4.280	4.11/3.12	DCT
		1.2 TSI 105ps	1015	77/5000	175/1550-4100	3.620	1.950	1.280	0.930	0.740	0.610	–	4.510	3.93	
		1.4 TSI 140ps	1135	103/5000	240/1500-3500	3.770	2.090	1.470	1.090	1.110	0.910	–	4.550	3.45/2.76	
			1155	103/5000	240/1500-3500	3.500	2.090	1.340	0.930	0.970	0.780	0.650	3.72	4.800/3.430	DCT
		1.4 TSI 180ps	1195	132/6200	250/2000-4500	3.500	2.270	1.530	1.120	1.180	0.950	0.800	4.170	4.44/3.23	DCT
		1.6 TDI 90ps	1090	66/4200	230/1500-2500	3.780	2.120	1.270	0.870	0.660	–	–	3.600	3.160	DCT
			1110	66/4200	230/1500-2500	3.500	2.090	1.340	0.930	0.970	0.780	0.650	3.720	4.44/3.23	DCT
		1.6 TDI 105ps	1090	77/4400	250/1500-2500	3.780	2.120	1.270	0.870	0.660	–	–	3.600	3.160	DCT
	Beetle	1.2 TSI 105ps	1200	77/5000	175/1550-4100	3.620	1.950	1.280	0.970	0.780	0.650	–	3.180	4.350	
			1220	77/5000	175/1550-4100	3.770	2.270	1.530	1.120	1.180	0.950	0.800	4.170	4.44/3.23	DCT
		1.4 TSI 160ps	1285	118/5800	240/1500-4500	3.780	2.120	1.360	1.030	0.860	0.730	–	3.600	3.940	
			1305	118/5800	240/1500-4500	3.770	2.270	1.530	1.120	1.180	0.950	0.800	4.170	4.44/3.23	DCT
		2.0 TSI 200ps	1340	147/5100	280/1700-5000	3.360	2.090	1.470	1.110	1.111	0.930	–	3.990	3.94/3.09	
			1365	147/5100	280/1700-5000	3.460	2.150	1.460	1.080	1.090	0.920	–	NA	4.060/3.140	DCT
		1.6 TDI 105ps	1285	77/4400	250/1500-2500	3.780	1.950	1.190	0.820	0.630	–	–	3.600	3.650	
			1310	77/4400	250/1500-2500	3.500	2.090	1.340	0.930	0.970	0.780	0.650	3.720	4.80/3.43	DCT
		2.0 TDI 140ps	1320	103/4200	320/1750-2500	3.770	1.960	1.260	0.880	0.860	0.720	–	4.550	3.68/2.92	
			1340	103/4200	320/1750-2500	3.460	2.050	1.300	0.900	0.910	0.760	–	3.990	4.12/3.04	DCT
	Golf	1.2 86ps	1130	63/4300	160/1400-3500	3.770	1.960	1.280	0.880	0.670	–	–	3.180	4.060	
		1.2 TSI 105ps	1135	77/4500	175/1400-4000	3.620	1.950	1.280	0.970	0.780	–	–	3.18	4.060	
			1155	77/4500	175/1400-4000	3.770	2.270	1.530	1.120	1.180	0.950	0.800	4.170	4.44/3.23	DCT
		1.4 TSI 122ps	1150	90/5000	200/1500-4000	3.620	1.950	1.280	0.970	0.780	0.650	–	3.180	4.060	
			1175	90/5000	200/1500-4000	3.770	2.270	1.530	1.120	1.180	0.950	0.800	4.170	4.440/3.23	DCT
		1.4 TSI 140ps	1195	103/4500	250/1500-3500	3.780	2.120	1.360	1.030	0.860	0.730	–	3.600	3.650	
			1210	103/4500	250/1500-3500	3.500	2.090	1.340	0.930	0.970	0.780	0.650	3.720	4.80/3.43	DCT
		1.6 TDI 105ps	1220	77/3000	250/1500-2750	3.780	1.940	1.190	0.820	0.630	–	–	3.600	3.650	
			1240	77/3000	250/1500-2750	3.500	2.090	1.340	0.930	0.970	0.780	0.650	3.720	4.8/3.43	DCT
		2.0 TDI 150ps	1280	110/3500	320/1750-3000	3.770	1.960	1.260	0.870	0.860	0.720	–	4.550	3.45/2.76	
			1300	110/3500	320/1750-3000	3.460	2.050	1.300	0.900	0.910	0.760	–	3.990	4.12/3.04	DCT
	Golf Variant	1.4 80ps	1255	59/5000	132/3800	3.770	2.100	1.280	0.930	0.740	–	–	3.180	4.360	AMT
		1.2 TSI 86ps	1270	63/4800	160/1500-3500	3.770	1.960	1.280	0.880	0.670	–	–	3.180	3.790	AMT
			1330	77/5000	175/1550-4100	3.770	2.270	1.530	1.120	1.180	0.950	0.800	4.170	4.44/3.23	DCT
		1.4 TSI 160ps	1380	118/5800	240/4500-4500	3.780	2.120	1.360	1.030	0.860	0.730	–	3.600	3.650	
			1400	118/5800	240/4500-4500	3.770	2.270	1.530	1.120	1.180	0.950	0.800	–	4.170	DCT
		1.6 TDI 105ps	1370	77/5000	175/1550-4100	3.780	1.940	1.190	0.820	0.630	–	–	3.600	3.650	AMT
			1390	77/5000	175/1550-4100	3.500	2.090	1.340	0.930	0.970	0.780	0.650	3.720	4.8/3.43	DCT
		2.0 TDI 140ps	1415	103/4200	320/1750-2500	3.770	1.960	1.260	0.870	0.860	0.720	–	4.550	3.45/2.76	
			1440	103/4200	320/1750-2500	3.460	2.050	1.300	0.900	0.910	0.760	–	3.990	4.12/3.04	DCT
	Golf Plus	1.4 80ps	1260	59/5000	132/3800	3.770	2.100	1.280	0.930	0.740	–	–	3.180	4.360	
		1.2 TSI 105ps	1280	77/5000	175/1550-4100	3.620	1.960	1.280	0.970	0.780	0.650	–	3.180	4.060	

makes	model	grade	weight	engine power	engine torque	1st	2nd	3rd	4th	5th	6th	7th	reverse	final ratio	note
			1320	77/5000	175/1550-4100	3.770	2.270	1.530	1.120	1.180	0.950	0.800	4.170	4.44/3.23	DCT
		1.4 TSI 122ps	1340	90/5000	200/1500-4000	3.620	1.960	1.280	0.970	0.780	0.650	–	3.180	4.060	
			1365	90/5000	200/1500-4000	3.770	2.270	1.530	1.120	1.180	0.950	0.800	4.170	4.44/3.23	DCT
		1.4 TSI 160ps	1405	118/5800	240/1500-4500	3.780	2.120	1.360	1.030	0.860	0.730	–	3.600	3.650	
			1425	118/5800	240/1500-4500	3.770	2.270	1.530	1.120	1.180	0.950	0.800	4.170	4.44/3.23	DCT
		1.6 TDI 105ps	1370	77/4400	250/1500-2500	3.780	1.940	1.190	0.820	0.630	–	–	3.600	3.650	
			1390	77/4400	250/1500-2500	3.500	2.090	1.340	0.930	0.970	0.780	0.650	3.720	4.8/3.43	DCT
		2.0 TDI 140ps	1400	103/4200	320/1750-2500	3.770	1.960	1.260	0.870	0.860	0.720	–	4.550	3.45/2.76	
			1425	103/4200	320/1750-2500	3.460	2.050	1.300	0.900	0.910	0.760	–	3.990	4.12/3.04	DCT
	Golf Cabriolet	1.2 TSI 105ps	1340	77/5000	175/1550-4100	3.620	1.950	1.280	0.970	0.780	0.850	–	3.180	4.060	
		1.4 TSI 160ps	1410	118/5800	240/1500-4500	3.780	2.120	1.360	1.030	0.860	0.730	–	3.600	3.650	
			1430	118/5800	240/1500-4500	3.770	2.270	1.530	1.120	1.180	0.950	0.800	4.170	4.44/3.23	DCT
		2.0 TSI 211ps	1475	155/5300	280/1700-5200	3.360	2.090	1.470	1.110	1.110	0.930	–	3.990	3.94/3.09	DCT
			1495	155/5300	280/1700-5200	3.460	2.150	1.460	1.080	1.090	0.920	–	3.990	4.06/3.14	DCT
		1.6 TDI 105ps	1425	77/4400	250/1500-2500	3.780	1.940	1.190	0.820	0.630	–	–	3.600	3.650	DCT
		2.0 TDI 140ps	1445	103/4200	320/1750-2500	3.770	1.960	1.260	0.870	0.860	0.720	–	4.550	3.45/2.76	DCT
			1480	103/4200	320/1750-2500	3.460	2.050	1.300	0.900	0.910	0.760	–	3.990	4.12/3.04	DCT
	Golf R Cabriolet	2.0 TSI 265ps	1540	195/6000	350/2500-5000	3.460	2.150	1.460	1.080	1.090	0.920	–	3.990	3.140	DCT
	Scirocco	1.4 TSI 122ps	1245	90/5000	200/1500-4000	3.620	1.950	1.280	0.970	0.780	0.650	–	3.180	4.060	DCT
		1.4 TSI 160ps	1270	118/5800	240/1500-4500	3.780	2.120	1.360	1.030	0.860	0.730	–	3.600	3.650	DCT
			1285	118/5800	240/1500-4500	3.770	2.270	1.530	1.120	1.180	0.950	0.800	4.170	4.44/3.23	DCT
		2.0 TSI 210ps	1300	155/5300	280/1700-5200	3.360	2.090	1.470	1.110	1.110	0.930	–	3.990	3.94/3.09	DCT
			1320	155/5300	280/1700-5200	3.460	2.150	1.460	1.080	1.090	0.920	–	3.990	4.06/3.14	DCT
		2.0 TDI 140ps	1305	103/4200	320/1750-2500	3.770	1.960	1.260	0.870	0.860	0.720	–	4.550	3.45/2.76	DCT
			1320	103/4200	320/1750-2500	3.460	2.050	1.300	0.900	0.910	0.760	–	3.990	4.12/3.04	DCT
		2.0 TDI 170ps	1320	125/4200	350/1750-2500	3.770	2.090	1.320	0.920	0.900	0.760	–	4.550	3.68/2.92	DCT
			1345	125/4200	350/1750-2500	3.460	2.050	1.300	0.900	0.910	0.760	–	3.900	4.12/3.04	DCT
	Scirocco R	2.0 TSI 265ps	1345	195/6000	350/2500-5000	3.360	2.090	1.470	1.090	1.100	0.910	–	3.990	4.24/3.27	DCT
			1365	195/6000	350/2500-5000	2.920	1.960	1.400	1.030	1.080	0.870	–	3.260	4.77/3.44	DCT
	Eos	1.4 TSI 122ps	1420	90/5000	200/1500-4000	3.620	1.950	1.280	0.970	0.780	0.650	–	3.180	4.060	
		1.4 TSI 160ps	1450	118/5800	240/1500-4500	3.780	2.120	1.360	1.030	0.860	0.730	–	3.600	3.650	DCT
		2.0 TSI 210ps	1490	155/5300	280/1700-5200	3.770	2.090	1.320	0.980	0.980	0.810	–	3.990	3.68/2.92	
			1510	155/5300	280/1700-5200	3.460	2.050	1.300	0.900	0.910	0.760	–	3.990	4.06/3.14	DCT
		2.0 TDI 140ps	1510	103/4200	320/1750-2500	3.770	1.960	1.260	0.870	0.860	0.720	–	4.550	3.68/2.92	
			1530	103/4200	320/1750-2500	3.460	2.050	1.300	0.900	0.910	0.760	–	3.990	4.12/3.04	
	Jetta	1.2 TSI 105ps	1225	77/5000	175/1550-4100	3.620	1.950	1.280	0.970	0.780	0.650	–	3.180	4.060	
		1.4 TSI 122ps	1270	90/5000	200/1500-4000	3.620	1.960	1.280	0.970	0.780	0.650	–	3.180	4.060	
			1290	90/5000	200/1500-4000	3.770	2.270	1.530	1.120	1.180	0.950	0.790	4.17	4.44/3.23	DCT
		1.4 TSI 160ps	1285	118/5800	240/1500-4500	3.780	2.120	1.360	1.030	0.860	0.730	–	3.600	3.650	
			1305	118/5800	240/1500-4500	3.770	2.270	1.530	1.120	1.180	0.950	0.800	4.170	4.44/5.23	DCT
		2.0 TSI 200ps	1355	147/5100	280/1700-5000	3.770	2.090	1.320	0.980	0.960	0.810	–	4.550	3.68/2.92	
			1375	147/5100	280/1700-5000	3.460	2.050	1.300	0.900	0.910	0.760	–	3.990	4.06/3.14	DCT
		Hybrid	1430	110/5600	250/1600-3500	3.770	2.270	1.530	1.120	1.180	0.950	0.800	4.170	4.44/3.23	DCT
		1.6 TDI 105ps	1315	77/4400	250/1500-2500	3.780	1.940	1.190	0.820	0.630	–	–	3.600	3.650	DCT
			1335	77/4400	250/1500-2500	3.500	2.090	1.340	0.930	0.970	0.780	0.650	3.720	4.80/3.43	DCT
		2.0 TDI 140ps	1335	103/4200	320/1750-2500	3.770	1.960	1.260	0.870	0.860	0.720	–	4.550	3.45/2.76	
			1355	103/4200	320/1750-2500	3.460	2.050	1.300	0.900	0.910	0.760	–	3.990	4.12/3.04	DCT
	Passart	1.4 TSI 122ps	1365	90/5000	200/1500-4000	3.620	1.950	1.280	0.970	0.780	0.650	–	3.180	4.060	
			1395	90/5000	200/1500-4000	3.770	2.270	1.530	1.120	1.180	0.950	0.800	4.170	4.44/3.23	DCT
		1.8 TSI 160ps	1425	118/4500	250/1500-4200	3.780	2.120	1.360	0.970	0.770	0.630	–	3.600	3.650	
			1455	118/4500	250/1500-4200	3.770	2.270	1.530	1.120	1.180	0.950	0.800	4.170	4.44/3.27	DCT
		2.0 TSI 210ps	1460	155/5300	280/1700-5200	3.770	2.090	1.320	0.980	0.980	0.810	–	4.55	3.68/2.92	
			1480	155/5300	280/1700-5200	3.460	2.050	1.300	0.900	0.910	0.760	–	3.990	4.06/3.14	DCT
		3.6 V6 300ps	1645	220/6600	350/2400-5300	2.920	1.790	1.190	0.830	0.860	0.690	–	3.260	4.77/3.44	DCT
		1.6 TDI 105ps	1430	77/4400	250/1500-2500	4.110	2.120	1.360	0.970	0.730	0.590	–	4.000	3.390	
		2.0 TDI 140ps	1455	103/4200	320/1750-2500	3.770	1.960	1.260	0.870	0.860	0.720	–	4.550	3.45/2.76	
			1485	103/4200	320/1750-2500	3.460	2.050	1.300	0.900	0.910	0.760	–	3.990	4.12/3.04	DCT
		2.0 TDI 170ps	1485	125/4200	350/1750-2500	3.770	2.090	1.320	0.920	0.900	0.760	–	4.550	3.45/2.76	
			1515	125/4200	350/1750-2500	3.460	2.050	1.300	0.900	0.910	0.760	–	3.990	4.12/3.04	DCT
	CC	1.4 TSI 160ps	1430	118/5800	240/2000	3.780	2.120	1.360	1.030	0.960	0.730	–	3.600	3.650	
			1450	118/5800	240/2000	3.770	2.270	1.530	1.120	1.180	0.950	0.800	4.170	4.44/3.23	DCT
		2.0 TSI 210ps	1440	155/5300	280/1700-5200	3.770	2.090	1.320	0.980	0.980	0.810	–	4.550	3.68/2.92	
			1460	155/5300	280/1700-5200	3.460	2.050	1.300	0.900	0.910	0.770	–	3.990	4.06/3.14	DCT
		3.6 V6 300ps	1630	220/6600	350/2400-5300	2.920	1.790	1.190	0.830	0.860	0.690	–	3.260	4.77/3.44	DCT
		2.0 TDI 140ps	1475	103/4200	320/1750-2500	3.770	1.960	1.260	0.870	0.860	0.720	–	4.550	3.45/2.76	
			1490	103/4200	320/1750-2500	3.460	2.050	1.300	0.900	0.910	0.760	–	3.990	4.12/3.04	DCT
		2.0 TDI 177ps	1490	130/4200	380/1750-2500	3.770	2.090	1.320	0.920	0.900	0.760	–	4.550	3.45/2.76	
			1515	130/4200	380/1750-2500	3.460	2.050	1.300	0.900	0.910	0.760	–	3.990	4.12/3.04	DCT
	Touran	1.2 TSI 105ps	1380	77/5000	175/1550-4100	3.620	1.950	1.280	0.970	0.780	0.650	–	3.180	4.350	
		1.4 TSI 140ps	1445	103/5600	220/1500-4000	3.780	2.120	1.360	1.030	0.860	0.730	–	3.600	3.650	
			1465	103/5600	220/1500-4000	3.770	2.270	1.530	1.120	1.180	0.950	0.800	4.170	4.44/3.23	DCT
		1.4 TSI 170ps	1490	1250/6000	240/1500-4500	3.770	2.270	1.530	1.120	1.180	0.950	0.800	4.170	4.44/3.23	DCT
		1.6 TDI 105ps	1465	77/4400	250/1500-2500	4.110	2.120	1.360	0.970	0.770	0.630	–	4.000	3.650	
			1485	77/4400	250/1500-2500	3.500	2.090	1.340	0.930	0.970	0.780	0.650	3.720	4.44/3.23	DCT
		2.0 TDI 140ps	1505	103/4200	320/1750-2500	3.770	1.960	1.260	0.870	0.860	0.720	–	4.550	3.68/2.92	
			1525	103/4200	320/1750-2500	3.460	2.050	1.300	0.900	0.910	0.760	–	3.990	4.12/3.04	DCT
		2.0 TDI 170ps	1540	125/4200	350/1750-2500	3.460	2.050	1.300	0.900	0.910	0.760	–	3.990	4.12/3.04	DCT
	Sharan	1.4 TSI 122ps	1425	90/5000	200/1500-4000	3.770	2.090	1.320	0.980	0.980	0.810	–	4.550	4.24/3.27	
		1.4 TSI 160ps	1450	118/5800	240/1500-4500	3.920	2.160	1.900	1.380	1.090	0.920	–	4.95	4.40/3.3	
		2.0 TSI 180ps	1565	132/4500	280/1700-4500	3.920	2.050	1.750	1.230	0.940	0.770	–	4.950	4.79/3.53	
			1580	132/4500	280/1700-4500	3.560	2.530	1.680	1.020	0.790	0.760	0.640	2.790	4.73/3.94	DCT
		2.0 TSI 211ps	1600	155/5300	280/1700-5200	3.920	2.050	1.750	1.230	0.940	0.770	–	4.950	4.77/3.53	
			1620	155/5300	280/1700-5200	3.560	2.530	1.680	1.020	0.790	0.760	0.640	2.790	4.73/3.94	DCT
		2.0 TDI 110ps	1470	81/2750	280/1750-2750	3.770	1.960	1.260	0.870	0.860	0.720	–	4.550	3.94/3.09	
		2.0 TDI 140ps	1585	103/4200	320/1750-2500	3.920	2.050	1.750	1.230	0.940	0.770	–	4.50	4.27/3.05	
			1605	103/4200	320/1750-2500	3.560	2.530	1.590	0.940	0.720	0.690	0.570	2.790	4.73/3.94	DCT
		2.0 TDI 170ps	1620	125/4200	350/1750-2500	3.920	2.050	1.750	1.230	0.940	0.770	–	4.950	3.050	DCT
Mini	ONE		1090	75/4250-600	180/1400-4000	3.615	1.952	1.241	0.969	0.806	0.683	–	3.538	3.632	
	ONE D		1115	70/4000	220/1750-2250	3.615	1.952	1.241	0.969	0.806	0.683	–	3.538	3.421	
	COOPER		1085	100/4500-6000	220/1250-4000	3.615	1.952	1.241	0.969	0.806	0.683	–	3.538	3.421	
	COOPER D		1135	85/4000	270/1750-2250	3.923	2.136	1.393	1.088	0.892	0.756	–	3.538	3.389	
	COOPER S		1160	141/4700	280/1250-4750	3.615	1.952	1.241	0.969	0.806	0.683	–	3.538	3.588	
	CLUBMAN	One	1140	72/6000	153/3000	3.214	1.792	1.194	0.914	0.784	0.683	–	3.143	3.706	
		One D	1185	66/4000	215/1750-2500	3.308	1.870	1.194	0.872	0.721	0.596	–	3.231	3.474	
		Cooper	1145	90/6000	160/4250	3.214	1.792	1.194	0.914	0.784	0.683	–	3.143	4.353	
		Cooper S	1205	135/5500	240/1600-5000	3.308	2.130	1.483	1.139	0.949	0.816	–	3.231	3.706	
	COUNTRYMAN	One	1265	72/6000	153/3000	3.214	1.792	1.194	0.914	0.784	0.683	–	3.143	4.353	
		One D	1310	66/4000	215/1750-2500	3.308	2.130	1.483	1.139	0.949	0.816	–	3.231	3.706	
		Cooper	1265	90/6000	160/4250	3.214	1.792	1.194	0.914	0.784	0.683	–	3.143	4.722	

makes	model	grade	weight	engine power	engine torque	1st	2nd	3rd	4th	5th	6th	7th	reverse	final ratio	note
		Cooper SD	1320	105/4000	305/1750–2700	2.308	2.130	1.483	1.139	0.949	0.816	–	3.231	3.706	
	PACEMAN	Cooper	1255	90/6000	160/4250	3.214	1.792	1.194	0.914	0.784	0.683	–	3.143	4.722	
		Cooper D	1300	82/4000	270/1750–2250	3.308	1.870	1.194	0.872	0.721	0.596	–	3.231	3.706	
	JOHN COOPER WORKS		1130	155/6000	260/1850–5600	3.308	1.870	1.194	0.872	0.721	0.596	–	3.231	3.647	
Fiat	500	1.2Pop	990	51/5500	102/3000	3.909	2.174	1.480	1.121	0.897	–	–	3.818	3.438	AMT
		TwinAir Pop	1010	63/5500	145/1900	4.100	2.174	1.345	0.974	0.766	–	–	3.818	3.867	AMT
	500L	TwinAir Turbo	1290	77/5000	145/2000	4.100	2.158	1.345	0.974	0.766	0.646	–	3.818	4.923	
		1.3 MultiJet II 16V	1315	63/3500	200/1500	4.273	2.238	1.444	1.029	0.767	–	–	3.909	3.563	
		1.6 MultiJet II 16V	1395	77/3700	320/1750	4.154	2.118	1.361	0.978	0.756	0.622	–	4.000	3.579	
	PANDA	Easy	1070	63/5500	145/1900	4.100	2.174	1.345	0.974	0.766	–	–	3.818	3.867	AMT
		1.3 MultiJet16V	1035	55/4000	190/1500	4.230	2.238	1.444	1.029	0.767	–	–	3.909	3.150	
		Cross 1.3 MultiJet16V	1155	59/4000	190/1500	4.273	2.238	1.444	1.029	0.767	–	–	3.909	3.733	
	PUNTO	TwinAir Turbo 85	1075	63/5500	145/2000	4.100	2.158	1.345	0.974	0.766	–	–	3.909	3.870	
		1.2 Pop	1015	51/5500	102/3000	3.909	2.158	1.480	1.121	0.921	–	–	3.818	4.070	
		1.4 Pop	1025	57/6000	115/3250	3.909	2.158	1.480	1.121	0.921	–	–	3.818	4.070	
		1.4 MultiAir 16V	1060	77/6500	130/4000	3.909	2.158	1.480	1.121	0.921	0.766	–	3.818	3.980	
		1.3 MultiJet 16V	1130	70/4000	200/1500	3.909	2.238	1.444	1.029	0.767	–	–	3.909	4.070	
	DOBLO	1.4 16V	1340	70/6000	127/4500	4.100	2.158	1.345	0.974	0.829	–	–	4.000	NA	
		1.4 T-Jet 16V	1415	88/5000	206/2000	4.150	2.120	1.480	1.120	0.900	0.770	–	4.000	NA	
		1.3 MultiJet 16V	1410	66/4000	200/1500	4.154	2.118	1.361	0.978	0.756	0.622	–	4.000	NA	
	BRAVO	1.4 16V	1205	66/5500	128/4500	3.909	2.158	1.480	1.121	0.897	0.765	–	3.818	4.070	
		1.4 T-Jet 16V	1260	88/5000	206/1750	3.818	2.158	1.475	1.067	0.875	0.744	–	3.545	3.940	
		1.4 MultiAir Turbo	1275	103/5000	230/1750	4.150	2.120	1.480	1.120	0.900	0.770	–	4.000	4.070	
		1.6 Multijet 16V	1320	66/4000	290/1500	3.800	2.235	1.360	0.910	0.710	0.614	–	3.545	3.350	
		2.0 MultiJet 16V	1360	121/165	360/1750	3.917	2.040	1.321	0.954	0.755	0.623	–	3.750	3.550	
	FREEMONT	2.0 MultiJet II	1865	103/4000	350/1750–2000	3.909	2.118	1.361	0.978	0.756	0.622	–	4.000	3.420	
Alfa Romeo	MITO	Sprint	1260	99/5000	230/1750	3.900	2.269	1.522	1.116	0.915	0.767	–	4.000	4.118	DCT
	GIULIETTA	Sprint	1400	125/5500	250/2500	4.154	2.269	1.435	0.978	0.754	0.622	–	4.000	4.118	DCT
		Quadrifoglioverde	1440	177/5750	340/2000	3.900	2.269	1.435	0.978	0.754	0.622	–	4.000	4.118	DCT
	4C		1100	177/6000	350/2100–4000	3.900	2.269	1.435	0.978	0.754	0.622	–	4.000	4.118	DCT
Ferrari	CARIFORNIA T		1625	412/7500	755/4750	3.400	2.190	1.620	1.300	1.030	0.840	0.720	2.790	4.440	DCT
	458 ITALIA		1380	419/9000	540/6000	3.080	2.190	1.630	1.290	1.030	0.840	0.690	2.790	5.140	DCT
	F12 BERLINETTA		1525	545/8250	690/6000	3.080	2.190	1.630	1.290	1.030	0.840	0.690	2.790	4.380	DCT
	LA FERRARI		1350	708/9000	900/6750	3.080	2.190	1.630	1.290	1.030	0.840	0.690	NA	4.380	DCT
	FF		1880	485/8000	683/6000	3.400	2.190	1.630	1.290	1.030	0.840	0.630	2.790	3.880	DCT
Lamborghini	HURACAN	LP610-4	1422	449/8250	560/6500	3.310	2.580	1.960	1.240	0.980	0.980	0.840	NA	4.89(1,4,5) 3.94(2,3,6,7)	DCT
	AVENTADOR	LP700-4	1575	515/8250	690/5500	3.910	2.440	1.810	1.460	1.180	0.970	0.840	2.930	3.540	DCT
Volvo	S60	T3	1752	110/5700	240/–	3.583	1.952	1.241	0.868	0.943	0.789	–	5.099	(1–4)3.818 (5–6,R)2.773	
			1752	110/5700	240/–	3.818	2.150	1.407	1.029	1.188	0.971	–	5.824	3.933(1–4) 2.682(5–6,R)	DCT
		T4	1752	132/5700	240/–	3.818	2.150	1.423	1.029	1.129	0.943	–	5.434	3.690(1–4) 2.682(5–6,R)	
			1752	132/5700	240/–										
		D2	1752	84/3600	270/	3.583	1.952	1.194	0.842	0.943	0.789	–	4.843	3.933(1–4) 2.682(5–6,R)	DCT
		D3	1752	100/3500	350/	3.385	1.905	1.194	0.838	0.652	0.540	–	3.200	3.770	
	S80	T4	1629	132/5700	240/–	3.818	2.150	1.423	1.029	1.129	0.943	–	5.434	3.690(1–4) 2.682(5–6,R)	
		D2	1629	84/3600	270/–	3.583	1.952	1.241	0.868	0.943	0.789	–	5.099	4.063(1–4) 2.995(5–6,R)	
		D4	1629	133/4250	400/–	3.580	2.050	1.270	0.840	0.620	0.510	–	2.833	3.770	
	V40	T2	1593	88/4500	240/–	3.727	2.048	1.258	0.919	0.738	0.622	–	3.818	3.610	
		T4	1593	132/5700	240/–	3.818	2.150	1.407	1.029	1.188	0.971	–	5.284	3.933(1–4) 2.682(5–6,R)	DCT
	V60	T3	1822	110/5700	240/–	3.583	1.952	1.241	0.868	0.943	0.789	–	5.099	3.813(1–4) 2.773(5–6,R)	
		T4	1822	132/5700	240/–	3.818	2.150	1.423	1.029	1.129	0.943	–	5.434	3.690(1–4) 2.682(5–6,R)	
		D3	1822	100/3500	350/–	3.385	1.905	1.194	0.838	0.652	0.540	–	3.200	3.770	
	V70	T4	1909	132/5700	240/–	3.318	2.150	1.423	1.029	1.129	0.943	–	5.443	3.690(1–4) 2.682(5–6,R)	
			1909	132/5700	240/–	3.318	2.150	1.407	1.029	1.188	0.971	–	5.274	3.933(1–4) 2.682(5–6,R)	DCT
		D2	1909	84/3600	270/–	3.583	1.952	1.241	0.868	0.943	0.789	–	5.099	4.063(1–4) 2.995(5–6,R)	
			1909	84/3600	270/–	3.583	1.952	1.194	0.842	0.943	0.789	–	4.843	3.933(1–4) 2.682(5–6,R)	DCT
		D5	1909	158/4000	420/–	3.385	1.905	1.194	0.838	0.652	0.540	–	3.200	3.770	
	XC60	D3	1935	100/3500	350/1500–2250	3.583	1.905	1.194	0.838	0.652	0.540	–	3.435	4.267	
		D5	1935	158/4000	420/1500–3250	3.750	1.905	1.194	0.838	0.652	0.540	–	3.206	4.786	
	XC80	D4	1940	120/3500	400/–	3.583	1.905	1.194	0.838	0.652	0.540	–	3.395	4.000	
			1940	120/3500	400/–	3.750	1.905	1.194	0.838	0.652	0.540	–	3.436	4.530	
Hyundai	ACCENT		1129	102/6300	167/4850	3.615	1.955	1.286	1.036	0.839	–	–	0.703	3.700	
	ELANTRA	SE	1315	106/6000	176/4700	3.308	1.962	1.257	0.976	0.778	0.633	–	3.583	4.333	
		Sport	1322	129/6500	209/4700	3.308	1.962	1.257	0.976	0.778	0.633	–	3.583	4.333	
	VELOSTER		1257	103/6300	167/4850	3.615	1.955	1.370	1.036	0.794	0.688	–	3.545	4.267	
			1245	103/6300	167/4850	3.615	1.955	1.303	0.917	0.909	0.694	–	4.531	4.938(1–4) 3.762(5–6,R)	DCT

makes	model	grade	weight	engine power	engine torque	1st	2nd	3rd	4th	5th	6th	7th	8th	9th	reverse	final ratio	note
Toyota	86	GT	1250	147/7000	205/6400-6600	3.538	2.060	1.404	1.000	0.713	0.582	–	–	–	3.168	4.100	
	BB	Z	1070	80/6000	141/4400	2.730	1.526	1.000	0.696	–	–	–	–	–	2.290	4.032	
	RUSH	G	1200	80/6000	141/4400	2.730	1.526	1.000	0.696	–	–	–	–	–	2.290	5.571	
	MARK X	250G	1520	149/6400	243/4800	3.538	2.060	1.404	1.000	0.713	0.582	–	–	–	3.168	4.100	
		250G FOUR	1560	149/6400	243/4800	3.520	2.042	1.400	1.000	0.716	0.586	–	–	–	3.224	4.300	
		350S	1550	234/6400	380/4800	3.520	2.042	1.400	1.000	0.716	0.586	–	–	–	3.224	3.769	
	CROWN SEDAN	Super Saloon	1460	83/4800	186/3600	2.804	1.531	1.000	0.705	–	–	–	–	–	2.393	3.727	
	CROWN ROYAL	Royal Saloon G	1590	149/6400	243/4800	3.538	2.060	1.404	1.000	0.713	0.582	–	–	–	3.168	4.100	
		Royal Saloon G i-FOUR	1680	149/6400	243/4800	3.520	2.042	1.400	1.000	0.716	0.586	–	–	–	3.224	4.300	
	CROWN ATHLETE	2.5 Athlete G	1590	149/6400	243/4800	3.538	2.060	1.404	1.000	0.713	0.582	–	–	–	3.168	4.100	
		2.5 Athlete G i-FOUR	1680	149/6400	243/4800	3.520	2.042	1.400	1.000	0.716	0.586	–	–	–	3.224	4.300	
		3.5 Athlete G	1650	232/6400	377/4800	4.596	2.724	1.863	1.464	1.231	1.000	0.824	0.685	–	4.056	3.133	
	LANDCRUSER PRADO	TX	2090	120/5200	246/3800	2.804	1.531	1.000	0.753	–	–	–	–	–	2.393	4.555	
		TZ-G	2180	203/5600	380/4400	3.520	2.042	1.400	1.000	0.716	–	–	–	–	3.224	3.727	2단부변속기
	FJ CRUSER		1940	203/5600	380/4400	3.520	2.042	1.400	1.000	0.716	–	–	–	–	3.224	3.727	2단부변속기
	LANDCRUSER	ZX	2690	234/5600	460/3400	3.333	1.960	1.353	1.000	0.728	0.588	–	–	–	3.061	4.300	2단부변속기
	HIACE WAGON		2040	118/5200	243/4000	3.600	2.090	1.488	1.000	0.687	0.580	–	–	–	3.732	4.875	
	CENTURY		2070	206/5200	460/4000	3.296	1.958	1.348	1.000	0.725	0.582	–	–	–	2.951	3.461	
Lexus	IS	250 Version L	1580	158/6400	260/3800	3.538	2.060	1.404	1.000	0.713	0.582	–	–	–	3.168	3.727	
		250 Version L AWD	1660	158/6400	260/3800	3.520	2.042	1.400	1.000	0.716	0.586	–	–	–	3.224	4.100	
		350 Version L	1630	234/6400	380/4800	4.596	2.724	1.863	1.464	1.231	1.000	0.824	0.685	–	4.056	3.133	
	RC	350 Version L	1690	234/6400	380/4800	4.596	2.724	1.863	1.464	1.231	1.000	0.824	0.685	–	4.056	3.133	
	RC F		1790	351/7100	530/4800-5600	4.596	2.724	1.863	1.464	1.231	1.000	0.824	0.685	–	2.176	2.937	
	GS	250 Version L	1680	158/6400	260/3800	3.538	2.060	1.404	1.000	0.713	0.582	–	–	–	3.168	3.909	
		350 Version L	1690	234/6400	380/4800	4.596	2.724	1.863	1.464	1.231	1.000	0.824	0.685	–	4.056	2.937	
		350 Version L AWD	1770	234/6400	380/4800	3.520	2.042	1.400	1.000	0.716	0.586	–	–	–	3.224	3.769	
	NX	200t	1740	175/4800-5600	350/1650-4000	3.300	1.900	1.420	1.000	0.713	0.608	–	–	–	4.148	4.154	
	RX	270	1820	138/5800	252/4200	3.300	1.900	1.420	1.000	0.713	0.608	–	–	–	4.148	4.356	
		350	1880	206/6200	348/4700	3.300	1.900	1.420	1.000	0.713	0.608	–	–	–	4.148	4.398	
	LS	460L	2090	288/6400	500/4100	4.596	2.724	1.863	1.464	1.231	1.000	0.824	0.685	–	2.176	2.937	
		460L AWD	2220	272/6400	477/4100	4.596	2.724	1.863	1.464	1.231	1.000	0.824	0.685	–	2.176	3.133	
Nissan	X-TRAIL	20GT	1710	127/3750	360/2000	4.199	2.405	1.583	1.161	0.855	0.685	–	–	–	3.457	3.571	
	LAFESTA	2WD	1500	111/6000	190/4100	3.552	2.022	1.452	1.000	0.708	0.599	–	–	–	3.893	4.325	
		4WD	1590	102/6500	175/4000	2.800	1.540	1.000	0.700	–	–	–	–	–	2.333	4.375/2.928	
	SKYLINE	200GT-t	1680	155/5500	350/1250-3500	4.377	2.859	1.921	1.368	1.000	0.820	0.728	–	–	3.416	3.133	
		350GT hybrid type-SP	1800	225/6800	350/5000	4.783	3.102	1.984	1.371	1.000	0.870	0.775	–	–	3.858	2.611	
	SKYLINE CROSSOVER	370GT FOUR type-P	1860	243/7000	361/5200	4.923	3.193	2.042	1.411	1.000	0.862	0.771	–	–	3.972	3.133	
	SKYLINE COUPE	370GT Type-SP	1690	245/7000	363/52200	4.923	3.193	2.042	1.411	1.000	0.862	0.771	–	–	3.972	3.357	
	FUGA	250VIP	1730	165/6400	258/4800	4.783	3.102	1.984	1.371	1.000	0.870	0.775	–	–	3.858	3.357	
		370VIP	1760	245/7000	363/5200	4.783	3.102	1.984	1.371	1.000	0.870	0.775	–	–	3.858	3.357	
		hybrid VIP	1870	225/6800	350/5000	4.783	3.102	1.984	1.371	1.000	0.870	0.775	–	–	3.858	2.611	
	CIMA	hybrid VIP G	1950	225/6800	350/5000	4.783	3.102	1.984	1.371	1.000	0.870	0.775	–	–	3.858	2.611	
	FAIRLADY Z	Version ST	1530	247/7000	365/5200	4.923	3.193	2.042	1.411	1.000	0.862	0.771	–	–	3.972	3.357	
	NV350 CARAVAN	Wagon GX	1980	108/5600	213/4400	3.841	2.352	1.529	1.000	0.839	–	–	–	–	2.764	3.700	
Honda	VAMOS	G 2WD	1000	33/5500	59/5000	2.888	1.562	0.976	–	–	–	–	–	–	2.047	5.750	
		G 4WD	1070	38/7000	62/4000	2.722	1.500	1.027	0.744	–	–	–	–	–	1.954	3.185/2.117	
	LEGEND		1980	231/6500	371/4700	NA	NA	NA	NA	NA	NA	NA	NA	–	NA	NA	
Subaru	EXIGA	2.0GT-S	1620	165/5600	326/4400	3.540	2.264	1.471	1.000	0.834	–	–	–	–	2.370	3.083	
	BRZ	R	1230	147/7000	205/6400-6600	3.538	2.060	1.404	1.000	0.713	0.582	–	–	–	3.168	4.100	
Mitsubishi	MINICAB	Bravo	910	36/5800	62/4000	2.727	1.536	1.000	–	–	–	–	–	–	2.222	5.857	
		Bravo Turbo	940	47/6000	95/3000	2.875	1.568	1.000	0.696	–	–	–	–	–	2.300	5.375	
	DELICA D5	D-Premium	1910	109/3500	360/1500-2750	4.199	2.405	1.583	1.161	0.855	0.685	–	–	–	3.457	3.571	
	PAJERO	Super Exeed Diesel	2290	140/3500	441/2000	3.520	2.042	1.400	1.000	0.716	–	–	–	–	3.224	3.917	2단부변속기
		Exeed	2150	131/5250	261/4000	3.789	2.057	1.421	1.000	0.731	–	–	–	–	3.865	4.300	2단부변속기
Suzuki	EVERY WAGON		1000	47/6000	95/3000	2.875	1.568	1.000	0.696	–	–	–	–	–	2.300	5.375	
	JIMNY	XG	990	47/6500	103/3500	2.875	1.568	1.000	0.696	–	–	–	–	–	2.300	5.375	2단부변속기
	JIMNY SIERRA		1070	65/6000	118/4000	2.875	1.568	1.000	0.696	–	–	–	–	–	2.300	4.090	2단부변속기
	ESCUDO	XG	1620	122/6000	225/4000	2.826	1.493	1.000	0.689	–	–	–	–	–	2.703	5.125	2단부변속기
Daihatsu	HIJET	Cruse	920	37/5700	64/4000	2.730	1.526	1.000	0.696	–	–	–	–	–	2.290	6.285	
		Cruse Turbo	930	47/5700	103/2800	2.730	1.526	1.000	0.696	–	–	–	–	–	2.290	5.571	
Chevrolet	SONIC		1275	103/4900	200/1850	4.580	5.960	1.910	1.450	1.000	0.750	–	–	–	2.940	3.230	
			1273	103/6300	170/3800	4.450	2.910	1.890	1.440	1.000	0.740	–	–	–	2.870	3.470	
	MALIBU		1660	193/5300	400/3000-4000	4.480	2.870	1.400	1.410	1.000	0.740	–	–	–	2.880	2.770	
			1660	146/6300	252/4000	4.580	2.960	1.940	1.450	1.000	0.750	–	–	–	2.840	2.890	
	IMPARA	LT 2.5	1692	146/6300	252/4400	4.580	2.960	1.940	1.450	1.000	0.750	–	–	–	2.940	3.230	
		LT 3.6	1724	227/6800	358/5300	4.480	2.870	1.840	1.410	1.000	0.740	–	–	–	2.880	2.770	
	CRUZE	LTZ	1431	103/4900	200/1850	4.580	2.960	1.910	1.440	1.000	0.740	–	–	–	2.940	3.530	
			1398	103/6300	170/3800	4.580	2.960	1.910	1.440	1.000	0.740	–	–	–	2.940	3.530	
		Diesel	1576	113/4000	358/2600	4.150	2.370	1.560	1.160	0.860	0.690	–	–	–	3.390	3.200	
	CHEVROLET SS		1803	310/5900	563/4600	4.030	2.360	1.530	1.150	0.850	0.670	–	–	–	3.060	3.270	
	CAMARO	LT	1688	241/6800	377/4800	4.060	2.370	1.550	1.160	0.850	0.670	–	–	–	3.200	3.270	
		SS	1790	318/5900	569/4600	4.030	2.360	1.530	1.150	0.850	0.670	–	–	–	3.060	3.270	
		Z28	1732	376/6100	652/4800	2.660	1.780	1.300	1.000	0.800	0.630	–	–	–	2.900	3.910	
		ZL1	1997	432/6000	754/4200	4.030	2.360	1.530	1.150	0.850	0.670	–	–	–	3.060	3.230	
	CORVETTE		1529	339/6000	624/4600	4.560	2.970	2.080	1.690	1.270	1.000	0.850	0.650	–	3.820	2.410	
		Z06	1625	485/6400	881/3600	4.560	2.970	2.080	1.690	1.270	1.000	0.850	0.650	–	3.820	2.410	
	TRAX	LTZ	1445	103/4900	200/1850	4.580	2.960	1.910	1.450	1.000	0.750	–	–	–	2.740	3.530	
	TRAVERSE		2358	215/6300	366/4300	4.480	2.870	1.800	1.410	1.000	0.740	–	–	–	2.880	3.160	
	EQUINOX	LS	1713	136/6700	233/4900	4.580	2.960	1.910	1.440	1.000	0.740	–	–	–	2.940	3.230	
		LT	1779	225/6500	369/4800	4.480	2.870	1.840	1.410	1.000	0.740	–	–	–	2.880	2.770	
	TAHOE		2479	250/5600	519/4100	4.030	2.360	1.530	1.150	0.850	0.670	–	–	–	3.060	3.080	
	SILVERADO	1500 Regular cab 2WD 4.3	2948	212/5300	413/3900	4.030	2.360	1.530	1.150	0.850	0.670	–	–	–	3.060	3.08/3.23/3.42	
		1500 Regular cab 2WD 5.3	2994	250/5600	519/4100	4.030	2.360	1.530	1.150	0.850	0.670	–	–	–	3.060	3.730	
		3500 HD Regular cab 2WD 6.0	5988	240/5400	515/4200	4.030	2.360	1.530	1.150	0.850	0.670	–	–	–	3.060	3.73/4.10	
		3500 HD Regular cab 2WD 6.6	5988	296/3000	1037/1600	3.100	1.810	1.410	1.000	0.710	0.610	–	–	–	4.490	3.730	
	SUBURBAN		2569	250/5600	519/4100	4.030	2.360	1.530	1.150	0.850	0.670	–	–	–	3.060	3.08/3.42	
	COLORADO	2.5	2449	149/6300	259/4400	4.060	2.370	1.550	1.160	0.850	0.670	–	–	–	3.200	4.100	
		3.6	2585	227/6800	365/4000	4.060	2.370	1.550	1.160	0.850	0.670	–	–	–	3.200	3.420	
Buick	LACROSSE	2.4	1704	136/6700	233/4900	4.580	2.960	1.910	1.450	1.000	0.750	–	–	–	2.940	2.640	

makes	model	grade	weight	engine power	engine torque	1st	2nd	3rd	4th	5th	6th	7th	8th	9th	reverse	final ratio	note
		3.6 2WD	1767	227/6800	358/5300	4.480	2.870	1.840	1.410	1.000	0.740	–	–	–	2.880	2.770	
	REGAL	2.0 turbo FWD	1683	193/5300	400/3000–4000	4.480	2.870	1.840	1.410	1.000	0.740	–	–	–	2.880	2.770	
		2.4	1633	136/6700	232/4900	4.580	2.960	1.910	1.450	1.000	0.750	–	–	–	2.940	2.640	
	VERANO	2	1610	187/5300	353/2000	4.580	2.960	1.910	1.450	1.000	0.750	–	–	–	2.940	3.230	
		2.4	1551	134/6700	232/4900	4.580	2.960	1.910	1.450	1.000	0.750	–	–	–	2.840	3.230	
	ENCORE		1930	103/4900	200/1850	4.580	2.960	1.910	1.450	1.000	0.750	–	–	–	2.940	3.530	
	ENCLAVE		2908	215/6300	366/3400	4.480	2.870	1.840	1.410	1.000	0.740	–	–	–	2.880	3.160	
GMC	ACADIA		2908	210/6300	361/3400	4.480	2.870	1.840	1.410	1.000	0.740	–	–	–	2.880	3.160	
	TERRAIN	2.4 FWD	1748	136/6700	232/4900	4.580	2.960	1.910	1.440	1.000	0.740	–	–	–	2.940	3.23/3.53	
		3.6 FWD	1829	224/6500	367/4800	4.480	2.870	1.840	1.410	1.000	0.740	–	–	–	2.880	2.77/3.39	
	SAVANA PASSENGER VAN	G2500	2663	213/5400	400/4600	4.030	2.360	1.530	1.150	0.850	0.670	–	–	–	3.060	3.420	
		G3500 Regular Length	2761	245/5400	506/4400	4.030	2.360	1.530	1.150	0.850	0.670	–	–	–	3.060	3.730	
		G3500 Extended Length	2906	194/2800	712/1600	4.030	2.360	1.530	1.150	0.850	0.670	–	–	–	3.060	3.420	
	SIERRA	1500 Regular cab 4.3	2948	212/5300	413/3900	4.030	2.360	1.530	1.150	0.850	0.670	–	–	–	3.060	3.08/3.23/3.42	
		1500 Regular cab 5.3	2994	250/5600	519/4100	4.030	2.360	1.530	1.150	0.850	0.670	–	–	–	3.060	3.730	
	CANYON	2.5	1760	149/6300	259/4400	4.060	2.370	1.550	1.160	0.850	0.670	–	–	–	3.200	4.100	
		3.6	1837	227/6800	365/4000	4.060	2.370	1.550	1.160	0.850	0.670	–	–	–	3.200	3.420	
	YUKON	2WD	3220	250/5600	519/4100	4.030	2.360	1.530	1.150	0.850	0.670	–	–	–	3.060	3.080	
		4WD	3310	313/5600	623/4100	4.030	2.360	1.530	1.150	0.850	0.670	–	–	–	3.060	3.420	
Cadillac	ATS	2.0 turbo RWD	1530	203/5500	400/3000–4600	4.060	2.370	1.550	1.160	0.850	0.670	–	–	–	3.200	3.270	
		2.5	1505	151/6300	259/4400	4.060	2.370	1.550	1.410	0.850	0.670	–	–	–	3.200	3.450	
		3.6 RWD	1570	239/6800	373/4800	4.060	2.370	1.550	1.160	0.850	0.670	–	–	–	3.200	3.270	
	CTS	2.0 turbo RWD	1640	203/5500	400/1700–5500	4.060	2.370	1.550	1.160	0.850	0.670	–	–	–	3.200	3.450	
		3.6 RWD	1704	239/6800	373/4800	4.060	2.370	1.550	1.160	0.850	0.670	–	–	–	3.200	3.450	
		3.6 twin-turbo	1793	313/5750	583/3500–4500	4.600	2.720	1.860	1.460	1.230	1.000	0.820	0.690	–	4.060	2.850	
	XTS	3.6 RWD	1877	227/6800	355/5200	4.480	2.870	1.840	1.410	1.000	0.740	–	–	–	2.880	2.770	
		3.6 4WD twin-turbo	1912	306/6000	500/1900–5600	4.480	2.870	1.840	1.410	1.000	0.740	–	–	–	2.880	3.160	
	SRX	FWD	1940	230/6800	358/2400	4.480	2.870	1.840	1.410	1.000	0.740	–	–	–	2.880	3.390	
	ESCALADE	2WD	2537	313/5600	623/4100	4.030	2.360	1.530	1.150	0.850	0.670	–	–	–	3.060	3.420	
Ford	EXPLORER	2.0EcoBoost	2009	179/5500	366/3000	4.584	2.964	1.912	1.446	1.000	0.746	–	–	–	2.882	3.36/3.51	
		3.0V6	2010	216/6500	346/4000	4.484	2.872	1.842	1.414	1.000	0.746	–	–	–	2.882	3.16/3.39	
	FUSION	2.0EcoBoost	1599	179/5500	366/3000	4.580	2.960	1.910	1.450	1.000	0.750	–	–	–		3.21/3.36	
	MUSTANG	2.3EcoBoost	1598	231/5500	434/2500–4500	4.170	2.340	1.520	1.140	0.870	0.690	–	–	–		3.15/3.31/3.55	
		5.0V8	1691	324/6500	542/4250	4.170	2.340	1.520	1.140	0.870	0.690	–	–	–		3.15/3.55	
	TAURUS	2.0EcoBoost	1798	179/5500	366/3000	4.584	2.964	1.912	1.446	1.000	0.746	–	–	–	2.943	3.070	
		3.5V6	1800	215/6500	344/4000	4.484	2.872	1.842	1.414	1.000	0.742	–	–	–	2.882	3.16/3.39	
	ESCAPE	1.6EcoBoost	1594	133/5700	249/2500	4.584	2.964	1.912	1.446	1.000	0.746	–	–	–	2.943	3.21/3.51	
		2.0EcoBoost	1642	179/5500	366/3000	4.584	2.964	1.912	1.446	1.000	0.746	–	–	–	2.943	3.070	
		2.5	1632	125/6000	230/4500	4.584	2.964	1.912	1.446	1.000	0.746	–	–	–	2.943	3.510	
	FLEX	3.5V6	2013	214/6500	344/4000	4.480	2.870	1.840	1.410	1.000	0.740	–	–	–	2.880	3.39/3.65	
		3.5EcoboostV6	2190	272/5500	475/3500	4.480	2.870	1.840	1.410	1.000	0.740	–	–	–	2.880	3.160	
	F150	2.7EcoBoostV6		242/5750	508/3000	4.170	2.340	1.520	1.140	0.860	0.960	–	–	–	3.400	3.31/3.55/3.73	
		3.5EcoBoostV6		474/5000	569/2500	4.170	2.340	1.520	1.140	0.860	0.960	–	–	–	3.400	3.15/3.31/3.55	
		5.0V8		287/5750	525/3850	4.170	2.340	1.520	1.140	0.860	0.960	–	–	–	3.400	3.31/3.55/3.73	
	SUPER DUTY	6.2V8		287/5500	549/4500	3.970	2.310	1.510	1.140	0.850	0.670	–	–	–	3.120	3.73/4.30	
		6.7V8		328/2800	1166/1600	3.970	2.310	1.510	1.140	0.850	0.670	–	–	–	3.120	3.31/3.55/3.73/4.30	
	E-SERIES	4.6V8	5216	168/4800	388/3500	2.840	1.550	1.000	0.700	–	–	–	–	–		3.73/4.10/4.56	
		6.8V10	6804	227/4250	569/3250	3.110	2.200	1.550	1.000	0.710	–	–	–	–		3.73/4.10/4.56	
Lincoln	MKZ	3.7 V6	1735	224/6500	375/4000	4.48	2.87	1.84	1.41	1.00	0.74	–	–	–	2.88	3.39	
		2.0 T	1690	178/5500	366/3000	4.58	2.96	1.91	1.45	1.00	0.75	–	–	–	2.94	3.21	
	MKS	3.7 V6	1870	224/6500	373/4000	4.48	2.87	1.84	1.41	1.00	0.74	–	–	–	2.88	3.16	
		3.5 Twin-T	1940	272/5700	475/1500–5250	4.48	2.87	1.84	1.41	1.00	0.74	–	–	–	2.88	2.77	
	MKT	3.7 V6	2130	224/6250	373/4000	4.48	2.87	1.84	1.41	1.00	0.74	–	–	–	2.27	3.16	
		3.5 Twin-T	2245	272/5700	475/1500–5250	4.48	2.87	1.84	1.41	1.00	0.74	–	–	–	NA	NA	
	MKX	3.7 V6	2010	227/6500	379/4000	4.48	2.87	1.84	1.41	1.00	0.74	–	–	–	2.88	3.16	
	Navigator	5.4 V8	2640	23/5100	495/3600	4.17	2.34	1.54	1.14	0.87	0.69	–	–	–	3.40	3.31/3.73	
Chrysler	200		1570	216/6350	355/4250	4.710	2.840	1.910	1.380	1.000	0.810	0.700	0.580	0.480	3.810	3.73/4.08	
	300	V6	1921	224/6350	358/4800	4.710	3.140	2.100	1.670	1.290	1.000	0.840	0.670	–	3.300	2.62/3.07	
		V8	1962	270/5200	534/4200	4.700	3.130	2.100	1.670	1.280	1.000	0.840	0.670	–	3.530	2.620	
	TOWN & COUNTRY		2115	211/6400	353/4400	3.900	2.690	2.160	1.370	0.950	0.650	–	–	–	3.040	3.160	
Jeep	CHEROKEE	2.4	1793	137/6400	234/4600	4.710	2.840	1.910	1.380	1.000	0.810	0.700	0.580	0.480	3.830	3.734/4.083	
		V6	1863	199/6500	316/4400	4.710	2.840	1.910	1.380	1.000	0.810	0.700	0.580	0.480	3.830	3.251/3.517	
	COMPASS	2.0	1444	117/6400	191/5000	4.212	2.637	1.800	1.386	1.000	0.772	–	–	–	3.285	3.648	
		2.4	1528	129/6000	224/4400	4.212	2.637	1.800	1.386	1.000	0.772	–	–	–	3.285	3.367	
	GRAND CHEROKEE	3.6V6	2261	209/6400	353/4800	4.714	3.143	2.106	1.667	1.285	1.000	0.839	0.667	–	3.295	3.450	
		5.7V8	2381	268/5150	520/4250	4.714	3.143	2.106	1.667	1.285	1.000	0.839	0.667	–	3.295	3.090	
		SRT	2336	354/6000	637/4300	4.714	3.143	2.106	1.667	1.285	1.000	0.839	0.667	–	3.530	3.700	
	PATRIOT	2.0	1456	117/6400	191/5000	4.212	2.637	1.800	1.386	1.000	0.772	–	–	–	3.285	3.648	
		2.4	1527	129/6000	224/4400	4.212	2.637	1.800	1.386	1.000	0.772	–	–	–	3.285	3.367	
	WRANGLER		1541	209/6400	353/4800	3.590	2.190	1.410	1.000	0.830	–	–	–	–	3.160	3.060	
	RENEGADE	1.4Turbo	1444	119/5500	250/2500–4000	4.154	2.118	1.361	0.978	0.756	0.622	–	–	–	4.000	4.438/3.579/3.833	
		2.4	1621	134/6400	237/3900	4.710	2.840	1.910	1.380	1.000	0.810	0.700	0.580	–	3.830	3.734/4.334	
Dodge	CHALLENGER	V6	1735	227/6350	363/4800	4.710	3.140	2.100	1.670	1.290	1.000	0.840	0.670	–	3.300	2.62/3.08	
		5.7V8	1852	277/5200	542/4400	2.970	2.100	1.460	1.000	0.740	0.500	–	–	–	2.900	3.900	
		6.4V8HEMI	1928	362/6000	644/4200	4.700	3.130	2.100	1.670	1.280	1.000	0.840	0.670	–	3.530	3.08/2.07	
	CHARGER	3.6V6	1899	224/6350	358/4800	4.700	3.130	2.100	1.670	1.280	1.000	0.840	0.670	–	3.300	2.62/3.07	
		6.2HEMI S/C	2075	527/6000	881/4800	4.700	3.130	2.100	1.670	1.280	1.000	0.840	0.670	–	3.300	2.620	
	DART	2.0	1439	119/6400	200/4600	4.640	2.830	1.810	1.390	1.000	0.770	–	–	–	3.290	3.20/3.51	
	DURANGO	3.6V6	2225	220/6400	353/4800	4.714	3.143	2.106	1.667	1.285	1.000	0.839	0.667	–	3.295	3.450	
		5.7HEMI	2418	268/5150	529/4250	4.714	3.143	2.106	1.667	1.285	1.000	0.839	0.667	–	3.295	3.090	
	GRAND CARAVAN		2050	211/6400	353/4400	3.900	2.690	2.160	1.370	0.950	0.650	–	–	–	3.040	3.160	
	JOURNEY	2.4	1735	128/4000	225/4000	2.842	1.570	1.000	0.690	–	–	–	–	–	2.210	4.280	
		3.6V6	1926	211/6350	364/4175	4.127	2.283	1.452	1.000	0.690	–	–	–	–	3.214	3.160	
Ram	1500	3.6V6		224/6400	364/4175	4.710	3.140	2.100	1.670	1.290	1.000	0.840	0.670	–	3.300	3.21/3.55	
		5.7HEMI		291/5600	556/3950	3.000	1.670	1.500	1.000	0.750	0.670	–	–	–	3.300	3.21/3.55/3.92/4.10	
	2500	6.4HEMI		306/5600	582/4000	3.230	1.840	1.410	1.000	0.820	0.630	–	–	–	4.440	3.73/4.10	
	3500	5.7HEMI		286/5600	542/4000	3.230	1.840	1.410	1.000	0.820	0.630	–	–	–	4.440	4.100	
		6.7Turbo D		242/2400	1017/1500	3.750	2.000	1.340	1.000	0.770	0.630	–	–	–	3.540	3.42/3.73/4.10	
Mercedes-Benz	A CLASS	A45 AMG 4Matic	1555	265/6000	450/2250–5000	3.860	2.430	2.670	1.050	0.780	1.050	0.840	–	–	3.380	4.130	

makes	model	grade	weight	engine power	engine torque	1st	2nd	3rd	4th	5th	6th	7th	8th	9th	reverse	final ratio	note
	C CLASS	C180 BlueTec	1485	85/3000-4600	280/1500-2800	4.380	2.860	1.920	1.370	1.000	0.820	0.730	–	–	3.42/2.23	2.650	
		C300 BkueTec Hybrid	1715	150/3800	500/1600-1800	4.380	2.860	1.920	1.370	1.000	0.820	0.730	–	–	3.42/2.23	2.470	
		C180	1395	115/5300	250/1200-4000	4.380	2.860	1.920	1.370	1.000	0.820	0.730	–	–	3.42/2.23	2.650	
		C250	1480	155/5500	350/1200-4000	4.380	2.860	1.920	1.370	1.000	0.820	0.730	–	–	3.42/2.23	3.070	
		C400 4Matic	1645	245/5250-6000	480/1600-4000	4.380	2.860	1.920	1.370	1.000	0.820	0.730	–	–	3.42/2.23	2.820	
		AMG C63	1715	350/5500-6250	650/1750-4500	4.380	2.860	1.920	1.370	1.000	0.820	0.730	–	–	3.42/2.23	2.820	
	CLS CLASS	CLS220 BlueTec	1790	125/3000-4200	400/1400-2800	5.500	3.330	2.310	1.660	1.210	1.000	0.860	0.720	0.600	4.930	2.470	
		CLS350 BlueTec	1845	190/3600	620/1600-2400	5.500	3.330	2.310	1.660	1.210	1.000	0.860	0.720	0.600	4.93/2.23	2.470	
		CLS400	1775	245/5250-6000	480/1200-4000	4.380	2.860	1.920	1.370	1.000	0.820	0.730	–	–	3.42/2.23	2.650	
		CLS500	1890	300/5000-5750	600/1600-4750	5.500	3.330	2.310	1.660	1.210	1.000	0.860	0.720	0.600	4.93/2.23	2.470	
		CLS63 AMG	1870	410/5500	720/1750-5250	4.380	2.860	1.920	1.370	1.000	0.820	0.730	–	–	3.42/2.23	2.650	
	E CLASS	E200 BlueTec	1735	100/2800-4600	360/1400-2600	4.380	2.860	1.920	1.370	1.000	0.820	0.730	–	–	3.42/2.23	2.470	
		E250 BlueTec	1785	150/3800	500/1600-1800	5.500	3.330	2.310	1.660	1.210	1.000	0.860	0.720	0.600	4.930	2.470	
		E300 BlueTec	1845	170/3800	540/1600-2400	5.500	3.330	2.310	1.660	1.210	1.000	0.860	0.720	0.600	4.930	2.240	
		E200	1615	135/5500	270/1200-4000	4.380	2.860	1.920	1.370	1.000	0.820	0.730	–	–	3.42/2.23	3.070	
		E400	1785	245/5250-6000	480/1200-4000	4.380	2.860	1.920	1.370	1.000	0.820	0.730	–	–	3.42/2.23	2.650	
		E500	1905	300/5000-5750	600/1600-4750	4.380	2.860	1.920	1.370	1.000	0.820	0.730	–	–	3.42/2.23	2.470	
		E63 AMG	1845	410/5500	720/1750-5250	4.380	2.860	1.920	1.370	1.000	0.820	0.730	–	–	3.42/2.23	2.650	
	G CLASS	G350 BlueTec	2570	155/3400	540/1600-2400	4.380	2.860	1.920	1.370	1.000	0.820	0.730	–	–	3.42/2.23	4.380	
		G63 AMG	2550	400/5500	760/2000-5000	4.380	2.860	1.920	1.370	1.000	0.820	0.730	–	–	3.42/2.23	4.110	
	GL CLASS	GL350 BlueTec	2455	190/3600	620/1600-2400	4.380	2.860	1.920	1.370	1.000	0.820	0.730	–	–	3.42/2.23	3.270	
		GL400 4Matic	2435	245/5250-6000	480/1600-4000	4.380	2.860	1.920	1.370	1.000	0.820	0.730	–	–	3.42/2.23	3.460	
		GL63 AMG 4Matic	2580	410/5250-5750	760/2000-5000	4.380	2.860	1.920	1.370	1.000	0.820	0.730	–	–	3.42/2.23	3.470	
	GLA CLASS	GLA45 AMG 4Matic	1585	265/6000	450/2250-5000	3.860	2.430	2.670	1.050	0.780	1.050	0.840	–	–	3.380	4.130	
	GLK CLASS	GLK200 CDI	1825	105/3000-4600	350/1200-2800	4.380	2.860	1.920	1.370	1.000	0.820	0.730	–	–	3.42/2.23	2.820	
		GLK220 BlueTec 4Matic	1925	125/3000-4200	400/1400-2800	4.380	2.860	1.920	1.370	1.000	0.820	0.730	–	–	3.42/2.23	3.070	
		GLK350 CDI 4Matic	1925	195/3800	620/1600-2400	4.380	2.860	1.920	1.370	1.000	0.820	0.730	–	–	3.42/2.23	2.870	
		GLK250	1765	155/5500	350/1200-4000	4.380	2.860	1.920	1.370	1.000	0.820	0.730	–	–	3.42/2.23	3.690	
		GLK350 4Matic	1845	225/6500	370/3500-5250	4.380	2.860	1.920	1.370	1.000	0.820	0.730	–	–	3.42/2.23	3.270	
	M CLASS	ML250 BlueTec 4Matic	2150	150/3800	500/1600-1800	4.380	2.860	1.920	1.370	1.000	0.820	0.730	–	–	3.42/2.23	3.270	
		ML500 4Matic	2235	300/5000-5750	600/1600-4750	4.380	2.860	1.920	1.370	1.000	0.820	0.730	–	–	3.42/2.23	3.460	
		ML63 AMG 4Matic	2345	386/5250-5750	700/1750-5000	4.380	2.860	1.920	1.370	1.000	0.820	0.730	–	–	3.42/2.23	3.470	
	S CLASS	S300 BlueTec Hybryd	2015	150/3800	500/1600-1800	4.380	2.860	1.920	1.370	1.000	0.820	0.730	–	–	3.42/2.23	2.820	
		S350 BlueTec	1955	190/3600	620/1600-2400	4.380	2.860	1.920	1.370	1.000	0.820	0.730	–	–	3.42/2.23	2.470	
		S400 Hybrid	1925	225/6500	370/3500-5250	4.380	2.860	1.920	1.370	1.000	0.820	0.730	–	–	3.42/2.23	3.070	
		S500	1995	335/5250-5500	700/1800-3500	4.380	2.860	1.920	1.370	1.000	0.820	0.730	–	–	3.42/2.23	2.650	
		S500 Plug-in Hybrid long	2215	245/5250-6000	480/1600-4000	4.380	2.860	1.920	1.370	1.000	0.820	0.730	–	–	3.42/2.23	2.820	
		S600 long	2185	390/4900-5300	830/1900-4000	4.380	2.860	1.920	1.370	1.000	0.820	0.730	–	–	3.42/2.23	2.470	
		Maybach S500	2220	335/5250-5500	700/1800-3500	5.500	3.330	2.310	1.660	1.210	1.000	0.860	0.720	0.600	4.930	2.470	
		Maybach S600	2335	390/4900-5300	830/1900-4000	4.380	2.860	1.920	1.370	1.000	0.820	0.730	–	–	3.42/2.23	2.470	
	SL CLASS	SL400	1730	245/5250-6000	480/1600-4000	4.380	2.860	1.920	1.370	1.000	0.820	0.730	–	–	3.42/2.23	3.070	
		SL500	1785	320/5250	700/1800-3500	4.380	2.860	1.920	1.370	1.000	0.820	0.730	–	–	3.42/2.23	2.650	
	SLK CLASS	SLK250 CDI	1570	150/3800	500/1600-1800	4.380	2.860	1.920	1.370	1.000	0.820	0.730	–	–	3.42/2.23	2.470	
		SLK200	1435	135/5250	270/1800-4600	4.380	2.860	1.920	1.370	1.000	0.820	0.730	–	–	3.42/2.23	2.870	
		SLK250	1475	150/5500	310/2000-4300	4.380	2.860	1.920	1.370	1.000	0.820	0.730	–	–	3.42/2.23	3.270	
		SLK350	1540	225/6500	370/3500-5250	4.380	2.860	1.920	1.370	1.000	0.820	0.730	–	–	3.42/2.23	3.070	
		SLK55 AMG	1610	310/6800	540/4500	4.380	2.860	1.920	1.370	1.000	0.820	0.730	–	–	3.42/2.23	2.820	
BMW	1	116d	1310	85/4000	260/1750-2500	4.714	3.143	2.106	1.667	1.285	1.000	0.839	0.667	–	3.295	2.647	
		116i	1290	100/4400	220/15003500	4.714	3.143	2.106	1.667	1.285	1.000	0.839	0.667	–	3.295	3.077	
		125d	1390	160/4400	450/1500-2500	4.714	3.143	2.106	1.667	1.285	1.000	0.839	0.667	–	3.295	2.647	
		125i	1345	160/5000	310/1350-4800	4.714	3.143	2.106	1.667	1.285	1.000	0.839	0.667	–	3.295	3.077	
		M135i	1430	235/5800	450/1250-5000	4.714	3.143	2.106	1.667	1.285	1.000	0.839	0.667	–	3.295	3.077	
	2	218d	1355	105/4000	320/1750-2500	4.714	3.143	2.106	1.667	1.285	1.000	0.839	0.667	–	3.295	2.647	
		220i	1350	135/5000-6250	270/1250-4500	4.714	3.143	2.106	1.667	1.285	1.000	0.839	0.667	–	3.295	3.077	
		225d	1420	160/4400	450/1500-2500	4.714	3.143	2.106	1.667	1.285	1.000	0.839	0.667	–	3.295	2.647	
		218i Active Tourer	1320	100/4500-6000	220/1250	4.459	2.508	1.556	1.142	0.851	0.672	–	–	–	3.185	3.944	
		225i Active Tourer	1375	170/4750-6000	350/1250	5.250	3.029	1.950	1.457	1.221	1.000	0.809	0.673	–	4.015	2.839	
		228i	1385	180/5000-6500	350/1250-4800	4.714	3.143	2.106	1.667	1.285	1.000	0.839	0.667	–	3.295	3.077	
	3	318d	1410	105/4000	320/1750-2500	4.714	3.143	2.106	1.667	1.285	1.000	0.839	0.667	–	3.295	2.813	
		320i	1400	135/5000	270/1250-4500	4.714	3.143	2.106	1.667	1.285	1.000	0.839	0.667	–	3.295	3.154	
		320d	1420	135/4000	380/1750-2750	4.714	3.143	2.106	1.667	1.285	1.000	0.839	0.667	–	3.295	2.813	
		330d	1540	190/4000	560/2000-2750	4.174	3.143	2.106	1.667	1.285	1.000	0.839	0.667	–	3.317	2.563	
		ActiveHybrid 3	1655	225/5800-6000	400/1200-5000	4.174	3.143	2.106	1.667	1.285	1.000	0.839	0.667	–	3.317	2.813	
		335i	1510	225/5800-6000	400/1200-5000	4.714	3.143	2.106	1.667	1.285	1.000	0.839	0.667	–	3.295	3.154	
	4	420i	1430	135/5000-6250	270/1250-4500	4.714	3.143	2.106	1.667	1.285	1.000	0.839	0.667	–	3.295	3.154	
		420d	1530	135/4000	380/1750-2750	4.714	3.143	2.106	1.667	1.285	1.000	0.839	0.667	–	3.295	2.813	
		430d	1540	190/4000	560/2000-3000	4.714	3.143	2.106	1.667	1.285	1.000	0.839	0.667	–	3.317	2.563	
	5	518d	1615	105/4000	360/1750-2500	4.714	3.143	2.106	1.667	1.285	1.000	0.839	0.667	–	3.295	2.929	
		530d	1710	190/4000	560/1500-3000	4.714	3.143	2.106	1.667	1.285	1.000	0.839	0.667	–	3.317	2.471	
		535d	1735	230/4400	630/1500-2500	4.714	3.143	2.106	1.667	1.285	1.000	0.839	0.667	–	3.317	2.647	
		M550d xDrive	1880	280/4000-4400	740/2000-3000	4.714	3.143	2.106	1.667	1.285	1.000	0.839	0.667	–	3.317	2.813	
		ActiveHybrid5	1850	225/5800-6000	400/1200-5000	4.714	3.143	2.106	1.667	1.285	1.000	0.839	0.667	–	3.317	2.929	
	6	640d	1715	230/4400	630/1500-2500	4.714	3.143	2.106	1.667	1.285	1.000	0.839	0.667	–	3.317	2.813	
		640i	1660	235/5800-6000	450/1300-4500	4.714	3.143	2.106	1.667	1.285	1.000	0.839	0.667	–	3.295	3.231	
		650i	1770	300/5500-6400	600/1750-4500	4.714	3.143	2.106	1.667	1.285	1.000	0.839	0.667	–	3.317	3.077	
	7	730i	1765	190/6600	310/2600-3000	4.714	3.143	2.106	1.667	1.285	1.000	0.839	0.667	–	3.295	3.462	
		740i	1825	235/5800	450/1300-4500	4.714	3.143	2.106	1.667	1.285	1.000	0.839	0.667	–	3.295	3.077	
		760i	2105	400/5250	750/1500-5000	4.714	3.143	2.106	1.667	1.285	1.000	0.839	0.667	–	3.317	2.813	
		730d xDrive	1910	190/4000	560/1500	4.714	3.143	2.106	1.667	1.285	1.000	0.839	0.667	–	3.317	2.563	
		740d xDrive	1940	230/4300	630/1500	4.714	3.143	2.106	1.667	1.285	1.000	0.839	0.667	–	3.317	2.647	
	X1	sDrive18d	1480	105/4000	320/1750-2500	4.714	3.143	2.106	1.667	1.285	1.000	0.839	0.667	–	3.295	2.929	
		sDrive18i	1430	110/6400	200/3600	4.065	2.371	1.551	1.157	0.853	0.674	–	–	–	3.200	4.444	
		xDrive20i	1575	135/5000-6250	270/1250-4500	4.714	3.143	2.106	1.667	1.285	1.000	0.839	0.667	–	3.295	3.154	
	X3	sDrive18d	1660	110/4000	360/1500-2250	4.714	3.143	2.106	1.667	1.285	1.000	0.839	0.667	–	3.295	3.007	
		sDrive20i	1680	135/5000-6250	270/1250-4500	4.714	3.143	2.106	1.667	1.285	1.000	0.839	0.667	–	3.295	3.385	
		xDrive35d	1860	230/4400	630/1500-2500	4.714	3.143	2.106	1.667	1.285	1.000	0.839	0.667	–	3.317	2.813	
	X4	xdrive20i	1735	135/5000-6250	270/1250-4500	4.714	3.143	2.106	1.667	1.285	1.000	0.839	0.667	–	3.295	3.385	
	X5	xDrive30d	2070	190/4000	560/1500-3000	4.714	3.143	2.106	1.667	1.285	1.000	0.839	0.667	–	3.317	3.154	
	X6	xDrive30d	2065	190/4000	560/1500-3000	5.000	3.200	2.143	1.720	1.313	1.000	0.823	0.640	–	3.478	3.154	
		xDrive35i	2025	225/5800-6400	400/1200-5000	4.714	3.143	2.106	1.667	1.285	1.000	0.839	0.667	–	3.295	3.154	
	Z4	sDrive18i	1395	115/5000	240/1250-4400	4.714	3.143	2.106	1.667	1.285	1.000	0.839	0.667	–	3.295	3.077	
		sDrive28i	1400	180/5000-6500	350/1250-4800	4.714	3.143	2.106	1.667	1.285	1.000	0.839	0.667	–	3.295	3.727	
Mini		One	1120	75/4250-6000	180/1400-4000	4.459	2.508	1.556	1.142	0.851	0.672	–	–	–	3.185	3.683	
		Cooper	1115	100/4500-6000	220/1250-4000	4.459	2.508	1.556	1.142	0.851	0.672	–	–	–	3.185	3.683	
		Cooper D	1150	85/4000	270/1750	4.459	2.508	1.556	1.142	0.851	0.672	–	–	–	3.185	3.234	
		Cooper S	1175	141/4700-6000	280/1250-4750	4.459	2.508	1.556	1.142	0.851	0.672	–	–	–	3.185	3.502	
		JOHN COOPER WORKS	1185	155/6000	260/1850-5600	4.044	2.371	1.556	1.159	0.852	0.672	–	–	–	3.193	3.683	

makes	model	grade	weight	engine power	engine torque	1st	2nd	3rd	4th	5th	6th	7th	8th	9th	reverse	final ratio	note
	CLUBMAN	One	1170	72/6000	153/3000	4.044	2.371	1.556	1.159	0.852	0.672	–	–	–	3.193	4.103	
		Cooper	1175	90/6000	160/4250	4.044	2.371	1.556	1.159	0.852	0.672	–	–	–	3.193	4.103	
		Cooper D	1215	82/4000	270/1750-2250	4.044	2.371	1.556	1.159	0.852	0.672	–	–	–	3.193	3.683	
	COUNTRYMAN	One	1295	72/6000	153/3000	4.148	2.370	1.556	1.155	0.859	0.686	–	–	–	3.394	4.643	
		Cooper S	1335	135/5500	240/1600-5000	4.044	2.371	1.556	1.159	0.852	0.672	–	–	–	3.193	3.683	
	PACEMAN	Cooper	1285	90/6000	160/4250	4.148	2.370	1.556	1.155	0.859	0.686	–	–	–	3.394	4.643	
		Cooper S	1330	135/5500	240/1600-5000	4.044	2.371	1.556	1.159	0.852	0.672	–	–	–	3.193	3.683	
Audi	A8	3.0 TFSI quattro	1830	228/5200-6500	440/2900-4750	4.714	3.143	2.106	1.667	1.285	1.000	0.839	0.667	–	3.317	3.204	
		3.0 TDI quattro	1880	190/4000-4250	580/1750-2500	4.714	3.143	2.106	1.667	1.285	1.000	0.839	0.667	–	3.317	2.624	
		4.2 TDI quattro	2040	283/3750	850/2000-2750	4.714	3.143	2.106	1.667	1.285	1.000	0.839	0.667	–	3.317	2.381	
		Hybrid	1870	155/4200-6000	350/1500-4200	4.714	3.143	2.106	1.667	1.285	1.000	0.839	0.667	–	3.317	3.169	
	S8		1990	382/5800	650//1700-5500	4.714	3.143	2.106	1.667	1.285	1.000	0.839	0.667	–	3.317	3.204	
	Q5	3.0 TFSI quattro	1840	200/4780-6500	400/2150-4780	4.714	3.143	2.106	1.667	1.285	1.000	0.839	0.667	–	3.317	3.204	
	SQ5	3.0 TDI quattro	1950	230/3900-4500	650/1450-2800	4.714	3.143	2.106	1.667	1.285	1.000	0.839	0.667	–	3.317	3.204	
	Q7	3.0 TFSI quattro	1970	245/5500-6500	440/2900-5300	4.714	3.143	2.106	1.667	1.285	1.000	0.839	0.667	–	3.317	3.204	
		3.0 TDI quattro	1995	200/3250-4250	600/1500-3000	4.714	3.143	2.106	1.667	1.285	1.000	0.839	0.667	–	3.317	2.848	
	RS6	Avant	1950	412/5700-6600	700/1750-5500	4.714	3.143	2.106	1.667	1.285	1.000	0.839	0.667	–	3.317	3.076	
	RS7		1930	412/5700-6600	700/1750-5500	4.714	3.143	2.106	1.667	1.285	1.000	0.839	0.667	–	3.317	3.076	
Volkswagen	TOUAREG	3.6 V6 TSI	2800	213/4850-6500	420/2500-5000	4.840	2.840	1.860	1.440	1.220	1.000	0.820	0.670	–	3.820	3.700	
		3.0 TDI	2860	180/3800	550/1750-2750	4.970	2.840	1.860	1.440	1.210	1.000	0.820	0.690	–	4.070	3.270	
		4.2 TDI	2220	250/4000	800/1750-2750	4.92	2.81	1.84	1.43	1.21	1.00	0.83	0.69	–	402	2.62	
	PHAETON	4.2 V8	2200	246/6500	430/3500	4.17	2.34	1.52	1.14	0.87	0.69	–	–	–	3.40	3.31	
		3.0 TDI	2250	176/4000	500/1500-3000	4.17	2.34	1.52	1.14	0.87	0.69	–	–	–	3.40	3.33	
Porsche	PANAMERA	Diesel	1900	221/4000	650/1750-2500	4.920	2.810	1.840	1.430	1.210	1.000	0.830	0.690	–	4.020	2.690	
		S E-Hybrid	2095	245/5500-6500	440/3000-5250	4.920	2.810	1.840	1.430	1.210	1.000	0.830	0.690	–	4.070	2.920	
	CAYENNE		2040	220/6300	400/3000	4.850	2.840	1.860	1.440	1.220	1.000	0.820	0.670	–	3.830	3.27/3.70	
		GTS	2110	324/6000	600/1600-5000	4.920	2.810	1.840	1.430	1.210	1.000	0.830	0.690	–	4.020	3.27/3.70	
		Turbo S	2235	419/6000	800/2500-4000	4.920	2.810	1.840	1.430	1.210	1.000	0.830	0.690	–	4.020	2.58/2.92	
Maserati	GHIBLI		1950	243/4750	500/1600	4.710	3.140	2.110	1.670	1.280	1.000	0.840	0.670	–	3.320	2.800	
	QUATTROPORTE		2090	301/5500	550/1750-5000	4.710	3.140	2.110	1.670	1.280	1.000	0.840	0.670	–	3.320	4.100	
	GRANTURISMO		1950	298/7100	460/4750	4.710	3.140	2.110	1.670	1.280	1.000	0.840	0.670	–	3.320	3.730	
Jaguar	XF	2.0 I4	1770	177/5500	340/1750	4.714	3.143	2.106	1.667	1.285	1.000	0.839	0.667	–	3.317	2.730	
		5.0 V8 Supercharged	1960	375/6000-6500	625/2500-5500	4.714	3.143	2.106	1.667	1.285	1.000	0.839	0.667	–	3.317	2.560	
	XJ	2.0 I4	1775	177/5500	340/1750	4.714	3.143	2.106	1.667	1.285	1.000	0.839	0.667	–	3.317	2.560	
		5.0 V8 Supercharged	1970	405/6500	680/3500	4.714	3.143	2.106	1.667	1.285	1.000	0.839	0.667	–	3.317	2.560	
	F-TYPE	3.0 V6 Supercharged	1730	280/6500	460/3500-5000	4.714	3.143	2.106	1.667	1.285	1.000	0.839	0.667	–	3.317	3.150	
	XK	XKR-S	1810	405/6500	680/3500	4.171	2.340	1.521	1.143	0.867	0.691	–	–	–	3.403	3.310	
Land Rover	RANGEROVER EVOQUE	Si4	1780	177/5500	340/1750	4.713	2.842	1.908	1.382	1.000	0.808	0.699	0.580	0.480	3.830	4.544	
		SD4	1715	140/3500	420/1750	4.713	2.842	1.908	1.382	1.000	0.808	0.699	0.580	0.480	3.830	3.940	
	FREELANDER 2	Si4	1820	177/5500	340/1750	4.148	2.370	1.556	1.155	0.859	0.686	–	–	–	3.394	3.750	
		SD4	1805	140/4000	420/1750	4.148	2.370	1.556	1.155	0.859	0.686	–	–	–	3.394	3.329	
	DISCOVERY 4	3.0 SCV6	2570	250/6500	450/3500	4.714	3.143	2.106	1.667	1.285	1.000	0.839	0.667	–	3.317	3.700	
	RANGEROVER SPORT	3.0 SCV6	2250	250/6500	450/3500	4.714	3.143	2.106	1.667	1.285	1.000	0.839	0.667	–	3.317	3.727	
		5.0 SCV8	2430	375/6500	625/2500	4.714	3.143	2.106	1.667	1.285	1.000	0.839	0.667	–	3.317	3.308	
	RANGEROVER	3.0 SCV6	2340	250/6500	450/3500	4.714	3.143	2.106	1.667	1.285	1.000	0.839	0.667	–	3.317	3.308	
		5.0 V8	2125	276/6500	510/3500	4.714	3.143	2.106	1.667	1.285	1.000	0.839	0.667	–	3.317	3.550	
Aston Martin	VANQUISH		1739	421/6750	620/5500	4.171	2.340	1.521	1.143	0.867	0.691	–	–	–	3.403	3.460	
	DB9		1785	380/6500	620/5500	4.171	2.340	1.521	1.143	0.867	0.691	–	–	–	3.403	3.460	
	RAPIDE S		1990	410/6750	620/5500	4.171	2.340	1.521	1.143	0.867	0.691	–	–	–	3.403	3.460	
Volvo	S60	T5	1969	180/5500	350/–	5.250	3.029	1.950	1.457	1.221	1.000	0.809	0.673	–	4.015	2.774	
		D3	1752	100/3500	350/–	4.148	2.370	1.556	1.155	0.859	0.686	–	–	–	3.394	3.075	
		D5	1752	158/4000	440/–	4.148	2.370	1.556	1.155	0.859	0.686	–	–	–	3.394	3.200	
	S80	T5	1817	180/5500	350/–	5.250	3.029	1.950	1.457	1.221	1.000	0.809	0.673	–	4.015	2.774	
		T6	1817	224/5600	440/–	4.148	2.370	1.556	1.155	0.859	0.686	–	–	–	3.394	3.329	
	V40	T4	1593	132/5000	300/–	4.148	2.370	1.556	1.115	0.859	0.686	–	–	–	3.394	3.460	
		T5	1593	187/5400	360/–	4.148	2.370	1.556	1.115	0.859	0.686	–	–	–	3.394	3.200	
		D4	1593	130/3500	400/–	4.148	2.370	1.556	1.115	0.859	0.686	–	–	–	3.394	3.080	
	V60	T4	1822	225/5700	400/–	5.250	3.029	1.950	1.457	1.221	1.000	0.809	0.673	–	4.015	2.774	
		D4	1822	120/3500	400/–	4.148	2.370	1.556	1.155	0.859	0.686	–	–	–	3.394	3.075	
		D5	1822	158/4000	440/–	4.148	2.370	1.556	1.155	0.859	0.686	–	–	–	3.394	3.200	
		CrossCountry T5	–	187/5400	360/–	4.148	2.370	1.556	1.155	0.859	0.686	–	–	–	3.394	3.464	
	V70	T5	1909	180/5500	350/–	5.250	3.029	1.950	1.457	1.221	1.000	0.809	0.673	–	4.015	2.774	
		T6	1909	224/5600	440/–	4.148	2.370	1.556	1.155	0.859	0.686	–	–	–	3.394	3.329	
		D4	1909	133/4250	400/–	4.148	2.370	1.556	1.155	0.859	0.686	–	–	–	3.394	3.329	
	XC60	T5	1935	180/5500	350/1500-4800	5.250	3.029	1.950	1.457	1.221	1.000	0.809	0.673	–	4.015	3.329	
		T6	1935	224/5600	440/2100-4200	4.148	2.370	1.556	1.155	0.859	0.686	–	–	–	3.394	3.750	
	XC70	T6	1940	224/5600	440/–	4.148	2.370	1.556	1.155	0.859	0.686	–	–	–	3.394	3.464	
		D4	1940	120/3500	400/–	4.148	2.370	1.556	1.155	0.859	0.686	–	–	–	3.394	3.329	
		D5	1940	158/4000	440/–	4.148	2.370	1.556	1.155	0.859	0.686	–	–	–	3.394	3.604	
	XC90	T6	2130	235/5700	400/–	5.250	3.029	1.950	1.457	1.221	1.000	0.809	0.673	–	4.105	3.329	
		D5	2130	165/4250	470/–	5.250	3.029	1.950	1.457	1.221	1.000	0.809	0.673	–	4.105	3.075	
Hyundai	ACCENT	GS	1195	102/6300	167/4850	4.400	2.726	1.834	1.392	1.000	0.774	–	–	–	3.440	–	
	ELANTRA	SE	1344	108/6500	176/4700	4.400	2.726	1.834	1.392	1.000	0.774	–	–	–	3.440	2.937	
		Sport	1322	129/6500	209/4700	4.400	2.726	1.834	1.392	1.000	0.774	–	–	–	3.400	3.065	
	EQUUS	Ultimate	2094	320/6400	510/5000	3.795	2.473	1.613	1.177	1.000	0.831	0.652	0.571	–	2.467	3.538	
	GENESIS	3.8	1877	232/6000	397/5000	3.665	2.396	1.610	1.190	1.000	0.826	0.643	0.556	–	2.273	3.909	
		5.0	2060	313/6000	520/5000	3.795	2.473	1.613	1.177	1.000	0.831	0.652	0.571	–	2.467	3.538	
	SANTAFE	2.4	1569	142/6300	245/4250	4.639	2.826	1.841	1.386	1.000	0.772	–	–	–	3.385	3.648	
		3.3	2500	216/6400	342/5200	4.651	2.831	1.842	1.386	1.000	0.772	–	–	–	3.393	3.041	
	SONATA	Limited	1529	138/6000	178/4000	4.212	2.637	1.800	1.386	1.000	0.772	–	–	–	3.385	2.885	
	TUSCON	GLS	1466	122/8200	205/4000	4.162	2.575	1.772	1.369	1.000	0.778	–	–	–	3.500	3.510/3.648	
		Limited	1494	136/6000	240/4000	4.212	2.637	1.800	1.386	1.000	0.772	–	–	–	3.385	3.064/3.195	

CVT

makes	model	grade	weight	engine power	engine torque	forward ratio	reverse ratio	final ratio	note
Toyota	IQ	130G	950	69/6000	118/4400	2.386□0.426	2.505	5.403	
	VITZ	F 1.3L	1000	73/6000	121/4400	2.386□0.426	2.505□1.736	5.079	
	PASSO	G	940	70/6000	121/4000	2.386□0.426	2.505	5.403	
	IST	150G	1150	80/6000	138/4400	2.386□0.411	2.505□1.680	5.356	
	SIENTA	DICE-G	1230	81/6000	141/4400	2.386□0.426	2.505	5.366	
	PORTE	G	1150	80/6000	136/4800	2.480□0.396	2.604□1.680	5.356	
	RACTIS	G	1110	80/6000	136/4800	2.480□0.396	2.604□1.680	5.356	
	SPADE	G	1150	80/6000	136/4800	2.480□0.396	2.604□1.680	5.356	
	ISIS	2.0L PLATANA	1470	112/6100	193/3800	2.396□0.428	1.668	5.182	
	WISH	2.0Z	1430	112/6100	193/3800	2.396□0.428	1.668	5.182	
	COROLLA AXIO	1.5G 2WD	1090	80/6000	136/4800	2.480□0.396	2.604□1.680	5.356	
		1.5LUXEL 4WD	1200	76/6000	132/4400	2.386□0.411	2.505□1.680	5.698	
	COROLLA FIELDER	1.8S 2WD	1160	103/6200	172/4000	2.386□0.411	2.505□1.680	5.356	
		1.5G 4WD	1210	76/6000	132/4400	2.386□0.411	2.505□1.680	5.698	
	COROLLA RUMION	1.8S	1320	105/6200	173/4000	2.386□0.411	2.505□1.680	5.356	
		1.5G	1280	80/6000	136/4800	2.480□0.396	2.604□1.680	5.356	
	AURIS	180G	1180	105/6200	173/4000	2.386□0.411	2.505□1.680	5.356	
	PREMIO	1.8G	1230	105/6200	173/4000	2.386□0.411	2.505□1.680	5.356	
		2.0G	1270	112/6100	193/3800	2.396□0.428	1.668	5.182	
	ALLION	A18	1230	105/6200	173/4000	2.386□0.411	2.505□1.680	5.356	
		A20	1270	112/6100	193/3800	2.396□0.428	1.668	5.182	
	AVENSIS	Li	1480	112/6200	196/4000	2.396□0.428	1.668	5.182	
	NOAH	Si	1600	112/6100	193/3800	2.517-0.390	1.751	5.182	
	VOXY	ZS	1600	112/6100	193/3800	2.517-0.390	1.751	5.182	
	ESQUIRE	Gi	1670	112/6100	193/3800	2.517-0.390	1.751	5.182	
	HARRIER	PREMIUM	1610	111/6100	193/3800	2.517-0.390	1.751	5.791	
	RAV4	STYLE	1460	125/6000	224/4000	2.396□0.428	1.668	5.470	
	PROBOX	1.3L F	1090	70/6000	121/4000	2.386□0.426	2.505□1.680	5.833	
		1.5L GL	1090	80/6000	136/4800	2.480□0.396	2.604□1.680	5.698	
	SUCCEED	TX	1090	80/6000	136/4800	2.480□0.396	2.604□1.680	5.698	
Nissan	MARCH	G	950	58/6000	106/4400	4.006-0.550	3.770	3.753	
	CUBE	15G	1210	82/6000	148/4000	4.006-0.550	3.770	3.753	
	NOTE	MEDALIST	1090	58/6000	106/4400	4.006-0.550	3.770	3.753	
	JUKE	15RS	1200	84/6000	150/4000	4.006-0.550	3.770	3.753	
		16GT	1300	140/5600	240/1600-5200	2.631-0.378	1.960	5.694	
	LATIO	G	1040	58/6000	106/4400	4.006-0.550	3.770	3.753	
	SYLPHY	G	1240	96/6000	174/3600	4.006-0.550	3.770	3.753	
	TEANA	XV	1470	127/6000	234/4000	2.631-0.378	1.960	4.828	
	WINGROAD	15M	1220	80/6000	143/4400	2.561-0.427	2.619	5.473	
	SERENA	20G S-HYBRID	1660	147/5600	210/4400	2.631-0.378	1.960	5.097	
		20S	1610	147/5600	210/4400	2.349-0.394	1.750	5.407	
	X-TRAIL	20X	1570	108/6000	207/4400	2.631-0.378	1.960	6.386	
	MURANO	350XV FOUR	1840	191/6000	336/4400	2.371-0.439	1.766	5.173	
		250XV FOUR	1720	125/5600	245/3900	2.349-0.394	1.750	6.466	
	ELGRAND	350 HIGHWAY STAR PREMIUM	2050	206/6400	344/4400	2.371-0.439	1.766	5.623	
		250 HIGHWAY STAR PREMIUM	1950	125/5600	245/3900	2.349-0.394	1.750	6.120	
Honda	N-ONE	PREMIUM TOURER	870	47/6000	104/2600	3.152-0.577	2.722-1.248	4.894	
		PREMIUM	850	43/7300	65/4700	3.680-0.674	2.722-1.248	4.894	
	N-WGN	G TURBO PACKAGE	850	47/6000	104/2600	3.152-0.577	2.722-1.424	4.619	
		G	820	43/7300	65/4700	3.680-0.674	2.722-1.484	4.318	
	N-BOX	G TURBO L-PACKAGE	970	47/6000	104/2600	3.152-0.577	2.722-1.248	4.894	
		G	950	43/7300	65/4700	3.680-0.674	2.722-1.248	4.894	
	FIT	RS	1070	97/6600	155/4600	2.526-0.408	2.706-1.382	4.992	
	FIT SHUTTLE	HYBRID-C	1190	65/5800	121/4500	2.526-0.421	4.510-1.692	5.274	
		15X	1150	88/6600	145/4800	2.419-0.421	2.477-1.480	4.908	
	FREED	HYBRID	1390	65/5400	132/4200	2.526-0.421	4.510-1.641	5.531	
		G	1290	88/6600	145/4800	2.419-0.421	2.477-1.480	5.258	
	FREED SPIKE	HYBRID	1380	65/5400	132/4200	2.526-0.421	4.510-1.641	5.531	
		G	1300	88/6600	145/4800	2.419-0.421	2.477-1.480	5.258	
	CR-Z	α MASTER LABEL	1170	87/6600	144/4800	2.526-0.421	4.510-1.725	5.274	
	VEZEL	S	1210	96/6600	155/4600	2.526-0.408	2.706-1.382	5.436	
		20G	1460	110/6200	191/4300	2.470-0.450	1.735-1.214	5.072	
Mitsubishi	EK-WAGON	E	820	36/6500	59/5000	4.007-0.550	3.771	4.575	
	MIRAGE	1.2G	890	57/6000	100/4000	4.007-0.550	3.771	3.757	
	RVR	G	1360	102/6000	172/4200	2.631-0.378	1.960	6.026	
	GALANT FORTIS	SPORT	1390	102/6000	172/4200	2.349-0.394	1.750	6.120	
	OUTLANDER	24G	1530	124/6000	220/4200	2.349-0.394	1.750	6.466	
	DELICA D:5	G-PREMIUM	1800	125/6000	226/4100	2.349-0.394	1.750	6.466	
Subaru	IMPREZA SPORT	2.0i-S Eye-Sight	1370	110/6200	196/4200	3.581-0.570	3.667	3.700	
	IMPREZA G4	2.0i-S Eye-Sight	1350	110/6200	196/4200	3.581-0.570	3.667	3.700	
	XV	2.0i-L Eye-Sight	1400	110/6200	196/4200	3.581-0.570	3.667	3.700	
		HYBRID 2.0i-L Eye-Sight	1510	110/6200	196/4200	3.420-0.544	3.502	3.700	
	WRX S4	2.0GT-S Eye-Sight	1540	221/5600	400/2000-4800	3.105-0.482	2.077	4.111	
	LEVORG	2.0GT-S Eye-Sight	1560	221/5600	400/2000-4800	3.105-0.482	2.077	4.111	
	LAGACY B4	LIMITED	1530	129/5800	235/4000	3.581-0.570	3.667	3.900	
	LAGACY OUTBACK	LIMITED	1580	129/5800	235/4000	3.581-0.570	3.667	4.111	
	FORESTER	2.0i-L Eye-Sight	1480	109/6200	196/4200	3.581-0.570	3.667	3.900	
		2.0XT Eye-Sight	1590	206/5700	350/2000-5600	3.505-0.544	2.345	4.111	
Suzuki	WAGON R	FZ 4WD	840	38/6000	63/4000	4.006-0.550	3.771	4.572	
	SPACIA	T 4WD	930	47/6000	95/3000	4.006-0.550	3.771	4.572	
	HUSTLER	X-TURBO 4WD	870	47/6000	95/3000	4.006-0.550	3.771	4.572	
	LAPIN	XL 4WD	850	40/6500	63/3500	4.006-0.550	3.771	4.572	
	ALTO	X 4WD	700	38/6500	63/4000	3.980-0.553	3.771	4.064	
	MR WAGON	X 4WD	870	38/6000	63/4000	4.006-0.550	3.771	4.572	
	SWIFT	XS 4WD	1090	67/6000	118/4400	4.006-0.550	3.771	3.757	
	SOLIO	G	1000	67/6000	118/4400	4.006-0.550	3.771	3.757	
	KIZASHI	4WD	1560	138/6500	230/4000	2.349-0.394	1.750	5.798	
Daihatsu	MIRA E:S	Lf 4WD	790	36/6800	57/5200	3.327-0.628	2.230	4.272	
	MIRA COCOA	L 4WD	870	38/6800	60/5200	3.327-0.628	2.230	4.523	
	MOVE	X TURBO 4WD	890	47/6400	92/3200	3.327-0.628	2.230	4.800	

makes	model	grade	weight	engine power	engine torque	forward ratio	reverse ratio	final ratio	note
	MOVE CONTE	G 4WD	890	38/6800	60/5200	3.327-0.628	2.230	5.444	
	TANTO	X TURBO 4WD	990	47/6400	92/3200	3.327-0.628	2.230	5.105	
	WAKE	G 4WD	1060	47/6400	92/3200	3.327-0.628	2.230	4.800	
	COPEN	ROBE	870	47/6400	92/3200	3.327-0.628	2.230	4.800	
Chevrolet	SPARK		1074	63/6400	113/4200	2.20-0.55	1.710	3.750	
Audi	A4	1.8 TFSI	1465	88/3650-6200	230/1500-3650	2.436-0.381	2.958	5.970	
		2.0 TFSI	1485	165/4500-6250	350/1500-4500	2.436-0.381	2.958	4.612	
		2.0 TDI	1515	105/4200	320/1750-2500	2.436-0.381	2.958	5.175	
	A5	1.8 TFSI	1525	125/3800-6200	320/1400-3700	3.778-0.625	3.333	3.693	
		2.0 TFSI	1530	165-4500-6250	350/1500-4500	2.436-0.381	2.958	4.612	
		2.0 TDI	1540	100/4200	320/1750-2500	2.436-0.381	2.958	5.175	
		2.0 TDI Clean Diesel	1605	140/3800-4200	400/1750-3000	2.542-0.397	3.004	5.175	

EVT

makes	model	grade	weight	engine power	engine torque	forward ratio	reverse ratio	final ratio	note
Toyota	AQUA	X-URBAN	1090	54/4800	45	111/3600-4400	169	3.190	
	PRIUS	G	1440	73/5200	60	142/4000	207	3.267	
	PRIUS α	G TOURING SELECTION	1470	73/5200	60	142/4000	207	3.703	
	PRIUS PHV	G	1440	73/5200	60	142/4000	207	3.267	
	COROLLA AXIO	HYBRID G	1140	54/4800	45	111/3600-4400	169	3.190	
	COROLLA FIELDER	HYBRID G	1180	54/4800	45	111/3600-4400	169	3.190	
	SAI	G	1590	110/6000	105	187/4400	270	3.542	
	CAMRY	HYBRID LEATHER PACKAGE	1550	118/5700	105	213/4500	270	3.542	
	CROWN ATHLETE	HYBRID G	1680	131/6000	105	221/4200-4800	300	2.937	
	CROWN ROYAL	SALOON G	1680	131/6000	105	221/4200-4800	300	2.937	
	CROWN MAJESTA	HYBRID F VERSION	1830	215/6000	147	354/4500	275	3.266	
	NOAH	HYBRID G	1620	73/5200	60	142/4000	207	3.703	
	VOXY	HYBRID V	1620	73/5200	60	142/4000	207	3.703	
	ESQUIRE	Gi	1620	73/5200	60	142/4000	207	3.703	
	ALPHARD	HYBRID SR	2200	110/6000	50	190/4000	130	3.542	리어 파이널은 6.859
	VELLFIRE	HYBRID ZR	2200	110/6000	50	190/4000	130	3.542	리어 파이널은 6.859
	ESTIMA	HYBRID AERAS	1990	110/6000	50	190/4000	130	3.542	리어 파이널은 6.859
	HARRIER	E-FOUR PREMIUM	1800	112/5700	105	206/4400-4800	270	3.542	
	MIRAY		1850	–	113	–	335	3.478	EV
Lexus	LS	600hL	2380	290/6400	165	520/4000	300	3.916	
	GS	450h	1860	217/6000	147	356/4500	275	3.266	
		300h	1770	131/6000	105	221/4200-4800	300	2.937	
	IS	300h	1670	131/6000	105	221/4200-4800	300	2.764	
	HS	250h	1640	110/6000	105	187/4400	270	3.542	
	RC	300h	1600	131/6000	105	221/4200-4800	300	2.937	
	CT	200h version L	1440	73/5200	60	142/4000	207	3.267	
	RX	450h	2130	183/6000	123	317/4800	335	335.000	
	NX	300h AWD	1850	112/5700	105	206/4400-4800	270	3.542	
Nissan	LEAF	G	1460	–	80	–	254	8.194	EV
	E-NV200	G	1660	–	80	–	254	9.301	EV
Honda	ACCORD	HYBRID EX	1630	105/6200	124	165/3500-6000	307	0.803	
							——	2.450	
Mazda	AXELA	HYBRID S L-PACKAGE	1410	73/5200	60	142/4000	207	3.267	
Mitsubishi	IMIEV	X	1090	–	47	–	160	7.065	EV
	MINICAB MIEV	CD	1110	–	30	–	196	7.065	
	OUTLANDER	PHEV PREMIUM PACKAGE	1830	87/4500	F60/R60	186/4500	F137/R195	3.425	
Chevrolet	VOLT		1607	75/5600	111	NA	398	NA	
	SPARK EV		1300	–	105	–	444	3.870	EV
Ford	FOCUS	Electric	1644	–	107	–	250	NA	EV
	FUSION HYBRID		1664	105/6000	88	175/4000	240	NA	
	FUSION ENERGI		1775	105/6000	88	175/4000	240	NA	
	C-MAX HYBRID		1651	105/6000	88	175/4000	240	NA	

사진 & 일러스트로 보는 꿈의 자동차 기술

Motor Fan illustrated

日本語版 직수입

서울 모터쇼에서 호평

MFi 과월호 안내

구입은 www.gbbook.co.kr 또는 영업부 Tel_ 02-713-4135로 연락주시길 바랍니다.
본 서적은 일본의 삼영서방과 도서출판 골든벨의 재고량에 따라 미리 소진될 수 있음을 알려 드립니다.

Vol.1 디젤 신시대

Vol.2 재고 없음 · 하이브리드차의 능력

Vol.3 최신 서스펜션도감

Vol.4 패키징 & 스타일링론

Vol.5 재고 없음 · 엔진 기초지식과 최신기술

Vol.6 4WD 최신 테크놀로지

Vol.7 안전기술의 현재

Vol.8 재고 없음 · 트랜스미션

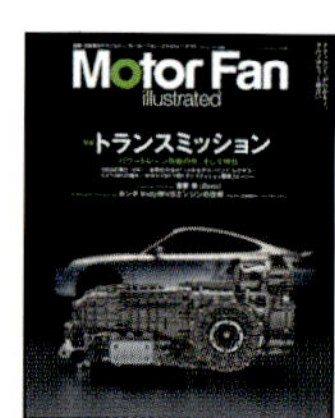

Vol.9 ITS 고도정보화 교통시스템

Vol.10 재고 없음 · 보디 컨스트럭션

Vol.11 조향 · 브레이크의 테크놀로지

Vol.12 쇽업소버의 테크놀로지

Vol.13 과급 엔진 테크놀로지

Vol.14 엔진의 배기다기관 디자인

Vol.15 최신 자동차기술총감

Vol.16 Electric Drive

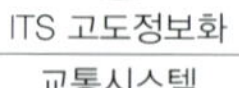

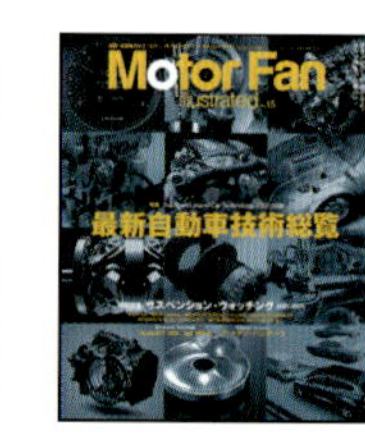
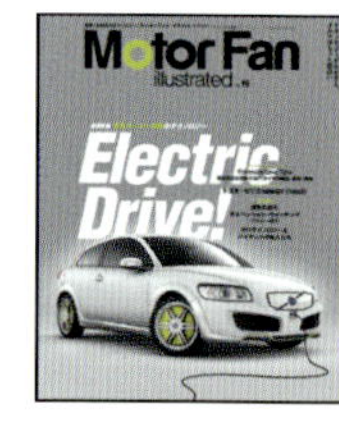

Vol.17 랜서 에볼루션

Vol.18 자동차의 플랫프레임

Vol.19 로터리 엔진

Vol.20 수평대항 엔진 테크놀로지

Vol.21 변속기 진화론

Vol.22 차세대 자동차 개발 최전선

Vol.23 에어로 다이나믹스 · 자동차의 공력 개발

Vol.24 구동계 완전 이해

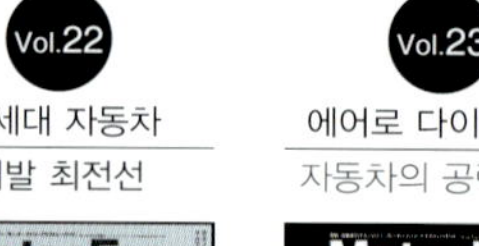

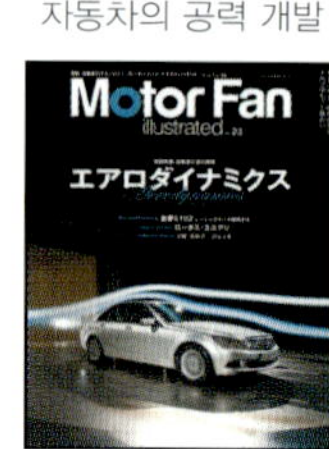

Vol.25 디젤의 역량

Vol.26 가솔린의 테크놀로지

Vol.27 최신 자동차기술총감 (2008~2009)

Vol.28 배기열 이용의 테크놀로지

Vol.29 시트의 테크놀로지

Vol.30 레이싱 엔진

Vol.31 독일 엔진

Vol.32 미드십 레이아웃

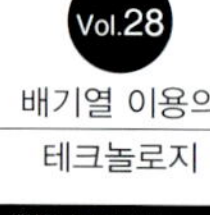

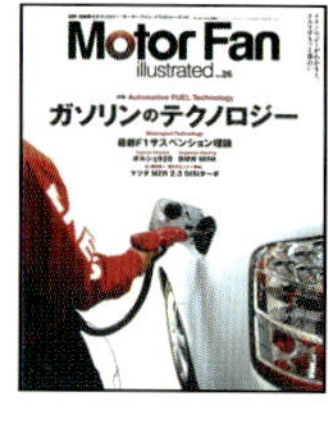

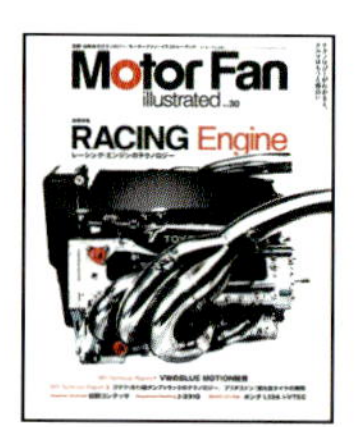